普通高等教育“十二五”规划教材

运 筹 学

卓新建　主编

北 京 邮 电 大 学 出 版 社
·北京·

内 容 简 介

运筹学的本质是给形形色色的实际问题提供一个最优解，重点是如何对实际问题建立运筹学模型、如何分析和求解问题并分析解与实际问题的各种关系。本书通过介绍运筹学的基本理论和基本方法，让一些工科专业的本科生或研究生了解运筹学的研究范畴和研究思想；通过大量的例子介绍如何针对工科专业的多种实际问题，建立优化模型、分析和解决问题；同时通过大量的例子介绍了利用优化软件建立优化模型、分析和解决优化实际问题的方法。

图书在版编目(CIP)数据

运筹学 / 卓新建主编．-- 北京 ：北京邮电大学出版社，2013.4

ISBN 978-7-5635-3406-7

Ⅰ．①运… Ⅱ．①卓… Ⅲ．①运筹学－高等学校－教材 Ⅳ．①O22

中国版本图书馆 CIP 数据核字(2013)第 016529 号

书　　名：运筹学

主　　编：卓新建

责任编辑：陈岚岚

出版发行：北京邮电大学出版社

社　　址：北京市海淀区西土城路 10 号(邮编：100876)

发 行 部：电话：010-62282185　传真：010-62283578

E-mail：publish@bupt.edu.cn

经　　销：各地新华书店

印　　刷：北京联兴华印刷厂

开　　本：787 mm×960 mm　1/16

印　　张：17.25

字　　数：375 千字

版　　次：2013 年 4 月第 1 版　2013 年 4 月第 1 次印刷

ISBN 978-7-5635-3406-7　　　　定　价：36.00 元

· 如有印装质量问题，请与北京邮电大学出版社发行部联系 ·

前　言

运筹学的本质就是优化，就是考虑对各种问题、从各个角度考虑得到最好的结果，最优的安排、计划，或花费(成本时间)最小等。高等教育中的工科各专业，包括通信类各专业的研究领域中，大量的问题都或多或少地涉及运筹学中的各种优化问题，如果能对运筹学中的各种优化问题有一些了解，将对更好地解决这些工科专业的问题有很大的帮助作用。

随着计算机的迅速发展，运筹学的发展也是日新月异，利用计算机解决运筹学相关的问题已经成为必需的手段。

目前，关于运筹学的教材多为面向经济管理专业的本科生和研究生，而面向工科，包括通信类各专业的运筹学教材较少，而且目前关于运筹学的教材多以介绍运筹学的理论和方法为主，介绍如何利用计算机解决优化问题的教材则少之又少。

另外，面向工科各专业开设的运筹学课程课时量也大都较少，以北京邮电大学为例，本科生每周两个课时(总课时 32)，研究生每周 3 个课时(总课时 51～54)。

本教材就是针对上面的几点考虑，希望能在总课时 54 以内的课容量里，介绍运筹学的基本理论和基本方法，让一些工科专业的本科生或研究生掌握运筹学的基本理论和方法，了解运筹学的研究范畴和研究思想；通过大量的例子着重介绍如何针对工科专业的多种问题，建立优化模型、分析问题和解决问题的过程；同时，通过大量的例子，介绍了如何利用计算机优化软件建立优化模型、分析和解决实际优化问题。

本教材的编写得到了北京邮电大学出版社、北京邮电大学理学院和北京邮电大学教务处的部分资助，在此表示感谢。

本教材涉及的内容除了引用或参考了参考文献所列文献的内容之外，也参考了网上的大量资料，有些内容无法列出详细的出处，在此一并致谢！由于水平所限，再加上时间仓促，一些初衷没能充分体现，同时难免有各种错误或缺陷，恳请读者批评指正。

2013 年 1 月

目　　录

第1章 绪 论

运筹学是用数学方法研究各种系统最优化问题的学科。其研究方法是应用数学语言来描述实际系统,建立相应的数学模型,并对模型进行研究和分析,据此求得模型的最优解;其目的是制定合理运用人力、物力和财力的最优方案,为决策者提供科学决策的依据;其研究对象是各种社会系统,可以是对新的系统进行优化设计,也可以是研究已有系统的最佳运营问题。因此,运筹学既是应用数学,也是管理科学,同时也是系统工程的基础之一。

§1.1 运筹学的由来和发展及应用

运筹学是20世纪新兴的学科之一,它在军事、工业、商业、农业、交通运输、政府部门和其他方面都有重要的应用。现在运筹学已经成为经济计划、系统工程、现代管理等领域的强有力的工具。它把要处理的问题用数学的模型和方法进行量化,以帮助决策人对此问题给出一个尽可能好的解决方案。

自从人类社会诞生以来,人们都一直在经历着运用和筹划的决策过程。而运筹学的一些朴素思想可以追溯到很久以前。历史上曾经记载着很多巧妙的运用事例,例如,广为人知的我国战国时期齐王和大臣田忌赛马的故事;又如,北宋真宗年间,皇城失火,皇宫被毁,朝廷决定重建皇宫,当时亟待解决"取土"、"外地材料的储运"和"处理瓦砾"三项任务,在修建皇宫负责人丁渭的精心策划下,巧妙地解决了上述三项任务;三国时期的运筹大师诸葛亮,更是众所周知的风云人物。在国外人们常推崇阿基米德为运筹学的先驱人物,因为他筹划有方,在保卫叙拉古、抵抗罗马帝国的侵略中做出了突出贡献。

但运筹学作为科学名词出现是在第二次世界大战期间,当时为了解决作战中所遇到的许多错综复杂的战略战术问题,英美一些具有不同学科和背景的科学家,组成了许多研究小组,专门从事军事行动的优化研究。例如,当时英美为了对付德国的空袭,将雷达作为防空系统的一部分,这从技术上是可行的,但实际运用时却并不好用,为此一些科学家就如何合理运用雷达开始进行一类新问题的研究,因为它与研究技术问题不同,就称之为"Operational Research"(这是英国的叫法,美国称之为"Operation Research"),即运筹学研究。

同样在二战期间，为了进行运筹学研究，在英美的军队中成立了一些专门小组，针对护航舰队保护商船队的编队问题和当船队遭受德国潜艇攻击时如何使船队损失最少的问题开展了研究。在研究了反潜深水炸弹的合理爆炸深度后，使德国潜艇被摧毁数增加到400%；研究提出了船只在受敌机攻击时，大船应急转向和小船应缓慢转向的逃避方法。研究结果使船只在受到敌机攻击时，中弹数由47%降到29%。

此外其他研究的典型课题还有：高射炮阵地火力的最佳配置、护航舰队规模的大小以及开展反潜艇作战的侦察等方面。运筹学在二战时由于受到战时压力的推动，加上不同学科互相渗透而产生的协同作用，在上述几个方面的研究都卓有成效，为第二次世界大战盟军的胜利起到积极作用，也为运筹学各个分支的进一步研究打下了基础。战后，这些科学家们转向研究在民用部门应用类似方法的可能性。因而，促进了在民用部门中应用运筹学有关方法的研究和实践。

虽然运筹学这一科学名词出现于二战中，但在这之前已有许多蕴含运筹学思想和方法的书籍和论文出现。原苏联数学家康托洛维奇的《生产组织与管理中的数学方法》（属于规划论的内容）出版于1939年，但是当时未得到重视，直到1960年康托洛维奇再次发表了《最佳资源利用的经济计算》一书后，才受到国内外的一致重视。为此康托洛维奇于1975年得到了诺贝尔经济学奖。冯·诺依曼等所著《对策论与经济行为》（运筹学中对策论的创始作）成书前所发表的一系列论文在1928年就开始刊出。排队论的先驱者丹麦工程师埃尔朗1917年在哥本哈根电话公司研究电话通信系统时，提出了排队论的一些著名公式。

二战后，美国等国家的军方仍保留一些运筹研究小组（当今美国乃至世界最负盛名的决策咨询机构兰德（Rand）公司就是由此发展出来的，以后逐渐发展成为"独立的、介于官民之间进客观分析的研究机构"），其他多数人转向把运筹学研究用于和平时期的工商业。美、德等国家的运筹学得以蓬勃发展，出现了应用研究和理论研究相互促进的局面。运筹学得到了很快的发展。

1947年，美国数学家G. B. Dantzig提出了求解线性规划的有效方法——单纯形法。20世纪50年代初，应用电子计算机求解线性规划问题获得了成功。50年代末，工业先进国家的一些大型企业也陆续应用了运筹学的方法以解决企业在生产经营活动中所出现的许多问题，取得了良好效果。60年代中期，一些银行、医院、图书馆等都已陆续认识到运筹学对帮助改进服务功能、提高服务效率所起的作用，由此带来了运筹学在服务性行业和公用事业中的广泛应用。电子计算机技术的迅速发展，为广泛应用运筹学方法提供了有力工具，运筹学的应用又开创了新的局面。

随着运筹学技术的推广应用，各国都先后成立了运筹学研究的专业学术机构。早在1948年，英国成立了运筹学俱乐部，并出版运筹学的专门学术刊物。1957年，在英国牛津大学召开了第一届国际运筹学会议。1959年，成立了国际运筹学联合会（IFORS）。

20世纪50年代中期，钱学森、许国志等教授将运筹学由西方引入我国。他们把运筹学结合我国的特点在国内推广应用。1957 年“运筹学”的名字由许国志先生提出，取自于史记“运筹帷幄之中，决策千里之外”。在经济数学方面，特别是投入产出表的研究和应用开展较早，质量管理的应用也有特色。在此期间以华罗庚教授为首的一大批数学家加入到运筹学的研究队伍，使运筹学的许多分支很快跟上了当时的国际水平。华罗庚教授于五六十年代在一些企业和事业单位积极推广和普及优选法、统筹法等运筹学方法，取得了显著成效。今天，我国有关高等院校不仅设置了运筹学专业，而且在管理类、财经类等的有关专业普遍开设了运筹学的必修课程。许多专业的硕士生，也设置了运筹学作为学位课程。1980 年成立了全国运筹学会，1982 年中国运筹学会成为 IFORS 正式成员。

当前，运筹学在经济管理、生产管理、库存管理、运输问题、市场销售、工程建设、财政和会计、计算机和信息系统、城市管理、人事管理、军事作战、科学试验以及社会系统等各个领域中都得到了极为广泛的应用。一些发达国家的企业、政府、军事等部门都拥有相当规模的运筹学研究组织，专门从事运筹学的应用研究，并为上层决策部门提供科学决策所需的信息和依据。

§1.2 运筹学的定义

运筹学的定义有多种版本，甚至不同的国家对运筹学的定义都可能是不同的，比如一种定义是：“为决策机构在对其控制下的业务活动进行决策时，提供以数量化为基础的科学方法。”它强调的是数量化的科学方法，另一种定义是：“运筹学是一门应用科学，它广泛应用现有的科学技术知识和数学方法，解决实际中提出的专门问题，为决策者选择最优决策提供定量依据。”

§1.3 运筹学的性质与特点

运筹学是多种学科的综合性科学，也是最早形成的一门软科学。当人们把战时的运筹研究取得成功的经验在和平时期加以推广应用时，面临着一个广阔的研究领域。在这一领域中，对于运筹学主要研究和解决什么问题有许多说法，至今争论不休，实际上形成了一个在争论中发展运筹学的局面。在这四五十年中，我们能从它的争论中看出运筹学所具有的一些特点。

(1) 引进数学研究方法。运筹学是一门以数学为主要工具，寻求各种问题最优方案的学科，所以是一门优化科学。随着生产与管理的规模日益扩大，其间的数量关系也就更加复杂，从其间的数量关系来研究这些问题，即引进数学研究方法，是运筹学的一大特点。

(2) 系统性。运筹学研究问题是从系统的观点出发，研究全局性的问题，研究综合优化的规律，它是系统工程的主要理论基础。

(3) 着重实际应用。在运筹学术界，有许多人强调运筹学的实用性和对研究结果的

“执行”,把“执行”看作运筹工作中的一个重要组成部分。有的运筹学教科书中,在讲述从理论上求得最优解之后,还要讲述如何根据实际情况对所得解进行进一步的考察,讲述对所得最优解如何进行灵敏度分析等。

(4) 跨学科性。由有关的各种专家组成的进行集体研究的运筹小组综合应用多种学科来解决实际问题是早期军事运筹研究的一个重要特点。如二战时英国在空军部门成立的防空运筹小组其成员包括数学家、物理学家、天文学家、生理学家和军事专家多人,任务是探讨如何抵御敌人的空袭和潜艇。这种组织和这种特点一直在一些地方和一些部门以不同的形式保留下来,这往往是研究和解决实际问题的需要。从世界范围来看,运筹学的成败以及应用的广泛程度,无不与这样的研究组织和这种组织的工作水平有关。

(5) 理论和应用的发展相互促进。运筹学的各个分支学科,都是由于实际问题的需要或以一定的实际问题为背景逐渐发展起来的。初期一些老的学科方面的专家对运筹学做出了贡献;随后新的人才也逐渐涌现,新的理论相继出现,这往往就开拓出新的领域。例如,继 Dantzig 发明了求解线性规划的单纯形法之后,又相继出现了一批职业的线性规划工作者,由于他们从事了大量的实践活动,反过来又进一步促进了线性规划方法的进一步发展,从而又出现了椭球法、内点法等新的解线性规划的方法。目前运筹学家们仍在孜孜不倦地研究新技术、新方法,使运筹学这门年轻的学科不断向前发展。

§1.4 运筹学的主要内容

运筹学发展到现在虽然只有六十多年的历史,但是内容丰富,涉及面广,应用范围大,已形成了一个相当庞大的学科。它的主要内容一般应包括线性规划、非线性规划、整数规划、动态规划、多目标规划、网络分析、排队论、对策论、决策论、存储论、可靠性理论、模型论、投入产出分析,等等。它们中的每一个部分都可以独立成册,都有丰富的内容。

线性规划、非线性规划、整数规划、动态规划、多目标规划这五个部分统称为规划论,它们主要是解决两个方面的问题。一个方面的问题是对于给定的人力、物力和财力,怎样才能发挥它们的最大效益;另一个方面的问题是对于给定的任务,怎样才能用最少的人力、物力和财力去完成它。

网络分析主要是研究解决生产组织、计划管理中诸如最短路径问题、最小连接问题、最小费用流问题以及最优分派问题等。特别在设计和安排大型复杂工程时,网络技术是重要的工具。

排队现象在日常生活中屡见不鲜,如机器等待修理、船舶等待装卸、顾客等待服务等。它们有一个共同的问题,就是等待时间长了,会影响生产任务的完成,或者顾客会自动离去而影响经济效益;如果增加修理工、装卸码头和服务台,固然能解决等待时间过长的问题,但又会蒙受修理工、码头和服务台空闲的损失。这类问题的妥善解决是排队论的任务。

对策论是研究具有厉害冲突的各方如何制定出对自己有利从而战胜对手的斗争策略。例如，战国时期田忌赛马的故事便是对策论的一个绝妙的例子。

决策问题是普遍存在的，凡属"举棋不定"的事情都必须做出决策。人们之所以举棋不定，是因为人们在着手实现某个预期目标时，面前出现了多种情况，又有多种行动方案可供选择。决策者如何从中选择一个最优方案，才能达到他的预期目标，这是决策论的研究任务。目前，非常流行的博弈论也属于决策论的研究范围。

人们在生产和消费过程中，都必须储备一定数量的原材料、半成品或商品。存储少了会因停工待料或失去销售机会而遭受损失，存储多了又会造成资金积压、原材料及商品的损耗。因此，如何确定合理的存储量、购货批量和购货周期至关重要，这便是存储论要解决的问题。

对于一个复杂的系统和设备，往往是由成千上万个工作单元或零件组成的，这些单元或零件的质量如何，将直接影响到系统或设备的工作性能是否稳定可靠。研究如何保证系统或设备的工作可靠性，这便是可靠性理论的任务。

人们在生产实践和社会实践中遇到的事物往往是很复杂的，要想了解这些事物的变化规律，首先必须对这些事情的变化过程进行适当的描述，即所谓建立模型，然后就可通过对模型的研究来了解事物的变化规律。模型论就是从理论上和方法上来研究建立模型的基本技能。

投入产出分析是通过研究多个部门的投入产出所必须遵守的综合平衡原则来制定各个部门的发展计划，借以从宏观上控制、调整国民经济，以求得国民经济协调合理地发展。

运筹学涉及的理论和方法非常广泛，很多方面的分支都已发展完善为一门独立学科，限于篇幅，本教材只介绍其中的线性规划、整数规划、动态规划、非线性规划、图与网络、排队论等六部分内容，而且着重介绍基本的理论和方法。

§1.5　运筹学的工作步骤

用运筹学的方法解决实际问题包括以下几个步骤。

(1) 提出需要解决的问题：确定目标，并分析问题所处的环境和约束条件。抓住主要矛盾，舍弃次要矛盾。

(2) 建立模型：选用合适的数学模型来描述问题，确定决策变量，建立目标函数、约束条件等，并据此建立相应的运筹学模型。

(3) 求解模型：确定与数学模型有关的各种参数，选择求解方法，求出解。解可以是最优解、近似解、满意解，解的精度要求可由决策者提出。

(4) 解的检验：首先检查求解步骤和程序有无错误，然后检查解是否反映现实问题。

(5) 解的控制：通过灵敏度分析等方法，对所求的解进行分析和评价，并据此对问题的提出和建模阶段进行修正。

(6) 解的实施:提供决策所需的依据、信息和方案,帮助决策者决定处理问题的方针和行动。

这六部分之间存在如图 1.1 所示关系。

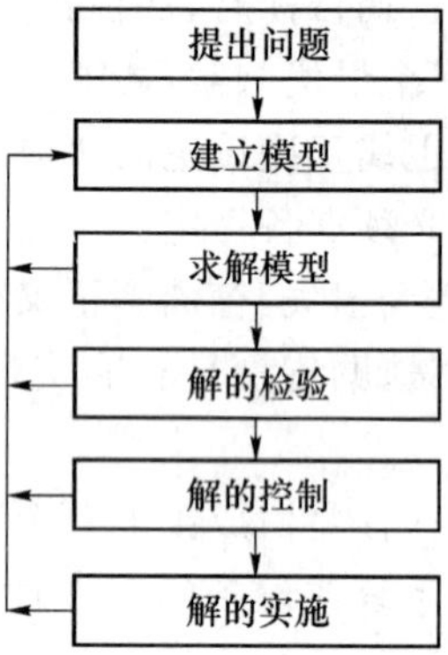

图 1.1

§1.6 运筹学的发展趋势

运筹学作为一门学科,在理论和应用方面,无论就广度和深度来说都有着无限广阔的前景。它不是一门衰老过时的学科,而是一门处于年轻发展时期的学科,这从运筹学目前的发展趋势便可看出。

(1) 运筹学的理论研究将会得到进一步系统的、深入的发展。数学规划是 20 世纪 40 年代末期才开始出现的,经过十多年的时间,到了 60 年代,它已成为了应用数学中一个重要的分支,各种方法和各种理论纷纷出现,蔚为壮观。但是,数学规划也和别的学科一样,在各种方法和理论出现以后,自然要走上统一的途径。也就是说,用一种或几种方法和理论把现存的东西统一在某些系统之下来进行研究。而目前这种由分散到统一、由具体到抽象的过程正在形成,而且将得到进一步的发展。

(2) 运筹学向一些新的研究领域发展。运筹学的一个重要特点是应用十分广泛,近年来它正迅速地向一些新的研究领域或原来研究较少的领域发展,如研究世界性的问题、研究国家决策或研究系统工程等。

(3) 运筹学分散融化于其他学科,并结合其他学科一起发展。如数学规划方法用于工程设计,常常叫做“最优化方法”,已成为工程技术中的一个有力研究工具;数学规划用于 Leontief 的投入产出模型,也称为西方计量经济学派常用的数学工具等。

(4) 运筹学沿原有的各学科分支向前发展,这仍是目前发展的一个重要方面。如规划论,从研究单目标规划进而研究多目标规划,这当然可以看成是对事物进行深入研究的自然延伸。事实上，在实际问题中想达到的目标往往有多个，而且有些还是互相矛盾的。再如，从研究短期规划到研究长期规划，这种深入研究也是很自然的，因为对于不少实际问题，人们主要关心的是未来的结果。

(5) 运筹学中建立模型的问题将日益受到重视。从事实际问题研究的运筹学工作者，常常感到他们所遇到的困难是如何把一个实际问题变成一个可以用数学方法或别的方法来处理的问题。就目前来说，关于运筹学理论和方法的研究，远远超过了对上述困难的研究，要使运筹学能保持它的生命力，这种研究非常必要。

(6) 运筹学的发展将进一步依赖于计算机的应用和发展。电子计算机的问世与广泛的应用是运筹学得以迅速发展的重要原因。实际问题中的运筹学问题，计算量一般都是很大的。只是有了存储量大、计算速度快的计算机，才使得运筹学的应用成为可能，并反过来推动了运筹学的进一步发展。如算法复杂性这个学科就是运筹学与计算机相结合的产物。

运筹学作为一门学科，在理论及应用方面，无论就其广度还是深度来说，都有着无限广阔的前景。

第 2 章　线性规划问题的基本概念及单纯形法

§2.1 引言

线性规划是运筹学中应用最广泛的问题之一，也是运筹学的最基本的问题之一，网络规划、整数规划、目标规划和多目标规划都是以线性规划为基础的，它是解决稀缺资源最优分配的有效方法，使付出的费用最小或获得的收益最大。

线性规划是运筹学的一个基本分支，其应用极其广泛，其作用已为越来越多的人所重视。从线性规划诞生至今的几十年中，一直都是为实际的需求而产生、发展、完善，随着计算机的逐渐普及，它越来越急速地渗透于工农业生产、商业活动、军事行动和科学研究的各个方面，为社会节省的财富、创造的价值无法估量。最近十多年来，线性规划无论是在深度还是在广度方面又都取得了重大进展。

本章先通过例子归纳线性规划数学模型的一般形式，然后着重介绍有关线性规划的一些基本概念、基本理论及解线性规划问题的单纯形方法。

数学规划的研究对象是计划管理工作中有关安排和估值的问题，解决的主要问题是在给定条件下，按某一衡量指标来寻找最优的安排方案。它可以表示成求函数在满足约束条件下的极大值或极小值问题。

§2.2 线性规划问题及其数学模型

线性规划(Linear Programming，LP)问题研究的是在一组线性约束条件下一个线性函数最优问题。

例 2.1　某通信服务公司计划推出 A、B、C 3 种通信套餐服务，每种套餐服务后的利润分别为每月 60 元/用户 、30 元/用户与 20 元/用户。每个套餐需要给每位用户提供带宽 8 Mbit/s、6 Mbit/s 和 1 Mbit/s，同时每个套餐每月需要占服务器时间为 4 小时、2 小时和1.5 小时，并且每月分别需要咨询和服务以及维修等人工服务预计为 2 小时、1.5 小时和 0.5 小时。此通信公司可提供的带宽为 48 000 Mbit/s，可以提供的总服务器时间为 20

000 小时，人员服务每月可以提供 8 000 小时的服务。详细条件可参看表 2.1，问该公司应推销 A、B、C 3 种套餐各多少用户，才能使总利润最大？

表 2.1

	套餐 A 需资源	套餐 B 需资源	套餐 C 需资源	总资源
带宽/$\mathrm{Mbit \cdot s^{-1}}$	8	6	1	48 000
服务器/小时	4	2	1.5	20 000
人工服务/小时	2	1.5	0.5	8 000

分析：设 x_1、x_2、x_3 分别为 A、B、C 3 个套餐需要推广的用户数量，则通信公司获得的利润为 $z=60x_1+30x_2+20x_3$，他们希望取合适的 x_1、x_2、x_3 使得利润 z 为最大值，但显然，x_1、x_2、x_3 不是随便取值就能使 z 为最大值，因为通信公司的带宽、服务器、人工服务 3 种资源是有限的，x_1、x_2、x_3 的取值必须使得对 3 种资源的占用总量都不超过通信公司的总资源：即带宽总量不超过 48 000 Mbit/s；服务器总量不超过 20 000 小时，人工服务总量不超过 8 000 小时，而根据假设，带宽、服务器和人工服务的占用总量为 $8x_1+6x_2+x_3$、$4x_1+2x_2+1.5x_3$ 和 $2x_1+1.5x_2+0.5x_3$，x_1、x_2、x_3 显然不能取负值。所以我们可以用下面的数学模型来描述这个问题：

$$\max z=60x_1+30x_2+20x_3 \tag{2.1}$$

$$\text{s.t.}\begin{cases}8x_1+6x_2+x_3\leqslant 48\,000\\4x_1+2x_2+1.5x_3\leqslant 20\,000\\2x_1+1.5x_2+0.5x_3\leqslant 8\,000\\x_1,x_2,x_3\geqslant 0\end{cases} \tag{2.2}$$

在这个数学模型中，式(2.1)中的 $z=60x_1+30x_2+20x_3$ 称为目标函数，x_1、x_2、x_3 是变量，max 表示对目标函数取最大值，s. t. 是 subject to 的缩写，表示变量 x_1、x_2、x_3 必须满足的一些约束条件，式(2.2)就是这些约束条件，其中前 3 个称为资源约束，最后一个 $x_1,x_2,x_3\geqslant 0$ 称为变量约束。

这个模型中的目标函数为关于变量 x_1、x_2、x_3 的线性函数，3 个资源约束都是线性不等式，所以这种模型称为线性规划问题。否则，只要这个模型中的目标函数或约束条件中出现一个非线性的函数或方程，这种模型就称为非线性规划问题。

例 2.2 某工厂用 3 种原料 P_1、P_2、P_3 生产 3 种产品 Q_1、Q_2、Q_3。已知单位产品所需原料数量、原料总量及产品利润如表 2.2 所示，试制订出工厂利润最大的生产计划。

表 2.2

原料 \ 单位产品所需原料数量/kg \ 产品	Q_1	Q_2	Q_3	原料总量
P_1	2	3	0	1 500
P_2	0	2	4	800
P_3	3	2	5	2 000
单位产品的利润/千元	3	5	4	

分析：设产品 Q_j 的产量为 x_j 个单位，$j=1,2,3$，它们受到一些条件的限制。首先，它们不能取负值，即必须有 $x_j \geqslant 0, j=1,2,3$；其次，根据题设，3 种原料的消耗量分别不能超过它们的可用总量，即它们又必须满足：

$$\begin{cases} 2x_1+3x_2 \leqslant 1\,500 \\ 2x_2+4x_3 \leqslant 800 \\ 3x_1+2x_2+5x_3 \leqslant 2\,000 \end{cases}$$

我们希望在以上约束条件下，求出 x_1、x_2、x_3，使总利润 $z=3x_1+5x_2+4x_3$ 达到最大，故求解该问题的数学模型为

$$\max z=3x_1+5x_2+4x_3$$

$$\text{s. t.} \begin{cases} 2x_1+3x_2 \leqslant 1\,500 \\ 2x_2+4x_3 \leqslant 800 \\ 3x_1+2x_2+5x_3 \leqslant 2\,000 \\ x_j \geqslant 0, j=1,2,3 \end{cases}$$

类似这样的问题非常多。以上例子具有如下的特征：

(1) 问题中要求有一组变量(决策变量)，这组变量的一组定值就代表一个问题中的具体方案；

(2) 存在一定的限制条件(约束条件)，这些限制条件可以用一组线性等式或线性不等式来表示；

(3) 有一个目标要求(目标函数)，可以表示为决策变量的线性函数，并且要求这个目标函数达到最优(最大或最小)。

将这 3 个条件归结在一起，就得到线性规划问题。一般地，一个线性规划问题可以用如下的数学模型来描述：

$$\max\ (\text{或}\ \min)\quad z=c_1x_1+c_2x_2+\cdots+c_nx_n$$
$$\text{s. t.}\begin{cases}a_{11}x_1+a_{12}x_2+\cdots+a_{1n}x_n\leqslant(\text{或}=,\geqslant)b_1\\a_{21}x_1+a_{22}x_2+\cdots+a_{2n}x_n\leqslant(\text{或}=,\geqslant)b_2\\\qquad\vdots\\a_{m1}x_1+a_{m2}x_2+\cdots+a_{mn}x_n\leqslant(\text{或}=,\geqslant)b_m\\x_1\geqslant0,x_2\geqslant0,\cdots,x_n\geqslant0\end{cases}\tag{2.3}$$

上述模型的简写形式为

$$\max(\text{或}\ \min)z=\sum_{j=1}^{n}c_jx_j$$
$$\text{s. t.}\begin{cases}\sum\limits_{j=1}^{n}a_{ij}x_j\leqslant(\text{或}\ =,\ \geqslant)b_i,\quad i=1,2,\cdots,m\\x_j\geqslant0,\qquad\qquad\qquad\qquad j=1,2,\cdots,n\end{cases}\tag{2.4}$$

如果令

$$\boldsymbol{A}=\begin{pmatrix}a_{11}&a_{12}&\cdots&a_{1n}\\a_{21}&a_{22}&\cdots&a_{2n}\\\vdots&\vdots&&\vdots\\a_{m1}&a_{m2}&\cdots&a_{mn}\end{pmatrix}=(a_{ij})_{m\times n},\boldsymbol{a}_j(\text{或}\ \boldsymbol{p}_j)=\begin{pmatrix}a_{1j}\\a_{2j}\\\vdots\\a_{mj}\end{pmatrix},\quad(j=1,2,\cdots,n)\tag{2.5}$$

$$\boldsymbol{c}=\begin{pmatrix}c_1\\c_2\\\vdots\\c_n\end{pmatrix},\quad\boldsymbol{b}=\begin{pmatrix}b_1\\b_2\\\vdots\\b_m\end{pmatrix},\quad\text{以及}\ \boldsymbol{x}=\begin{pmatrix}x_1\\x_2\\\vdots\\x_n\end{pmatrix}\tag{2.6}$$

则上述线性规划问题可以向量形式表示为

$$\max(\text{或}\ \min)\boldsymbol{z}=\boldsymbol{c}^{\mathrm{T}}\boldsymbol{x}\Big(\text{或}\sum_{j=1}^{n}c_jx_j\Big)$$
$$\text{s. t.}\begin{cases}\sum\limits_{j=1}^{n}\boldsymbol{p}_jx_j\leqslant(\text{或}\ =,\ \geqslant)\boldsymbol{b}\\x_j\geqslant0,\quad j=1,2,\cdots,n\end{cases}\tag{2.7}$$

用矩阵形式表示为

$$\max(\text{或}\ \min)\boldsymbol{z}=\boldsymbol{c}^{\mathrm{T}}\boldsymbol{x}$$
$$\text{s. t.}\begin{cases}\boldsymbol{Ax}\leqslant(\text{或}=,\geqslant)\boldsymbol{b}\\\qquad\boldsymbol{x}\geqslant\boldsymbol{0}\end{cases}\tag{2.8}$$

这里的 **0** 是 n 维元素全为 0 的列向量。

一般把 **A** 称为约束方程组(约束条件)的系数(矩阵),**c** 为价值系数(向量),**b** 为资源系数(向量);变量 x_j 的取值一般为非负,即 $x_j\geqslant0$;从数学意义上也可以有 $x_j\leqslant0$,但下文会说明，可以转化为 $-x_j \geqslant 0$，即用 $-x_j$ 代替 x_j。又如果变量 x_j 的取值范围为 $(-\infty,+\infty)$，则称 x_j 取值不受约束，或 x_j 无约束。

§2.3 线性规划数学模型的标准形式及解的概念

由于目标函数和约束条件内容和形式上的差别，线性规划问题可以有多种表达式。为了便于讨论和制定统一的算法，规定线性规划问题的标准形式如下：

$$\max z = c_1x_1 + c_2x_2 + \cdots + c_nx_n$$
$$\text{s.t.}\begin{cases} a_{11}x_1 + a_{12}x_2 + \cdots + a_{1n}x_n = b_1 \\ \qquad\vdots \\ a_{m1}x_1 + a_{m2}x_2 + \cdots + a_{mn}x_n = b_m \\ x_1 \geqslant 0, x_2 \geqslant 0, \cdots, x_n \geqslant 0 \end{cases} \tag{2.9}$$

或用矩阵形式表示：

$$\max z = \boldsymbol{c}^{\mathrm{T}}\boldsymbol{x}$$
$$\text{s.t.}\begin{cases} \boldsymbol{Ax} = \boldsymbol{b} \\ \boldsymbol{x} \geqslant \boldsymbol{0} \end{cases} \tag{2.10}$$

或向量形式：

$$\max z = \boldsymbol{c}^{\mathrm{T}}\boldsymbol{x}\left(\text{或} \sum_{j=1}^{n} c_jx_j\right)$$
$$\text{s.t.}\begin{cases} \sum_{j=1}^{n} \boldsymbol{a}_jx_j = \boldsymbol{b} \\ x_j \geqslant 0 \quad j = 1,2,\cdots,n \end{cases} \tag{2.11}$$

其中 $\boldsymbol{A},\boldsymbol{b},\boldsymbol{c},\boldsymbol{x},\boldsymbol{a}_j,\boldsymbol{0}$ 均如式(2.5)或式(2.6)所示，**但这里的 $\boldsymbol{b}$ 要求是非负向量**，即 $b_j \geqslant 0$ 对 $j=1,2,\cdots,m$。

标准形式的线性规划模型中，目标函数为求最大值(有些书上规定是求最小值)，约束条件全为等式，约束条件右端常数项 b_j 全为非负值，变量 x_j 的取值全为非负值。对不符合标准形式(或称非标准形式)的线性规划问题，可分别通过下列方法化为标准形式(只要得到标准形式的解，就可以还原为原线性规划问题的解)。

(1) 目标函数为求极小值，即为

$$\min z = \sum_{j=1}^{n} c_jx_j$$

因为求 $\min z$ 等价于求 $\max -z$，令 $z' = -z$，即化为

$$\max z' = -\sum_{j=1}^{n} c_jx_j$$

(2) 右端项 $b_j \leqslant 0$ 时，只需将等式或不等式两端同乘(−1)，则等式右端项必大于零。

(3) 约束条件为不等式。当约束条件为"≤"时，如对 $6x_1+2x_2\leqslant 24$，可令 $x_3=24-6x_1+2x_2$，则 $6x_1+2x_2\leqslant 24$ 可以写为 $6x_1+2x_2+x_3=24$，其中 $x_3\geqslant 0$，是新加入的变量，称为**松弛变量**；当约束条件为"≥"时，如对 $10x_1+12x_2\geqslant 18$，可令 $x_4=10x_1+12x_2-18$，则 $10x_1+12x_2\geqslant 18$ 可以写为 $10x_1+12x_2-x_4=18$，其中 $x_4\geqslant 0$，是新加入的变量，称为**剩余变量**。松弛变量或剩余变量在实际问题中分别表示未被充分利用的资源数量和超出的资源数量，均未转化为价值和利润，所以引进模型后它们在目标函数中的系数均为零。

(4) 取值无约束的变量。变量 x_j 的取值可能是正也可能为负，这时可令 $x_j=x_j'-x_j''$，其中 $x_j'\geqslant 0,x_j''\geqslant 0$，将其代入线性规划模型即可。

(5) 对 $x_j\leqslant 0$ 的情况，令 $x_j'=-x_j$，显然 $x_j'\geqslant 0$。

例 2.3　将下述线性规划化为标准形式：

$$\min z=x_1+2x_2+3x_3$$

$$\text{s.t.}\begin{cases}-2x_1+x_2+x_3\leqslant 9\\-3x_1+x_2+2x_3\geqslant 4\\4x_1-2x_2-3x_3=-6\\x_1\leqslant 0,x_2\geqslant 0,x_3\ \text{取值无约束}\end{cases}$$

解　令：$z'=-z,x_1'=-x_1,x_3=x_3'-x_3''$，其中 $x_3',x_3''\geqslant 0$，并按上述规则，该问题的标准形式为

$$\max z'=x_1'-2x_2-3x_3'+3x_3''+0x_4+0x_5$$

$$\text{s.t.}\begin{cases}2x_1'+x_2+x_3'-x_3''+x_4=9\\3x_1'+x_2+2x_3'-2x_3''-x_5=4\\4x_1'+2x_2+3x_3'-3x_3''=6\\x_1',x_2,x_3',x_3'',x_4,x_5\geqslant 0\end{cases}$$

因此，本章主要讨论标准形式的线性规划问题(即式(2.9))的性质和求解方法。只要求出标准形式线性规划问题的解，就可以还原为原线性规划问题的解。

可行解：一个线性规划问题有解，是指能找出一组 $x_j(j=1,2,\cdots,n)$ 满足所有约束条件，称这组 x_j 为线性规划问题的可行解(feasible solution)。

通常线性规划问题总是含有多个可行解，称全部可行解的集合为可行域(feasible region)，可行域中使目标函数值达到最优的可行解称为**最优解**(optimization solution)。

对不存在可行解的线性规划问题，称该问题无解。

下面考虑标准形式的线性规划问题，即式(2.9)。

定义 2.3.1　设 $\boldsymbol{B}$ 是秩为 m 的约束矩阵 $\boldsymbol{A}\in\mathbf{R}^{m\times n}$ 中的一个 m 阶满秩子方阵，则称 $\boldsymbol{B}$ 为一个基(或基阵)。$\boldsymbol{B}$ 中 m 个线性无关的列向量称为**基向量**(为叙述方便，假定 $\boldsymbol{B}=(\boldsymbol{q}_1,\boldsymbol{q}_2,\cdots,\boldsymbol{q}_m)$)，把 $\boldsymbol{A}$ 中其余各列组成的子阵记为 $\boldsymbol{N}$，即 $\boldsymbol{A}=(\boldsymbol{B},\boldsymbol{N})$ 再把 $\boldsymbol{x}=(x_1,x_2,\cdots,x_n)^{\mathrm{T}}$ 的分量也相应地分为两部分，其中变量 $\boldsymbol{x}$ 中与之对应的 m 个分量称为**基变量**，其余的分量称为**非基变量**，分别记为 $\boldsymbol{x}_{\mathrm{B}}$ 和 $\boldsymbol{x}_{\mathrm{N}}$，则 $\boldsymbol{A}\boldsymbol{x}=\boldsymbol{b}$ 可记作

$$\boldsymbol{B}\boldsymbol{x}_{\mathrm{B}}+\boldsymbol{N}\boldsymbol{x}_{\mathrm{N}}=\boldsymbol{b}$$

即

$$\boldsymbol{x}_B=\boldsymbol{B}^{-1}\boldsymbol{b}-\boldsymbol{B}^{-1}\boldsymbol{N}\boldsymbol{x}_N$$

令所有的非基变量取值为零,得到的解 $\boldsymbol{x}=\begin{pmatrix}\boldsymbol{x}_B\\ \boldsymbol{x}_N\end{pmatrix}=\begin{pmatrix}\boldsymbol{B}^{-1}\boldsymbol{b}\\ 0\end{pmatrix}$,称为相应于 $\boldsymbol{B}$ 的**基本解**(简称**基解**)。当 $\boldsymbol{B}^{-1}\boldsymbol{b}\geqslant 0$ 时,称基本解 $\boldsymbol{x}$ 为**基本可行解**(简称**基可行解**),这时对应的基 $\boldsymbol{B}$ 称为**可行基**。

一个基本可行解 $\boldsymbol{x}$,如果它的所有的基变量都取正值,称它是**非退化的**;如果有的基变量也取零值,称它为**退化的**。一个线性规划问题,如果它的所有基本可行解都是非退化的,就说该问题是非退化的,否则说它是退化的。

§2.4 两个变量线性规划问题的图解法

如果一个线性规划问题只有两个变量,我们可以直观了解可行区域 $\boldsymbol{D}$ 的结构,同时还可利用目标函数与可行区域的关系利用图解法求解该问题。

例 2.4 求解线性规划:

$$\min z=x_1-x_2$$

$$\text{s.t.}\begin{cases}2x_1-x_2\geqslant -2\\ x_1-2x_2\leqslant 2\\ x_1+x_2\leqslant 5\\ x_1\geqslant 0,x_2\geqslant 0\end{cases}$$

解 可行区域 $\boldsymbol{D}$ 如图 2.1 所示。在区域 $\boldsymbol{0}A_1A_2A_3A_4\boldsymbol{0}$ 的内部及边界上的每一个点都是可行点,目标函数的等值线 $z=x_1-x_2$(z 取定某一个常值)的法线方向(梯度方向)$(1,-1)^T$ 是函数值增加最快的方向(负梯度方向是函数值减小最快的方向)。沿着函数的负梯度方向移动,函数值会减小,当移动到点 $A_2=(1,4)^T$(直线 $x_1+x_2=5$ 与 $2x_1-x_2=-2$ 的交点)时,再继续移动就离开区域 $\boldsymbol{D}$ 了。于是 A_2 点就是最优解,而最优值为 $z=1-4=-3$。

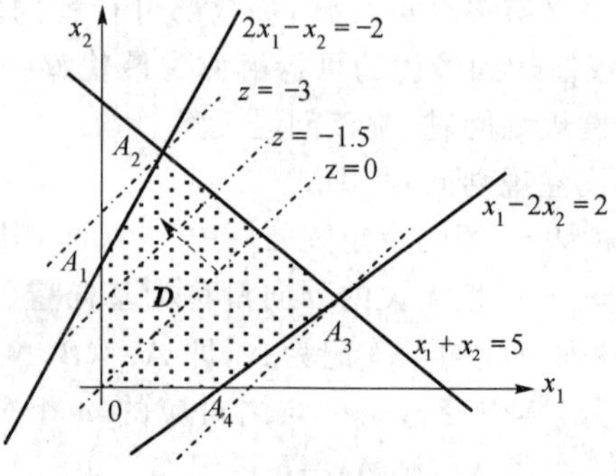

图 2.1

可以看出，点 $\mathbf{0}$、A_1、A_2、A_3、A_4 都是该线性规划问题可行域的顶点。

类似地，如果目标函数改为 $\max z=4x_1-2x_2$，其他约束条件不变，则最优解为 $(4,1)^T$（A_3 点，直线 $x_1+x_2=5$ 与 $x_1-2x_2=2$ 的交点）。

再者，如将目标函数改为 $\min z=4x_1-2x_2$，可行区域不变，用图解法求解的过程如图 2.2 所示。

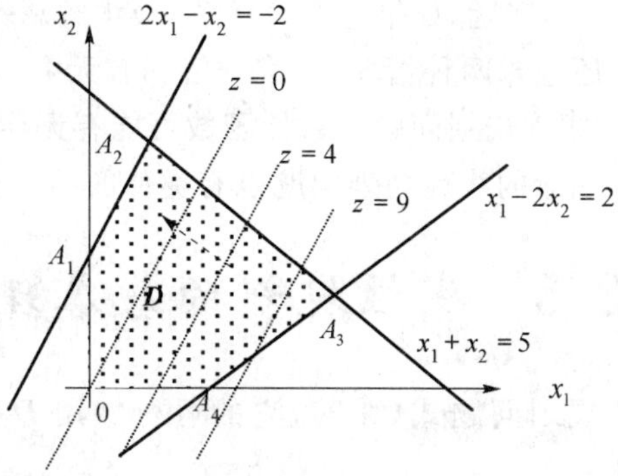

图 2.2

由于目标函数 $z=4x_1-2x_2$ 的等值线与直线 A_1A_2 平行，当目标函数的等值线与直线 A_1A_2 重合时，目标函数 $z=4x_1-2x_2$ 达到最小值 -4，于是，线段 A_1A_2 上的每一个点均为该问题的最优解。特别地，线段 A_1A_2 的两个端点，即可行区域 $\boldsymbol{D}$ 的两个顶点 $A_1=(0,2)^T$，$A_2=(1,4)^T$ 均是该线性规划问题的最优解。此时，最优解不唯一（无穷多个最优解）。

例 2.5　用图解法解线性规划：

$$\min z=-2x_1+x_2$$

$$\text{s.t.}\begin{cases}x_1+\ \ x_2\geqslant 1\\ x_1-3x_2\geqslant -3\\ x_1\geqslant 0,x_2\geqslant 0\end{cases}$$

解　该问题的可行区域如图 2.3 所示。

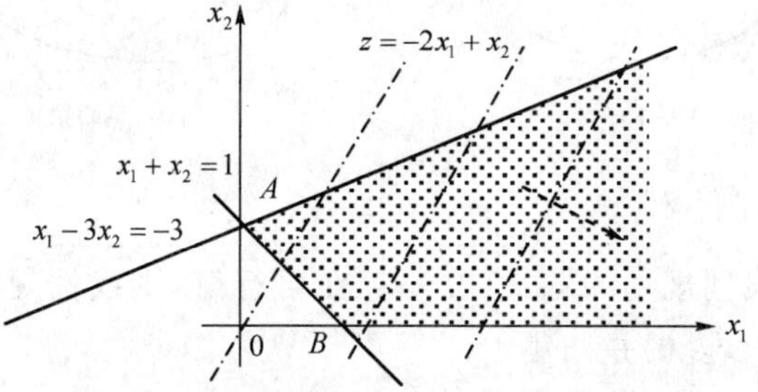

图 2.3

与例 2.4 求解方法类似，目标函数 $z=-2x_1+x_2$ 沿着它的负法线方向 $(2,-1)^T$ 移动,由于可行域 $\boldsymbol{D}$ 无界,因此,可以无限制移动下去,而目标函数值一直减小,所以该线性规划问题无有限最优解,即该问题无界。

从图解法的几何直观特点,容易得到下面几个重要结论。

(1) 线性规划的可行域 $\boldsymbol{D}$ 是若干个半平面的交集,它形成了一个多面凸集(也可能是空集)。

(2) 对于给定的线性规划问题,如果它有最优解,最优解总可以在可行域 $\boldsymbol{D}$ 的某个顶点上达到。在这种情况下还包含两种情况:有唯一解和有无穷多解。

(3) 如果可行域无界,线性规划问题的目标函数可能有无界的情况。

对于具有 n 个变量的一般的线性规划问题也有类似的结论。

§2.5 线性规划的基本理论

本节讨论标准的线性规划问题式(2.9),它的可行域用 $\boldsymbol{D}=\{\boldsymbol{x}\in\mathbf{R}^n \mid \boldsymbol{Ax}=\boldsymbol{b},\boldsymbol{x}\geqslant\boldsymbol{0}\}$ 表示。

定义 2.5.1 设 $\boldsymbol{S}\subset\mathbf{R}^n$ 是 n 维欧氏空间中的一个点集,$\boldsymbol{x}\in\boldsymbol{S}$,$\boldsymbol{y}\in\boldsymbol{S}$,$\lambda\in[0,1]$,称

$$\boldsymbol{z}=\lambda\boldsymbol{x}+(1-\lambda)\boldsymbol{y}$$

为 $\boldsymbol{x}$ 和 $\boldsymbol{y}$ 的**凸组合**。

定义 2.5.2 设 $\boldsymbol{S}\subset\mathbf{R}^n$ 是 n 维欧氏空间中的一个点集,若对任何 $\boldsymbol{x}\in\boldsymbol{S}$,$\boldsymbol{y}\in\boldsymbol{S}$ 与任何 $\lambda\in[0,1]$,都有

$$\lambda\boldsymbol{x}+(1-\lambda)\boldsymbol{y}\in\boldsymbol{S}$$

就称 $\boldsymbol{S}$ 是一个**凸集**。

凸集与非凸集如图 2.4 所示。

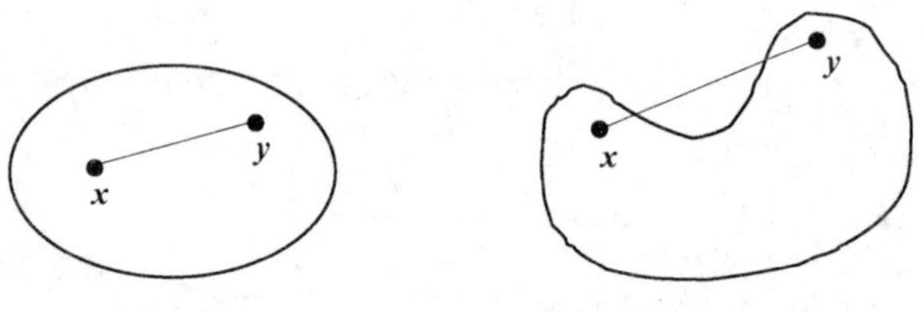

(a) 凸集　　　(b) 非凸集

图 2.4

定理 2.5.1 若线性规划问题式(2.9)存在可行解,则线性规划问题式(2.9)的可行域 $\boldsymbol{D}=\{\boldsymbol{x}\in\mathbf{R}^n \mid \boldsymbol{Ax}=\boldsymbol{b},\boldsymbol{x}\geqslant\boldsymbol{0}\}$ 是凸集。

证明:根据凸集定义 2.5.2,对任何

$$\boldsymbol{x}^{(1)}=(x_1^{(1)},x_2^{(1)},\cdots,x_n^{(1)})\in\boldsymbol{D},\quad \boldsymbol{x}^{(2)}=(x_1^{(2)},x_2^{(2)},\cdots,x_n^{(2)})\in\boldsymbol{D},0<\lambda<1$$

只需证明 $\boldsymbol{x}=\lambda\boldsymbol{x}^{(1)}+(1-\lambda)\boldsymbol{x}^{(2)}\in\boldsymbol{D}$。将 $\boldsymbol{x}^{(1)}$,$\boldsymbol{x}^{(2)}$ 代入约束条件有

$$\boldsymbol{A}\boldsymbol{x}^{(1)}=\boldsymbol{b},\boldsymbol{A}\boldsymbol{x}^{(2)}=\boldsymbol{b},\boldsymbol{x}^{(1)}\geqslant\boldsymbol{0},\boldsymbol{x}^{(2)}\geqslant\boldsymbol{0}$$

所以：

$$\boldsymbol{x}=\lambda\boldsymbol{x}^{(1)}+(1-\lambda)\boldsymbol{x}^{(2)}\geqslant\boldsymbol{0}$$

$$\boldsymbol{A}\boldsymbol{x}=\boldsymbol{A}(\lambda\boldsymbol{x}^{(1)}+(1-\lambda)\boldsymbol{x}^{(2)})=\lambda\boldsymbol{A}\boldsymbol{x}^{(1)}+(1-\lambda)\boldsymbol{A}\boldsymbol{x}^{(2)}=\lambda\boldsymbol{b}+(1-\lambda)\boldsymbol{b}=\boldsymbol{b}$$

所以 $\boldsymbol{x}\in\boldsymbol{D}$。

证毕。

定义 2.5.3　给定 $b\in\mathbf{R}^1$ 及非零向量 $\boldsymbol{a}\in\mathbf{R}^n$，称集合

$$\boldsymbol{H}=\{\boldsymbol{x}\in\mathbf{R}^n\mid\boldsymbol{a}^{\mathrm{T}}\boldsymbol{x}=b\}$$

是 $\mathbf{R}^n$ 中的一个超平面。

引理 2.5.1　由超平面 $\boldsymbol{H}$ 产生了两个闭半空间：

$$\boldsymbol{H}^{+}=\{\boldsymbol{x}\in\mathbf{R}^n\mid\boldsymbol{a}^{\mathrm{T}}\boldsymbol{x}\geqslant b\},\boldsymbol{H}^{-}=\{\boldsymbol{x}\in\mathbf{R}^n\mid\boldsymbol{a}^{\mathrm{T}}\boldsymbol{x}\leqslant b\}$$

都是凸集。

证明:用定义 2.5.2 显然可得。

定义 2.5.4　称集合

$$\boldsymbol{S}=\{\boldsymbol{x}\in\mathbf{R}^n\mid\boldsymbol{a}_i^{\mathrm{T}}\boldsymbol{x}=b_i,i=1,\cdots,p;\boldsymbol{a}_i^{\mathrm{T}}\boldsymbol{x}\geqslant b_i,i=p+1,\cdots,p+q\}$$

为多面凸集。非空有界的多面凸集称为凸多面体。

因此，线性规划问题式(2.9)中 $\boldsymbol{D}=\{\boldsymbol{x}\in\mathbf{R}^n\mid\boldsymbol{A}\boldsymbol{x}=\boldsymbol{b},\boldsymbol{x}\geqslant\boldsymbol{0}\}$ 的可行域是多面凸集。

定义 2.5.5　设 $\boldsymbol{S}$ 为凸集，$\boldsymbol{x}\in\boldsymbol{S}$。若对任何 $\boldsymbol{y}\in\boldsymbol{S},\boldsymbol{z}\in\boldsymbol{S},\boldsymbol{y}\neq\boldsymbol{z}$，以及任何 $0<\lambda<1$，都有

$$\boldsymbol{x}\neq\lambda\boldsymbol{y}+(1-\lambda)\boldsymbol{z}$$

则称 $\boldsymbol{x}$ 为凸集 $\boldsymbol{S}$ 的一个**极点（顶点）**。

按此定义，平面上长方形的四个角点就是长方形区域的全部极点。平面图形中每个顶点至少是两条线的交点。

引理 2.5.2　线性规划问题式(2.9)的可行解为基可行解的充要条件是 $\boldsymbol{x}$ 的正分量所对应的系数列向量是线性独立的。

证明　必要性。由基可行解的定义显然。

充分性。若 $\boldsymbol{x}$ 的正分量所对应的系数列向量 $p_1,p_2,\cdots,p_k$ 线性独立（不妨设 $\boldsymbol{x}$ 的前 k 个分量为正分量，则后 $n-k$ 个分量全部为 0），则必有 $k\leqslant m$；当 $k=m$ 时，它们恰好构成一个基，从而 $\boldsymbol{x}=(x_1,x_2,\cdots,x_n)=(x_1,x_2,\cdots,x_k,0,0,\cdots,0)$ 为相应的基可行解。当 $k<m$ 时，则一定可以从其余列向量中找出 $(m-k)$ 个与 $p_1,p_2,\cdots,p_k$ 构成一个基，其对应的解恰为 $\boldsymbol{x}$，所以据定义它是基可行解。

证毕。

定理 2.5.2　线性规划问题式(2.9)的一个可行解 $\boldsymbol{x}=(x_1,x_2,\cdots,x_n)\in\boldsymbol{D}$（其中 $\boldsymbol{D}$ 为式(2.9)的可行域，凸集，$\boldsymbol{D}=\{\boldsymbol{x}\in\mathbf{R}^n\mid\boldsymbol{A}\boldsymbol{x}=\boldsymbol{b},\boldsymbol{x}\geqslant\boldsymbol{0}\}$）是基可行解的充分必要条件是 $\boldsymbol{x}$ 是可行域 $\boldsymbol{D}$ 的极点。

证明:反证法,即证明:$\boldsymbol{x}$ 不是可行域的顶点⇔$\boldsymbol{x}$ 不是基可行解($\boldsymbol{x}$ 是可行解,但不是基解)。下面分两步来证明。

① 先证 $\boldsymbol{x}$ 不是可行域的顶点⇐$\boldsymbol{x}$ 不是基可行解。

不失一般性,假设 $\boldsymbol{x}$ 的前 m 个分量为正,后 $n-m$ 个分量都为 0,由于 $\boldsymbol{Ax}=\boldsymbol{b},\boldsymbol{x}\geqslant\boldsymbol{0}$,所以可得:

$$\sum_{j=1}^{m}\boldsymbol{p}_j x_j = \boldsymbol{b} \tag{2.12}$$

由引理知 $\boldsymbol{p}_1,\boldsymbol{p}_2,\cdots,\boldsymbol{p}_m$ 线性相关,即存在一组不全为零的数 $\delta_i(i=1,2,\cdots,m)$,使得有:

$$\delta_1\boldsymbol{p}_1+\delta_2\boldsymbol{p}_2+\cdots+\delta_m\boldsymbol{p}_m=0 \tag{2.13}$$

式(2.13)乘上一个不为零的数 ε 得:

$$\varepsilon\delta_1\boldsymbol{p}_1+\varepsilon\delta_2\boldsymbol{p}_2+\cdots+\varepsilon\delta_m\boldsymbol{p}_m=0 \tag{2.14}$$

式(2.12) +式(2.14)得:

$$(x_1+\varepsilon\delta_1)\boldsymbol{p}_1+(x_2+\varepsilon\delta_2)\boldsymbol{p}_2+\cdots+(x_m+\varepsilon\delta_m)\boldsymbol{p}_m=0$$

式(2.12)－式(2.14)得:

$$(x_1-\varepsilon\delta_1)\boldsymbol{p}_1+(x_2-\varepsilon\delta_2)\boldsymbol{p}_2+\cdots+(x_m-\varepsilon\delta_m)\boldsymbol{p}_m=0$$

令:

$$\boldsymbol{x}^{(1)}=[(x_1-\varepsilon\delta_1),(x_2-\varepsilon\delta_2),\cdots,(x_m-\varepsilon\delta_m),0,\cdots,0]$$
$$\boldsymbol{x}^{(2)}=[(x_1+\varepsilon\delta_1),(x_2+\varepsilon\delta_2),\cdots,(x_m+\varepsilon\delta_m),0,\cdots,0]$$

又 ε 可以选取使得它满足对所有 $i=1,2,\cdots,m$ 有:

$$x_k\pm\varepsilon\delta_k\geqslant 0$$

由此:

$$\boldsymbol{x}^{(1)}\in\boldsymbol{D},\quad \boldsymbol{x}^{(2)}\in\boldsymbol{D}$$

而且:

$$\boldsymbol{x}=(x_1,x_2,\cdots,x_n)=\frac{1}{2}\boldsymbol{x}_1+\frac{1}{2}\boldsymbol{x}_2$$

即 $\boldsymbol{x}$ 不是可行域 $\boldsymbol{D}=\{\boldsymbol{x}\in\mathbf{R}^n\,|\,\boldsymbol{Ax}=\boldsymbol{b},\boldsymbol{x}\geqslant\boldsymbol{0}\}$ 的顶点。

② 再证 $\boldsymbol{x}$ 不是可行域的顶点⇒$\boldsymbol{x}$ 不是基可行解。

设 $\boldsymbol{x}=(x_1,x_2,\cdots,x_n)\in\boldsymbol{D}$,因为 $\boldsymbol{x}$ 不是可行域的顶点,因而可以找到可行域内另外两个不同点 $\boldsymbol{y},\boldsymbol{z}\in\boldsymbol{D}$,以及 $0<\delta<1$,使得:$\boldsymbol{x}=\delta\boldsymbol{y}+(1-\delta)\boldsymbol{z}$,或可写为

$$x_i=\delta y_i+(1-\delta)z_i,(i=1,2,\cdots,n)$$

因为 $0<\delta<1$ 及 $\boldsymbol{x},\boldsymbol{y},\boldsymbol{z}\in\boldsymbol{D}$,故当 $x_i=0$ 时,必有 $y_i=z_i=0$,不妨设 $\boldsymbol{x}$ 的前 r 个分量为正,即 $\boldsymbol{x}=(x_1,x_2,\cdots,x_r,0,0,\cdots,0)$,则:

$$\sum_{j=1}^{n}\boldsymbol{p}_j x_j = \sum_{j=1}^{r}\boldsymbol{p}_j x_j = \boldsymbol{b}$$

可得：

$$\sum_{j=1}^{n} \boldsymbol{p}_j y_j = \sum_{j=1}^{r} \boldsymbol{p}_j y_j = \boldsymbol{b} \tag{2.15}$$

$$\sum_{j=1}^{n} \boldsymbol{p}_j z_j = \sum_{j=1}^{r} \boldsymbol{p}_j z_j = \boldsymbol{b} \tag{2.16}$$

式(2.15)－式(2.16)得

$$\sum_{j=1}^{n} \boldsymbol{p}_j (y_j - z_j) = \sum_{j=1}^{r} \boldsymbol{p}_j (y_j - z_j) = 0$$

因$(y_j - z_j)$不全为零，故 $\boldsymbol{p}_1, \boldsymbol{p}_2, \cdots, \boldsymbol{p}_r$ 线性相关，即 $\boldsymbol{x}$ 不是基可行接解。

证毕。

定理 2.5.2 是一个非常重要的定理，它将线性规划问题可行域的极点与线性规划问题的基本可行解一一对应起来，因此，我们前面讨论的线性规划问题的最优解(如果有的话)是在其可行域的极点上达到，对应的就是在基本可行解上达到。所以，我们以后只需要讨论基本可行解。

引理 2.5.3　若 $\boldsymbol{K}$ 是有界凸集，则任何一点 $\boldsymbol{x} \in \boldsymbol{K}$ 都可以表示为 $\boldsymbol{K}$ 的顶点的凸组合。

证明：(略)

定理 2.5.3　若线性规划问题式(2.9)可行域 $\boldsymbol{D} = \{\boldsymbol{x} \in \mathbf{R}^n \mid \boldsymbol{A}\boldsymbol{x} = \boldsymbol{b}, \boldsymbol{x} \geqslant \boldsymbol{0}\}$ 有界而且非空，则存在一个基可行解是式(2.9)的最优解。

证明：因为线性规划问题式(2.9)可行域 $\boldsymbol{D} = \{\boldsymbol{x} \in \mathbf{R}^n \mid \boldsymbol{A}\boldsymbol{x} = \boldsymbol{b}, \boldsymbol{x} \geqslant \boldsymbol{0}\}$ 有界而且非空，所以式(2.9)有最优解，设 $\boldsymbol{x}^{(0)} = (x_1^{(0)}, x_2^{(0)}, \cdots, x_n^{(0)}) \in \boldsymbol{D}$ 是线性规划的一个最优解，即 $\boldsymbol{c}^{\mathrm{T}}\boldsymbol{x}^{(0)}$ 是目标函数 $\boldsymbol{c}^{\mathrm{T}}\boldsymbol{x}$ 的最大值。若 $\boldsymbol{x}^{(0)}$ 不是基可行解，由定理 2.5.2 知 $\boldsymbol{x}^{(0)}$ 不是顶点，设 $\boldsymbol{x}^{(1)}$，$\boldsymbol{x}^{(2)}, \cdots, \boldsymbol{x}^{(k)}$ 是可行域的顶点，根据引理 2.5.3，$\boldsymbol{x}^{(0)}$ 可以用 $\boldsymbol{x}^{(1)}, \boldsymbol{x}^{(2)}, \cdots, \boldsymbol{x}^{(k)}$ 线性表示为：$\boldsymbol{x}^{(0)} = \sum_{i=1}^{k} \alpha_i \boldsymbol{x}^{(i)}$，其中 $0 \leqslant \alpha_i \leqslant 1 (i = 1, 2, \cdots, k)$ 且 $\sum_{i=1}^{k} \alpha_i = 1$。因此：

$$\boldsymbol{c}^{\mathrm{T}}\boldsymbol{x}^{(0)} = \boldsymbol{c}^{\mathrm{T}} \sum_{i=1}^{k} \alpha_i \boldsymbol{x}^{(i)} = \sum_{i=1}^{k} \alpha_i \boldsymbol{c}^{\mathrm{T}} \boldsymbol{x}^{(i)} \tag{2.17}$$

在 $\boldsymbol{x}^{(1)}, \boldsymbol{x}^{(2)}, \cdots, \boldsymbol{x}^{(k)}$ 中找出所有 $\boldsymbol{c}^{\mathrm{T}}\boldsymbol{x}^{(i)}$ 中最大的 $\boldsymbol{x}^{(m)}$，将 $\boldsymbol{x}^{(m)}$ 代替式(2.17)中其他的 $\boldsymbol{x}^{(i)}$，就得到：

$$\boldsymbol{c}^{\mathrm{T}}\boldsymbol{x}^{(0)} = \sum_{i=1}^{k} \alpha_i \boldsymbol{c}^{\mathrm{T}} \boldsymbol{x}^{(i)} \leqslant \sum_{i=1}^{k} \alpha_i \boldsymbol{c}^{\mathrm{T}} \boldsymbol{x}^{(m)} = \boldsymbol{c}^{\mathrm{T}} \boldsymbol{x}^{(m)}$$

而 $\boldsymbol{x}^{(0)}$ 已是最优解，所以 $\boldsymbol{c}^{\mathrm{T}}\boldsymbol{x}^{(0)} = \boldsymbol{c}^{\mathrm{T}}\boldsymbol{x}^{(m)}$，即顶点 $\boldsymbol{x}^{(m)}$(基可行解)也是最优解。

证毕。

当目标函数只在一个极点上达到最优，则问题有唯一最优解；当目标函数在多于一个极点上同时达到最优，则问题有无穷多最优解。另外，如果可行域为无界，则可能无最优解，若有也必定在某极点上得到。

由基本可行解与可行基的这种对应关系，我们知道给定一个标准形式的线性规划问题，它最多有 C_n^m 个可行基，因而基本可行解的个数不会超过 C_n^m，从而多面凸集 $\boldsymbol{D}$ 的顶点个数不会超过 C_n^m 个。所以可以将线性规划问题看成是一个组合问题：即在有限个基可行解中找出最优解。但是，当 m,n 都较大时，C_n^m 也是一个很大的数，所以通过穷举出 C_n^m 个顶点，再求出最优解的方法是很难来求解线性规划问题的。下面我们将介绍用于求解线性规划问题的一种迭代方法——单纯形方法。

§2.6 求解线性规划问题的单纯形方法

本节讨论标准的线性规划问题式(2.9)，它的可行域用 $\boldsymbol{D}=\{\boldsymbol{x}\in\mathbf{R}^n\mid \boldsymbol{A}\boldsymbol{x}=\boldsymbol{b},\boldsymbol{x}\geqslant\boldsymbol{0}\}$ 表示。

解线性规划问题著名的单纯形方法(Simplex Method)是 G. B. Dantzig 在 1947 年提出的。本节介绍单纯形方法的理论、基本计算步骤及具体实施运算的单纯形表。

我们已经知道，对于一个标准线性规划问题(LP)，如果它有最优解，则必可在某一基本可行解处达到，因而只需在基本可行解集合中寻求即可。单纯形方法的主要思想就是先找出一个基本可行解，判别它是否为最优解，如不是，就找一个更好的基本可行解，再进行判别，如此迭代进行，直至找到最优解，或者判定该问题无有限最优解。这个过程可以用图 2.5 的流程图来表示。

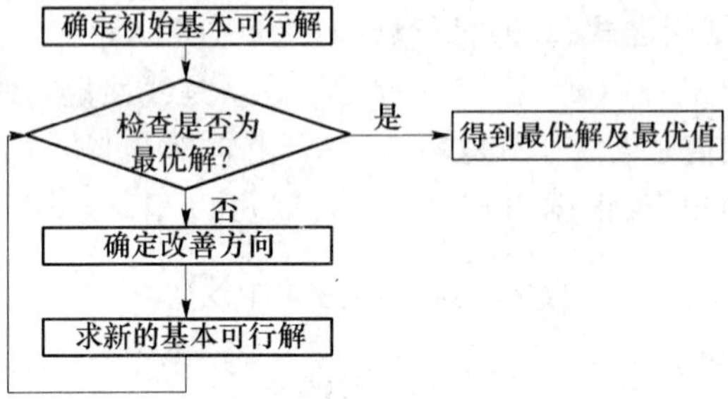

图 2.5

2.6.1 假设

我们先假设所讨论的线性规划问题满足以下假设：

假设 2.6.1 $\boldsymbol{D}=\{\boldsymbol{x}\in\mathbf{R}^n\mid \boldsymbol{A}\boldsymbol{x}=\boldsymbol{b},\boldsymbol{x}\geqslant\boldsymbol{0}\}\neq\varnothing$；

假设 2.6.2 秩$(\boldsymbol{A}_{m\times n})=m, m<n$；

假设 2.6.3 $\boldsymbol{A}$ 中存在满秩矩阵 $\boldsymbol{B}$ 满足 $\boldsymbol{B}^{-1}\boldsymbol{b}\geqslant\boldsymbol{0}$；

假设 2.6.4 所考虑的 LP 问题是非退化的。

上面 4 个基本假设是为了方便讨论单纯形方法而做的，实际上，在我们学完单纯形方法后会发现，这 4 个假设都不是必需的。

2.6.2　例子

下面先通过一个例子来了解单纯形算法的过程。

例 2.6　以例 2.1 中的线性规划问题来讨论求解过程。

$$\max z=60x_1+30x_2+20x_3$$

$$\text{s.t.}\begin{cases}8x_1+6x_2+x_3\leqslant 48\,000\\4x_1+2x_2+1.5x_3\leqslant 20\,000\\2x_1+1.5x_2+0.5x_3\leqslant 8\,000\\x_1,x_2,x_3\geqslant 0\end{cases}$$

解　对上述线性规划模型进行标准化，得：

$$\max z=60x_1+30x_2+20x_3+0x_4+0x_5+0x_6$$

$$\text{s.t.}\begin{cases}8x_1+6x_2+x_3+x_4=48\,000\\4x_1+2x_2+1.5x_3+x_5=20\,000\\2x_1+1.5x_2+0.5x_3+x_6=8\,000\\x_1,x_2,x_3,x_4,x_5,x_6\geqslant 0\end{cases}\tag{2.18}$$

约束方程的系数矩阵：

$$\boldsymbol{A}=(\boldsymbol{p}_1,\boldsymbol{p}_2,\boldsymbol{p}_3,\boldsymbol{p}_4,\boldsymbol{p}_5,\boldsymbol{p}_6)=\begin{pmatrix}8&6&1&1&0&0\\4&2&1.5&0&1&0\\2&1.5&0.5&0&0&1\end{pmatrix}$$

x_4,x_5,x_6 的系数构成的列向量为：

$$\boldsymbol{p}_4=\begin{pmatrix}1\\0\\0\end{pmatrix},\quad \boldsymbol{p}_5=\begin{pmatrix}0\\1\\0\end{pmatrix},\quad \boldsymbol{p}_6=\begin{pmatrix}0\\0\\1\end{pmatrix}$$

可构成一组基，记做 $\boldsymbol{B}=(\boldsymbol{p}_4,\boldsymbol{p}_5,\boldsymbol{p}_6)=\begin{pmatrix}1&0&0\\0&1&0\\0&0&1\end{pmatrix}$，$\boldsymbol{B}$ 对应的变量 x_4,x_5,x_6 称为基变量，x_1,x_2,x_3 为非基变量。由约束方程式(2.18)得：

$$\begin{cases}x_4=48\,000-8x_1-6x_2-x_3\\x_5=20\,000-4x_1-2x_2-1.5x_3\\x_6=8\,000-2x_1-1.5x_2-0.5x_3\end{cases}\tag{2.19}$$

将式(2.19)代入目标函数 $z=60x_1+30x_2+20x_3+0x_4+0x_5+0x_6$，得：

$$z=60x_1+30x_2+20x_3\tag{2.20}$$

若全部非基变量 $x_1=x_2=x_3=0$，可得基变量分别为 $x_4=48\,000,x_5=20\,000,x_6=8\,000$，此为一个基可行解 $\boldsymbol{x}^{(0)}=(0,0,0,48\,000,20\,000,8\,000)^{\mathrm{T}}$，将 $\boldsymbol{x}^{(0)}$ 代入目标函数式

(2.20)可得 $z=0$,其实际意义为:通信公司没有推销任何客户,资源没有被利用,也没获得利润。

由于式(2.20)中非基变量 x_1,x_2,x_3 的系数都是正数,如果将非基变量之一换作基变量(每次只有一个非基变量换作基变量),即让 x_1、x_2 或 x_3 的任何一个取值上升,因为 $x_1,x_2,x_3\geqslant0$,所以只要不同时取 0,肯定目标函数值上升(当将非基变量换作基变量时,当然也得从原来的基变量中挑出一个变为非基变量,但由于式(2.20)中基变量的系数都为 0,所以将基变量变为非基变量对目标函数值没有影响)。从经济意义上讲,若通信公司推销 A、B、C 中任何一种套餐,就可使公司的利润增加,所以只要目标函数式(2.20)的表达式中还有正系数的非基变量,就表示目标函数值还有增大的可能,也就是没有达到最优,就还需要将非基变量之一变为基变量(当然同时也得将原来的基变量之一变为非基变量)。

一般情况下,在换基时应选择正系数最大的那个非基变量(本例中的 x_1)为换入变量(或称进基变量),而从基变量 x_4,x_5,x_6 中换出一个作为非基变量而且能保证其余变量都非负(即 $x_4,x_5,x_6\geqslant0$)的变量。

由于 x_2,x_3 仍为非基变量,所以 x_2,x_3 的取值仍为 0,从式(2.19)可以看到:随着 x_1 的取值变大,x_4,x_5,x_6 的取值会变小,而当 $x_1=\min\left\{\frac{48\,000}{8},\frac{20\,000}{4},\frac{8\,000}{2}\right\}=4\,000$ 时,x_6 会最先达到 0,而 x_4,x_5 变为了 16 000,4 000。这里的描述说明了通信公司每推销出 A 套餐一个用户,会占用资源:带宽 8 Mbit/s、服务器时间 4 小时、人工服务 2 小时,在只考虑套餐 A 的情况下,为了尽可能多地增加利润,所有资源能够共 4 000 用户使用,这时人工服务时间完全被占用(x_6 变为了 0,而带宽和服务器时间还有剩余,分别为 16 000 和 4 000,就是 x_4、x_5 的取值,这个意义在对偶问题中会介绍到)。

这时实际上得到新的可行解:

$$\boldsymbol{x}^{(1)}=(4\,000,0,0,16\,000,4\,000,0)^{\mathrm{T}}$$

(根据引理 2.5.2 可知这是一个基可行解)基变量是 x_1、x_4、x_5,非基变量是 x_2、x_3、x_6,即 $\boldsymbol{x}^{(0)}$ 中的基变量 x_6 变为了 $\boldsymbol{x}^{(1)}$ 中的非基变量,而 $\boldsymbol{x}^{(0)}$ 中的非基变量 x_1 变为了 $\boldsymbol{x}^{(1)}$ 中的基变量。这时目标函数值为 $z=60x_1+30x_2+20x_3=240\,000$。也就是在只考虑套餐 A 的情况下,可以推广 4 000 用户,带来的利润为 240 000 元。

为了判断 $\boldsymbol{x}^{(1)}=(4\,000,0,0,16\,000,4\,000,0)^{\mathrm{T}}$ 这个基可行解是否为最优解,我们将约束方程组式(2.19)(注意:式(2.19)和式(2.18)是同解的方程组,只是形式上的变化)等价地变为如下形式(用高斯消去法):

$$\begin{cases}x_4=16\,000+x_3+4x_6\\x_5=4\,000+x_2-0.5x_3+2x_6\\x_1=4\,000-0.75x_2-0.25x_3-0.5x_6\end{cases}\tag{2.21}$$

即将基变量用非基变量表示出来。可以看出,在式(2.21)中,令非基变量 x_2、x_3、x_6 都取值为 0，就可以得到基可行解 $\boldsymbol{x}^{(1)}$。再将式(2.21)代入目标函数式(2.20)，得到：

$$z=60x_1+30x_2+20x_3=240\,000-15x_2+5x_3-30x_6 \tag{2.22}$$

容易看出：

- 由于 x_2、x_3、x_6 为非基变量，取值都为 0，所以目标函数在 $\boldsymbol{x}^{(1)}$ 的取值显然就是240 000；
- 式(2.22)中非基变量 x_3 的系数是正的，表明仍可以通过换基增大目标函数值的可能，即 $\boldsymbol{x}^{(1)}$ 仍不是最优解。

继续换基，选择 x_3 为换入变量，x_2，x_6 仍为非基变量，所以 x_2，x_6 的取值仍为 0，从式(2.21)中可以看到：随着 x_3 的取值变大，x_1，x_5 的取值会变小，而 x_4 的值会变大，这不会影响可行性，所以不必理会。当 $x_3=\min\left\{\frac{4\,000}{0.5},-,\frac{4\,000}{0.25}\right\}=8\,000$ 时，x_5 会最先达到 0，而 x_1，x_4 分别变为了 2 000，24 000。这说明通信公司为了增加利润，必须增加 C 套餐的用户数，同时减少 A 套餐的用户数(因为总资源有限，人工服务时间已被 A 套餐完全占用，所以进行这种调整)，而每增加 C 套餐的一个用户，必须同时减少 A 套餐的用户数 0.25 个，由此带来的利润为增加 5 元(式(2.22)中非基变量 x_3 的系数是 5)，而资源的变化情况为：剩余的带宽反而增加 1 Mbit/s、剩余的服务器时间减少 0.5 小时、人工服务不变仍为 0。由于剩余的服务器总时间为 4 000 小时，套餐 A 的用户数为 4 000 用户，所以当套餐 C 的用户数增大到 8 000 时，套餐 A 的用户数为 2 000，套餐 B 的用户数仍为 0，而这时服务器时间剩余为 0，人工服务时间仍然为 0，带宽剩余 24 000 Mbit/s。

这实际上就是新的基可行解：

$$\boldsymbol{x}^{(2)}=(2\,000,0,8\,000,24\,000,0,0)^{\mathrm{T}}$$

基变量是 x_1、x_3、x_4，非基变量是 x_2、x_5、x_6，就是 $\boldsymbol{x}^{(1)}$ 中的基变量 x_5 变为了 $\boldsymbol{x}^{(2)}$ 中的非基变量，而 $\boldsymbol{x}^{(1)}$ 中的非基变量 x_3 变为了 $\boldsymbol{x}^{(2)}$ 中的基变量。这时目标函数值为 280 000 元(可以在 $z=60x_1+30x_2+20x_3=240\,000-15x_2+5x_3-30x_6$ 中对后一个式子将 $\boldsymbol{x}^{(2)}$ 代入，也可以在后面的讨论中验证)。也就是如果考虑套餐 A 推广 2 000 用户、套餐 C 推广 8 000 用户的情况下，可以带来的利润为 280 000 元。

继续判断 $\boldsymbol{x}^{(2)}=(2\,000,0,8\,000,24\,000,0,0)^{\mathrm{T}}$ 这个基可行解是否为最优解，和前面类似，将约束方程组式(2.21)(注意：式(2.21)和式(2.18)也是同解的方程组)等价地变为如下形式(用高斯消去法)：

$$\begin{cases}x_4=24\,000+2x_2-2x_5+8x_6\\x_3=8\,000+2x_2-2x_5+4x_6\\x_1=2\,000-1.25x_2+0.5x_5-1.5x_6\end{cases} \tag{2.23}$$

即将基变量用非基变量表示出来。可以看出，在式 (2.23)中，令非基变量 x_2、x_5、x_6 都取值为 0，就可以得到基可行解 $\boldsymbol{x}^{(2)}$。再将式(2.23)代入目标函数式(2.22)，得到：

$$z=60x_1+30x_2+20x_3=240\,000-15x_2+5x_3-30x_6=280\,000-5x_2-10x_5-10x_6$$

此时目标函数为 $z=280\,000-5x_2-10x_5-10x_6$，其中非基变量的系数均非正，变化后不可能再增大 z 的值，因此 $\boldsymbol{x}^{(2)}=(2\,000,0,8\,000,24\,000,0,0)^{\mathrm{T}}$ 就是最优解，$\max z=280\,000$。其经济意义为套餐 A 推广 2 000 用户、套餐 C 推广 8 000 用户的情况下，可以带来的利润为 280 000 元。

这种方法的过程的几何意义为：从线性规划问题可行域（凸多边形或凸多面体）的一个顶点（可行基）经换基迭代转变到另一顶点（可行基），最终达到最优顶点，这就是线性规划问题解的换元迭代法，它奠定了单纯形方法的基础。

上面的过程可以用表格来实现，就是单纯形表，用单纯形表求解线性规划问题就比上面换元迭代的过程要简洁多了，但原理是一致的。

下面讨论一般线性规划问题的求解过程。

2.6.3 构造一个初始基可行解

对已经标准化的线性规划模型，尝试在约束矩阵 $\boldsymbol{A}_{m\times n}$（可能是加入松弛变量或剩余变量之后的约束条件的系数矩阵）中找出一个 m 阶单位矩阵作为初始可行基，相应可以得到一个初始基可行解。

例如，初始的线性规划问题的所有约束条件是"≤"形式的不等式，可以利用化标准型的方法，在每个约束条件的左端（或最右端）加上一个松弛变量。则这些松弛变量的系数矩阵即为单位矩阵，这可以从例 2.6 中看到；而对所有约束条件是"≥"形式的不等式及等式约束情况，若不存在单位矩阵时，就采取人造基的方法，即对不等式约束减去一个非负的剩余变量后，再加上一个非负的人工变量。对于等式约束加上一个非负的人工变量，总能得到一个单位矩阵。对于这种在标准化的线性规划模型中找不到 m 阶单位矩阵的情况，我们在后面将继续深入讨论。

2.6.4 判断当前基可行解是否为最优解

对线性规划问题的矩阵形式(2.10)，设 $\boldsymbol{B}$ 为当前线性规划问题的一个可行基，$\boldsymbol{N}$ 是非基，不妨设为 $\boldsymbol{A}=(\boldsymbol{B},\boldsymbol{N})$，写成向量形式为 $\boldsymbol{B}=(\boldsymbol{p}_1,\boldsymbol{p}_2,\cdots,\boldsymbol{p}_m)$，$\boldsymbol{N}=(\boldsymbol{p}_{m+1},\boldsymbol{p}_{m+2},\cdots,\boldsymbol{p}_n)$，相应地，当前的基可行解 $\boldsymbol{x}=(x_1,x_2,\cdots,x_m,x_{m+1},\cdots,x_n)^{\mathrm{T}}$ 中基变量为 $\boldsymbol{x}_{\mathrm{B}}$，记作 $\boldsymbol{x}_{\mathrm{B}}=(x_1,x_2,\cdots,x_m)^{\mathrm{T}}$，非基变量为 $\boldsymbol{x}_{\mathrm{N}}$，记作 $\boldsymbol{x}_{\mathrm{N}}=(x_{m+1},x_{m+2},\cdots,x_n)^{\mathrm{T}}$，于是 $\boldsymbol{x}=\begin{pmatrix}\boldsymbol{x}_{\mathrm{B}}\\ \boldsymbol{x}_{\mathrm{N}}\end{pmatrix}$，因而式(2.10)中约束条件 $\boldsymbol{Ax}=\boldsymbol{b}$ 可写成为

$$(\boldsymbol{B},\boldsymbol{N})\begin{pmatrix}\boldsymbol{x}_{\mathrm{B}}\\ \boldsymbol{x}_{\mathrm{N}}\end{pmatrix}=\boldsymbol{b}$$

即：

$$\boldsymbol{Bx}_{\mathrm{B}}+\boldsymbol{Nx}_{\mathrm{N}}=\boldsymbol{b}$$

上式两边同时左乘 $\boldsymbol{B}^{-1}$，得

$$\boldsymbol{x}_{\mathrm{B}}+\boldsymbol{B}^{-1}\boldsymbol{N}\boldsymbol{x}_{\mathrm{N}}=\boldsymbol{B}^{-1}\boldsymbol{b}$$

因此

$$\boldsymbol{x}_{\mathrm{B}}=\boldsymbol{B}^{-1}\boldsymbol{b}-\boldsymbol{B}^{-1}\boldsymbol{N}\boldsymbol{x}_{\mathrm{N}} \tag{2.24}$$

式(2.24)就是用非基变量 $x_{m+1},x_{m+2},\cdots,x_n$ 表示基变量 $x_1,x_2,\cdots,x_m$ 的形式，相应地，也把目标函数中的 $\boldsymbol{c}$ 写成 $\boldsymbol{c}=\begin{pmatrix}\boldsymbol{c}_{\mathrm{B}}\\ \boldsymbol{c}_{\mathrm{N}}\end{pmatrix}$，其中 $\boldsymbol{c}_{\mathrm{B}}=(c_1,c_2,\cdots,c_m)^{\mathrm{T}}$，$\boldsymbol{c}_{\mathrm{N}}=(c_{m+1},c_{m+2},\cdots,c_n)^{\mathrm{T}}$，于是目标函数 $\boldsymbol{z}=\boldsymbol{c}^{\mathrm{T}}\boldsymbol{x}$ 可写成 $z=(\boldsymbol{c}_{\mathrm{B}}^{\mathrm{T}},\boldsymbol{c}_{\mathrm{N}}^{\mathrm{T}})\begin{pmatrix}\boldsymbol{x}_{\mathrm{B}}\\ \boldsymbol{x}_{\mathrm{N}}\end{pmatrix}$，并将 $\boldsymbol{x}_{\mathrm{B}}$ 代入式(2.24)，得

$$\begin{aligned} z&=\boldsymbol{c}_{\mathrm{B}}^{\mathrm{T}}(\boldsymbol{B}^{-1}\boldsymbol{b}-\boldsymbol{B}^{-1}\boldsymbol{N}\boldsymbol{x}_{\mathrm{N}})+\boldsymbol{c}_{\mathrm{N}}^{\mathrm{T}}\boldsymbol{x}_{\mathrm{N}}\\ &=\boldsymbol{c}_{\mathrm{B}}^{\mathrm{T}}\boldsymbol{B}^{-1}\boldsymbol{b}-\boldsymbol{c}_{\mathrm{B}}^{\mathrm{T}}\boldsymbol{B}^{-1}\boldsymbol{N}\boldsymbol{x}_{\mathrm{N}}+\boldsymbol{c}_{\mathrm{N}}^{\mathrm{T}}\boldsymbol{x}_{\mathrm{N}}\\ &=\boldsymbol{c}_{\mathrm{B}}^{\mathrm{T}}\boldsymbol{B}^{-1}\boldsymbol{b}+(\boldsymbol{c}_{\mathrm{N}}^{\mathrm{T}}-\boldsymbol{c}_{\mathrm{B}}^{\mathrm{T}}\boldsymbol{B}^{-1}\boldsymbol{N})\boldsymbol{x}_{\mathrm{N}} \end{aligned} \tag{2.25}$$

此时 $\boldsymbol{x}_{\mathrm{N}}=\boldsymbol{0}$，$\boldsymbol{x}_{\mathrm{B}}=\boldsymbol{B}^{-1}\boldsymbol{b}\geqslant\boldsymbol{0}$，$\begin{pmatrix}\boldsymbol{x}_{\mathrm{B}}\\ \boldsymbol{x}_{\mathrm{N}}\end{pmatrix}$ 为对应于可行基 $\boldsymbol{B}$ 的基可行解，此时 $z=\boldsymbol{c}_{\mathrm{B}}^{\mathrm{T}}\boldsymbol{B}^{-1}\boldsymbol{b}$ 就是的当前的基可行解 $\boldsymbol{x}$ 所对应的目标函数值。

如果此可行基 $\boldsymbol{B}$ 进一步满足 $\boldsymbol{c}_{\mathrm{B}}\boldsymbol{B}^{-1}\boldsymbol{N}-\boldsymbol{c}_{\mathrm{N}}\geqslant\boldsymbol{0}$，则对一切可行解，有 $z=\boldsymbol{c}^{\mathrm{T}}\boldsymbol{x}\leqslant\boldsymbol{c}_{\mathrm{B}}\boldsymbol{B}^{-1}\boldsymbol{b}$。即表明，对应于基 $\boldsymbol{B}$ 的基础可行解 $\boldsymbol{x}$ 能使目标函数达到最大值，即 $\boldsymbol{x}$ 为最优解，$\boldsymbol{B}$ 为最优基。

记向量

$$\overline{\boldsymbol{a}}_j=\boldsymbol{B}^{-1}\boldsymbol{a}_j=(\overline{a}_{1j},\overline{a}_{2j},\cdots,\overline{a}_{mj})^{\mathrm{T}},j=1,\cdots,n$$

$$\overline{\boldsymbol{b}}=\boldsymbol{B}^{-1}\boldsymbol{b}=(\overline{b}_1,\cdots,\overline{b}_m)^{\mathrm{T}}$$

则式(2.24)可写成

$$\boldsymbol{x}_{\mathrm{B}}=\overline{\boldsymbol{b}}-\overline{\boldsymbol{A}}_{\mathrm{N}}\boldsymbol{x}_{\mathrm{N}}=\overline{\boldsymbol{b}}-\sum_{j=m+1}^{n}x_j\,\overline{\boldsymbol{a}}_j$$

代入式(2.25)为

$$\begin{aligned} z&=\boldsymbol{c}_{\mathrm{B}}^{\mathrm{T}}\boldsymbol{B}^{-1}\boldsymbol{b}+(\boldsymbol{c}_{\mathrm{N}}^{\mathrm{T}}-\boldsymbol{c}_{\mathrm{B}}^{\mathrm{T}}\boldsymbol{B}^{-1}\boldsymbol{N})\boldsymbol{x}_{\mathrm{N}}\\ &=\boldsymbol{c}_{\mathrm{B}}^{\mathrm{T}}\overline{\boldsymbol{b}}+(\boldsymbol{c}_{\mathrm{N}}^{\mathrm{T}}-\boldsymbol{c}_{\mathrm{B}}^{\mathrm{T}}\overline{\boldsymbol{A}}_{\mathrm{N}})\boldsymbol{x}_{\mathrm{N}}\\ &=\boldsymbol{c}_{\mathrm{B}}^{\mathrm{T}}\overline{\boldsymbol{b}}+\sum_{j=m+1}^{n}(\boldsymbol{c}_j-\boldsymbol{c}_{\mathrm{B}}^{\mathrm{T}}\,\overline{\boldsymbol{a}}_j)x_j\\ &=\sum_{i=1}^{m}c_i\overline{b}_i+\sum_{j=m+1}^{n}(c_j-\sum_{i=1}^{m}c_i\,\overline{a_{ij}})x_j \end{aligned} \tag{2.26}$$

令：$z_0=\sum\limits_{i=1}^{m}c_i\,\overline{b}_i$，$z_j=\sum\limits_{i=1}^{m}c_i\,\overline{a_{ij}}$，$j=m+1,\cdots,n$，于是式(2.26)可以写为

$$z=z_0+\sum_{j=m+1}^{n}(c_j-z_j)x_j \tag{2.27}$$

再令：$\sigma_j=c_j-z_j$，$j=m+1,\cdots,n$，则式(2.27) 可以写为

$$z = z_0 + \sum_{j=m+1}^{n} \sigma_j x_j \tag{2.28}$$

由上可得如下定理。

定理 2.6.1（最优解的判定） 若 $\boldsymbol{x}=(x_1,x_2,\cdots,x_m,x_{m+1},\cdots,x_n)^{\mathrm{T}}$ 为与基 $\boldsymbol{B}$ 对应的一个基可行解，且对于一切 $j=m+1,\cdots,n$，有 $\sigma_j\leqslant 0$，则 x 为最优解，所以 σ_j 被称为检验数。令 $\boldsymbol{\sigma}^{\mathrm{T}}=(\sigma_1,\sigma_2,\cdots,\sigma_m,\sigma_{m+1},\cdots,\sigma_n)$，其中 $\sigma_i=0,(i=1,2,\cdots,m)$。则 $\boldsymbol{\sigma}$ 常被称为检验向量。

定理 2.6.2（无穷多最优解的判定） 若 $\boldsymbol{x}=(x_1,x_2,\cdots,x_m,x_{m+1},\cdots,x_n)^{\mathrm{T}}$ 为一个基可行解，对于一切 $j=m+1,\cdots,n$，有 $\sigma_j\leqslant 0$，又存在某个非基变量的检验数 $\sigma_{m+k}=0$，则线性规划问题有无穷多最优解；若对于一切 $j=m+1,\cdots,n$，有 $\sigma_j<0$，则线性规划问题有唯一最优解。

证明：只需要将非基变量 x_{m+k} 换入基变量中，找到一个新的基可行解 $\bar{\boldsymbol{x}}$，因为 $\sigma_{m+k}=0$，由式(2.28)可知，目标函数值没有变化，所以 $\bar{\boldsymbol{x}}$ 也是最优解，所以 $\boldsymbol{x},\bar{\boldsymbol{x}}$ 连线上所有的点都是最优解。

对于一切 $j=m+1,\cdots,n$，有 $\sigma_j<0$，则线性规划问题最优解显然是唯一的，因为不能有任何变化。

证毕。

定理 2.6.3（无最优解的判定） 若 $\boldsymbol{x}=(x_1,x_2,\cdots,x_m,x_{m+1},\cdots,x_n)^{\mathrm{T}}$ 为一个基可行解，有一个 $\sigma_{m+k}>0$，并且有 $\overline{a_{i,m+k}}\leqslant 0(i=1,\cdots,m)$，那么该线性规划问题具有无界解（或称无最优解）。

证明：构造一个新的解 $\boldsymbol{x}^{(1)}$，其分量为：

$$x_i^{(1)}=\bar{b}_i-\lambda\,\overline{a_{i,m+k}},i=1,\cdots,m,(\lambda>0)$$

$$x_{m+k}^{(1)}=\lambda$$

$$x_j^{(1)}=0,\quad j=m+1,\cdots,n,\quad j\neq m+k$$

因为 $\overline{a_{i,m+k}}\leqslant 0$，所以对任意的 λ，$\boldsymbol{x}^{(1)}$ 都是可行解，把 $\boldsymbol{x}^{(1)}$ 代入目标函数，得：

$$z=z_0+\lambda\sigma_{m+k}$$

因为 $\sigma_{m+k}>0$，故当 $\lambda\to+\infty$ 时，$z\to+\infty$，故此线性规划问题目标函数无界。

证毕。

2.6.5 改进基可行解

改进基可行解的思想是：从原来的非基变量中选一个让它变为基变量，为保证新得到的解仍是基可行解，必须从原来的基变量中选一个让它变为非基变量。也就是说新基与原有的基有 $m-1$ 个相同的列向量，仅有一列向量不同。

1. 换入变量的确定

应该选择哪一个非基变量换入变为基变量呢？由式(2.28)看到，当某些 $\sigma_j>0$ 时，x_j

增加则目标函数还可以增大，这时就要将这个非基变量 x_j 换到基变量中去(称为换入变量)。若有两个以上的 $\sigma_j>0$，为了使目标函数值增加最快，从直观上一般选 $\sigma_j>0$ 中的最大者(若 $\sigma_j>0$ 中的最大者有多个则选其中最小下标者)，即如果 $\max(\sigma_j>0)=\sigma_k$，则对应的 x_k 为换入变量(其实在选换入变量时，可以从 $\sigma_j>0$ 中任意选或按最小下标选，一般也是可以的)。

2. 换出变量的确定

换出变量的确定是与换入变量的取值是联系在一起的，若原非基变量 x_k 被选为换入变量，当 x_k 的取值由零向正值增加时，当前解的原有基变量的取值有的要随 x_k 的取值增加而减小，当第一个减小为零值的原基变量(记为 x_l)出现时，其余的原基变量值仍保持大于等于零，则原基变量 x_l 就是离基变量。

下面用数学公式来推导这个原理和方法。

对线性规划问题的矩阵形式(2.10)，假设在系数矩阵中已找到一个 m 阶单位矩阵作为初始可行基(可能是加入松弛变量、剩余变量或人工变量之后)，而且不妨设就是前面的 m 个列向量组成的矩阵为 $\boldsymbol{B}$($\boldsymbol{B}=\boldsymbol{I}$，$\boldsymbol{I}$ 为单位矩阵)，剩下的 $n-m$ 个列向量组成的矩阵为 $\boldsymbol{N}$，当前的一个基可行解为

$$\boldsymbol{x}=(x_1,x_2,\cdots,x_m,x_{m+1},\cdots,x_n)^{\mathrm{T}}=\begin{pmatrix}\boldsymbol{x}_{\mathrm{B}}\\ \boldsymbol{x}_{\mathrm{N}}\end{pmatrix}$$

其中，$\boldsymbol{x}_{\mathrm{B}}=(x_1,x_2,\cdots,x_m)^{\mathrm{T}}$ 为基向量，$\boldsymbol{x}_{\mathrm{N}}=(x_{m+1},x_{m+2},\cdots,x_n)^{\mathrm{T}}$ 为非基向量，令 $\boldsymbol{x}_{\mathrm{N}}=(0,0,\cdots,0)$，所以 $\boldsymbol{x}_{\mathrm{B}}=(x_1,x_2,\cdots,x_m)^{\mathrm{T}}=\boldsymbol{b}$，即

$$\boldsymbol{x}=(x_1,x_2,\cdots,x_m,x_{m+1},\cdots,x_n)^{\mathrm{T}}=\begin{pmatrix}\boldsymbol{x}_{\mathrm{B}}\\ \boldsymbol{x}_{\mathrm{N}}\end{pmatrix}=\begin{pmatrix}\boldsymbol{b}\\ \boldsymbol{0}\end{pmatrix}=(b_1,b_2,\cdots,b_m,0,\cdots,0)^{\mathrm{T}}$$

就是当前的一个基可行解。所以当前约束条件 $\boldsymbol{Ax}=\boldsymbol{b}$ 即为

$$(\boldsymbol{B},\boldsymbol{N})\begin{pmatrix}\boldsymbol{x}_{\mathrm{B}}\\ \boldsymbol{x}_{\mathrm{N}}\end{pmatrix}=\boldsymbol{b} \tag{2.29}$$

其系数矩阵的增广矩阵为

$$\begin{matrix}\boldsymbol{p}_1 & \boldsymbol{p}_2 & \cdots & \boldsymbol{p}_m & \boldsymbol{p}_{m+1} & \cdots & \boldsymbol{p}_k & \cdots & \boldsymbol{p}_n & \boldsymbol{b}\end{matrix}$$
$$\begin{pmatrix}1 & 0 & \cdots & 0 & a_{1,m+1} & \cdots & a_{1,k} & \cdots & a_{1,n} & b_1\\ 0 & 1 & \cdots & 0 & a_{2,m+1} & \cdots & a_{2,k} & \cdots & a_{2,n} & b_2\\ \vdots & \vdots & \cdots & \vdots & \vdots & \cdots & \vdots & \cdots & \vdots & \vdots\\ 0 & 0 & \cdots & 1 & a_{2,m+1} & \cdots & a_{m,k} & \cdots & a_{m,n} & b_m\end{pmatrix} \tag{2.30}$$

当前的目标函数为式(2.28)。

若此时 $\boldsymbol{x}$ 还不是最优解，要寻找一个使目标函数值增大的基可行解，非基变量 $x_k(m+1\leqslant k\leqslant n)$ 被选为换入变量，其检验数为 $\sigma_k>0$，则 $\boldsymbol{p}_k$ 可以用 $\boldsymbol{p}_1,\boldsymbol{p}_2,\cdots,\boldsymbol{p}_m$ 线性表示，实际上：

$$\boldsymbol{p}_k = \sum_{i=1}^{m} a_{i,k}\boldsymbol{p}_i$$

或

$$\boldsymbol{p}_k - \sum_{i=1}^{m} a_{i,k}\boldsymbol{p}_i = \boldsymbol{0} \tag{2.31}$$

又式(2.29)可以写为

$$\sum_{i=1}^{m} x_i\boldsymbol{p}_i = \boldsymbol{b} \tag{2.32}$$

式 (2.31)两边同乘一个正数 θ,然后加到式(2.32)上,得到:

$$\sum_{i=1}^{m} x_i\boldsymbol{p}_i + \theta\left(\boldsymbol{p}_k - \sum_{i=1}^{m} a_{i,k}\boldsymbol{p}_i\right) = \boldsymbol{b}$$

或

$$\sum_{i=1}^{m} (x_i - \theta a_{i,k})\boldsymbol{p}_i + \theta\boldsymbol{p}_k = \boldsymbol{b} \tag{2.33}$$

只要 θ 取值适当,就可以由式(2.33)找到满足约束方程组式(2.31)的一个新的基可行解 $\overline{x}$。为使$\overline{x}\geqslant 0$,只要令 $(x_i-\theta a_{i,k})(i=1,2,\cdots,m)$ 中的某一个为 0,其余的非负即可,所以令

$$\theta=\min\left\{\frac{b_i}{a_{i,k}}\,\middle|\,a_{i,k}>0,i=1,\cdots,m\right\}=\frac{b_r}{a_{r,k}} \tag{2.34}$$

从而保证了$(x_i-\theta a_{i,k}\geqslant 0)(i=1,2,\cdots,m)$。式(2.34)被称为最小 θ 准则,注意这里的最小比值如果有多个同时达到,则选取下标最小的。

令$\overline{\boldsymbol{x}}$的各分量如下:

$$\begin{cases}\overline{x_i}=x_i-\dfrac{b_r}{a_{r,k}}a_{i,k} & (i=1,\cdots,m,i\neq r)\\ \overline{x_r}=0 & \\ \overline{x_k}=\dfrac{b_r}{a_{r,k}}=\theta & \\ \overline{x_j}=0 & (j=m+1,\cdots,n,j\neq k)\end{cases}$$

则$\overline{\boldsymbol{x}}$是可行解,由于向量组 $\boldsymbol{p}_1,\cdots,\boldsymbol{p}_{r-1},\boldsymbol{p}_k,\boldsymbol{p}_{r+1},\cdots,\boldsymbol{p}_m$ 线性无关,则$\overline{\boldsymbol{x}}$是基可行解。

将$\overline{\boldsymbol{x}}$代入目标函数式(2.28),显然有:

$$z(\overline{\boldsymbol{x}})=z_0+\theta\sigma_k>z_0=z(\boldsymbol{x})$$

所以目标函数值确实增大了。

根据式 (2.34)算出的 $b_r/a_{r,k}$所对应的 x_r"出基",这就是从一个基可行解 $\boldsymbol{x}$ 移动到另一个"更好"的基可行解 $\overline{\boldsymbol{x}}$ 的过程。新旧基可行解 $\boldsymbol{x}$ 与 $\overline{\boldsymbol{x}}$ 的差别在于以原来的非基变量 x_k 代替原来的基变量 x_r,而成为第 r 个基变量,而 x_r 变为非基变量。整个过程称为换基,或说进行了一次迭代,称 $\boldsymbol{p}_r$ 为退出基列,$\boldsymbol{p}_k$ 为进入基列,x_r 为离基变量,x_k 为进基

变量。

这时，向量组 $\boldsymbol{p}_1,\cdots,\boldsymbol{p}_{r-1},\boldsymbol{p}_k,\boldsymbol{p}_{r+1},\cdots,\boldsymbol{p}_m$ 就是一组新的基，式(2.30)可以再详细改写为

$$
\begin{array}{cccccccccccccc}
\boldsymbol{p}_1 & \boldsymbol{p}_2 & \cdots & \boldsymbol{p}_{r-1} & \boldsymbol{p}_r & \boldsymbol{p}_{r+1} & \cdots & \boldsymbol{p}_m & \boldsymbol{p}_{m+1} & \cdots & \boldsymbol{p}_k & \cdots & \boldsymbol{p}_n & \boldsymbol{b}
\end{array}
$$

$$
\begin{pmatrix}
1 & 0 & \cdots & 0 & 0 & 0 & \cdots & 0 & a_{1,m+1} & \cdots & a_{1,k} & \cdots & a_{1,n} & b_1 \\
0 & 1 & \cdots & 0 & 0 & 0 & \cdots & 0 & a_{2,m+1} & \cdots & a_{2,k} & \cdots & a_{2,n} & b_1 \\
\vdots & \vdots & \cdots & \vdots & \vdots & \vdots & \cdots & \vdots & \vdots & \cdots & \vdots & \cdots & \vdots & \vdots \\
0 & 0 & \cdots & 1 & 0 & 0 & \cdots & 0 & a_{r-1,m+1} & \cdots & a_{r-1,k} & \cdots & a_{r-1,n} & b_{r-1} \\
0 & 0 & \cdots & 0 & 1 & 0 & \cdots & 0 & a_{r,m+1} & \cdots & a_{r,k} & \cdots & a_{r,n} & b_r \\
0 & 0 & \cdots & 0 & 0 & 1 & \cdots & 0 & a_{r+1,m+1} & \cdots & a_{r+1,k} & \cdots & a_{r+1,n} & b_{r+1} \\
\vdots & \vdots & \cdots & \vdots & \vdots & \vdots & \cdots & \vdots & \vdots & \cdots & \vdots & \cdots & \vdots & \vdots \\
0 & 0 & \cdots & 0 & 0 & 0 & \cdots & 1 & a_{m,m+1} & \cdots & a_{m,k} & \cdots & a_{m,n} & b_m
\end{pmatrix} \tag{2.35}
$$

在上述增广矩阵中进行行的初等变换，将第 r 行乘上 $\dfrac{1}{a_{r,k}}(a_{r,k}>0)$，再分别乘以 $-a_{i,k}$ $(i=1,2,\cdots,r-1,r+1,\cdots,m)$ 然后加到各行上去，则增广矩阵变为

$$
\begin{array}{cccccccccccccc}
\boldsymbol{p}_1 & \boldsymbol{p}_2 & \cdots & \boldsymbol{p}_{r-1} & \boldsymbol{p}_r & \boldsymbol{p}_{r+1} & \cdots & \boldsymbol{p}_m & \boldsymbol{p}_{m+1} & \cdots & \boldsymbol{p}_k & \cdots & \boldsymbol{p}_n & \boldsymbol{b}
\end{array}
$$

$$
\begin{pmatrix}
1 & 0 & \cdots & 0 & -\dfrac{a_{1,k}}{a_{r,k}} & 0 & \cdots & 0 & \overline{a_{1,m+1}} & \cdots & 0 & \cdots & \overline{a_{1,n}} & \overline{b_1} \\
0 & 1 & \cdots & 0 & -\dfrac{a_{2,k}}{a_{r,k}} & 0 & \cdots & 0 & \overline{a_{2,m+1}} & \cdots & 0 & \cdots & \overline{a_{2,n}} & \overline{b_1} \\
\vdots & \vdots & \cdots & \vdots & \vdots & \vdots & \cdots & \vdots & \vdots & \cdots & \vdots & \cdots & \vdots & \vdots \\
0 & 0 & \cdots & 1 & -\dfrac{a_{r-1,k}}{a_{r,k}} & 0 & \cdots & 0 & \overline{a_{r-1,m+1}} & \cdots & 0 & \cdots & \overline{a_{r-1,n}} & \overline{b_{r-1}} \\
0 & 0 & \cdots & 0 & \dfrac{1}{a_{r,k}} & 0 & \cdots & 0 & \overline{a_{r,m+1}} & \cdots & 1 & \cdots & \overline{a_{r,n}} & \overline{b_r} \\
0 & 0 & \cdots & 0 & -\dfrac{a_{r+1,k}}{a_{r,k}} & 1 & \cdots & 0 & a_{r+1,m+1} & \cdots & 0 & \cdots & \overline{a_{r+1,n}} & \overline{b_{r+1}} \\
\vdots & \vdots & \cdots & \vdots & \vdots & \vdots & \cdots & \vdots & \vdots & \cdots & \vdots & \cdots & \vdots & \vdots \\
0 & 0 & \cdots & 0 & -\dfrac{a_{m,k}}{a_{r,k}} & 0 & \cdots & 1 & a_{m,m+1} & \cdots & 0 & \cdots & a_{m,n} & \overline{b_m}
\end{pmatrix} \tag{2.36}
$$

其中：

$$
\overline{a_{i,j}}=\begin{cases} a_{i,j}-\dfrac{a_{i,k}}{a_{r,k}}a_{r,j} & (i=m+1,\cdots,n,i\neq r) \\[2ex] \dfrac{a_{r,j}}{a_{r,k}} & (i=r) \end{cases}
$$

$$\overline{b_i}=\begin{cases} b_i-\dfrac{a_{i,k}}{a_{r,k}}b_r & (i=m+1,\cdots,n,i\neq r) \\ \dfrac{b_r}{a_{r,k}} & (i=r) \end{cases}$$

显然，有$\overline{\boldsymbol{b}}=\overline{\boldsymbol{x}}$，向量组 $\boldsymbol{p}_1,\cdots,\boldsymbol{p}_{r-1},\boldsymbol{p}_k,\boldsymbol{p}_{r+1},\cdots,\boldsymbol{p}_m$ 就是新的单位矩阵，调整后的约束方程组变为：

$$\overline{\mathbf{A}}\boldsymbol{x}=\overline{\boldsymbol{b}}$$

其增广矩阵就是式(2.36)，从中将新的基变量用非基变量表示出来，然后代入到目标函数式(2.28)得到

$$z=z_0+\theta\sigma_k+\sum_{i=m+1,i\neq k}^{n}\left(\sigma_i-\sigma_k\frac{a_{i,k}}{a_{r,k}}\right)$$

令：

$$\overline{\sigma_j}=\begin{cases} \sigma_i-\sigma_k\dfrac{a_{i,k}}{a_{r,k}} & (j=m+1,\cdots,n,j\neq k) \\ 0 & (j=k) \\ \theta\sigma_k & (j=r) \\ 0 & (j=1,2,\cdots,m,j\neq r) \end{cases}$$

这就是新的检验数。

2.6.6 单纯形法的计算步骤及单纯形表

定理 2.6.1～定理 2.6.3 给出了单纯形法的停止条件，给定一个基本可行解 x，计算与其对应的检验数向量 $\boldsymbol{\sigma}$。若 $\boldsymbol{\sigma}\leqslant\mathbf{0}$，则 $\boldsymbol{x}$ 就是最优解；如果 $\boldsymbol{\sigma}$ 的某个分量 $\sigma_k>\mathbf{0}$，而 $\overline{\mathbf{A}}_k\leqslant 0$，则原问题无界；如果 $\sigma_k>0$ 且 $\overline{\mathbf{A}}_k$ 含有正分量，那么按照式(2.34)求出另一个基本可行解$\overline{\boldsymbol{x}}$，使目标函数值增加 $\theta\sigma_k$ 个单位。得到新的基本可行解后，再按以上程序继续，这样便可得到一个基本可行解的序列。在第 2.6.1 小节假设的前提下，每迭代一次目标函数值严格增加，因而序列中的基本可行解不可能重复出现。由于基本可行解的个数是有限的，故最终一定能找到最优解或者判定问题无界，所以得到如下定理。

定理 2.6.4 对于任何非退化的线性规划问题，从任何基本可行解开始，经过有限多次迭代，或得到一个基本可行的最优解，或做出该线性规划问题无界的判断。

在单纯形方法的一次迭代过程中，迭代前后的两个基有 $m-1$ 个相同的列向量，这样的基称为相邻基。在几何上，可以严格证明相邻基所对应的是可行域多面凸集 $\boldsymbol{D}$ 的相邻顶点。因此直观地说，单纯形方法就是从可行域多面凸集的一个顶点迭代到与其相邻的另一个顶点，直至找到最优解或判定问题无界。下面给出具体的计算步骤。

单纯形方法步骤：

第 1 步　找一个初始的可行基$\overline{\boldsymbol{B}}$；

第 2 步　求出对应检验数向量 $\boldsymbol{\sigma}$；

第 3 步　求 $\sigma_k=\max\{\sigma_j \mid j=1,\cdots,n\}$；

第 4 步　若 $\sigma_k\leqslant 0$，停止，已找到最优解 $\boldsymbol{x}=\begin{pmatrix}\boldsymbol{x}_{\mathrm{B}}\\ \boldsymbol{x}_{\mathrm{N}}\end{pmatrix}=\begin{pmatrix}\overline{\boldsymbol{b}}\\ 0\end{pmatrix}$ 及最优值 $z=\boldsymbol{c}_{\mathrm{B}}^{\mathrm{T}}\overline{\boldsymbol{b}}$；

第 5 步　否则 $\sigma_k>0$，且 $\overline{\boldsymbol{A}}_k\leqslant 0$，停止，原问题无界；

第 6 步　若 $\sigma_k>0$，且存在 $\overline{A}_{i,k}>0$，其中($i=1,2,\cdots,m$)(可以找到更好的基可行解，也称作可以确定改善方向)，则求

$$\min\left\{\frac{\overline{b_i}}{\overline{a_{i,k}}} \mid \overline{a_{i,k}}>0, i=1,\cdots,m\right\}=\frac{\overline{b_r}}{\overline{a_{r,k}}}$$

第 7 步　以 $\boldsymbol{A}_k$ 代替 $\boldsymbol{B}_r$ 得到新的基，转第 2 步。

上面的步骤也可以用如图 2.6 所示的流程图来表示。

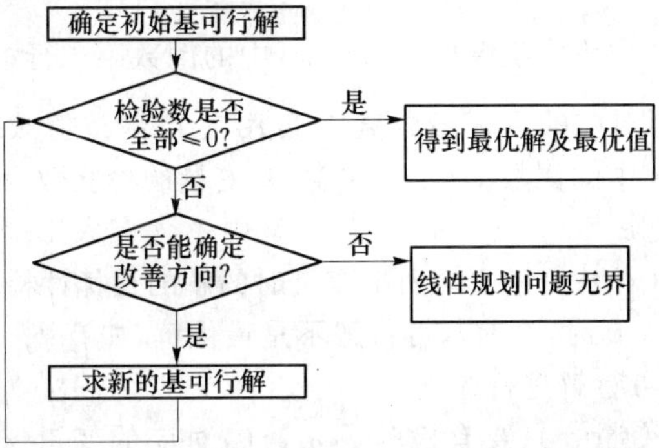

图 2.6

直接用公式进行单纯形法的迭代计算，对于用笔计算是很不方便的，其中最复杂的是进行基变换，但实施基变换所用的方法实际上是消元法。因此，可以将单纯形法的全部计算过程在一个类似增广矩阵的数表上进行，这种表格称为单纯形表。迭代计算中每找出一个新的基可行解时，就重画一张单纯形表。含初始基可行解的单纯形表称为初始单纯形表，含最优解的单纯形表称为最终单纯形表。

对于一个已经标准化的线性规划问题式(2.10)，不妨设为 $\boldsymbol{A}=(\boldsymbol{B},\boldsymbol{N})$，其中 $\boldsymbol{B}$ 为当前线性规划问题的一个可行基，$\boldsymbol{N}$ 是非基，写成向量形式为 $\boldsymbol{B}=(\boldsymbol{p}_1,\boldsymbol{p}_2,\cdots,\boldsymbol{p}_m)=\boldsymbol{I}$，$\boldsymbol{N}=(\boldsymbol{p}_{m+1},\boldsymbol{p}_{m+2},\cdots,\boldsymbol{p}_n)$，相应地，当前的基可行解 $\boldsymbol{x}=(x_1,x_2,\cdots,x_m,x_{m+1},\cdots,x_n)^{\mathrm{T}}$ 中基变量为 $\boldsymbol{x}_{\mathrm{B}}$，记作 $\boldsymbol{x}_{\mathrm{B}}=(x_1,x_2,\cdots,x_m)^{\mathrm{T}}$，非基变量为 $\boldsymbol{x}_{\mathrm{N}}$，记作 $\boldsymbol{x}_{\mathrm{N}}=(x_{m+1},x_{m+2},\cdots,x_n)^{\mathrm{T}}$，则其初始单纯形表如表 2.3 所示。

表 2.3

c_j			c_1	…	c_m	c_{m+1}	…	c_n	
$\boldsymbol{c}_B$	$\boldsymbol{x}_B$	$\boldsymbol{b}$	x_1	…	x_m	x_{m+1}	…	x_n	θ
c_1	x_1	b_1	1	…	0	$a_{1,m+1}$	…	$a_{1,n}$	
⋮	⋮	⋮	⋮	⋮	⋮	⋮	⋮	⋮	
c_m	x_m	b_m	0	…	1	$a_{m,m+1}$	…	$a_{m,n}$	
z_j		$\sum_{i=1}^{m} c_i b_i$	c_1	…	c_m	$\sum_{i=1}^{m} c_i a_{i,m+1}$	…	$\sum_{i=1}^{m} c_i a_{i,n}$	
σ_j		$-\sum_{i=1}^{m} c_i b_i$	0	…	0	$c_{m+1}-\sum_{i=1}^{m} c_i a_{i,m+1}$	…	$c_n-\sum_{i=1}^{m} c_i a_{i,n}$	

单纯形表结构为：表 2.3 的第 2～3 列列出基可行解中的基变量及其取值。接下来列出问题中所有变量，基变量下面的列是单位矩阵，非基变量 x_j 下面数字是该变量系数向量 p_j；表 2.3 最上端的一行数是各变量在目标函数中的系数值，最左端一列数是与各基变量对应的目标函数中的系数值 c_j；最右端一列为 θ 列(寻找换出变量时计算所用)。

对 x_j 只要将它下面这一列数字与同行中基变量系数的数字分别相乘并相加起来，就是 $z_j=\sum_{i=1}^{m} c_i a_{ij}$(经济学中称为**机会成本**，表 2.3 中的倒数第二行；但第一个位置 $\sum_{i=1}^{m} c_i b_i$ 实际上表示的是当前解所对应的目标函数值)，再用它上端 c_j 值减去 z_j 即有变量 x_j 的检验数 $\sigma_j=c_j-z_j$(表 2.3 中的倒数第一行，注意：基变量的检验数为 0)。

如表中所有检验数 $\sigma_j=c_j-z_j\leqslant 0$，且基变量中不含有人工变量时，表中的基可行解即为最优解，计算结束(对基变量中含人工变量时的解的最优性检验将在下一节中讨论)。当表中存在 $\sigma_j=c_j-z_j>0$ 时，当前基可行解不是最优解，如有 $p_j<0$，则问题为无界解，计算结束；否则对当前基可行解进行改进。

① 确定换入基的变量。只要有检验数 $\sigma_j>0$，对应的变量 x_j 就可作为换入基的变量，当有一个以上检验数大于零时，一般从中找出最大一个 σ_j，若 $\max(\sigma_j>0)=\sigma_k$，其对应的变量 x_k，作为换入基的变量(简称换入变量)。

② 确定换出基的变量。根据式(2.34)中确定 θ 的规则，计算 $\frac{b_i}{a_{i,k}}(a_{i,k}>0, i=1,\cdots,m)$，并填入表 2.1 的最后一列中，进而得到 $\theta=\min\left\{\frac{b_i}{a_{i,k}} \mid a_{i,k}>0, i=1,\cdots,m\right\}=\frac{b_r}{a_{r,k}}$，从而确定换出变量 x_r。元素 $a_{r,k}$ 决定了从一个基可行解到相邻基可行解的转移去向，称为**主元素**，或称**旋转元**。

③ 用换入变量 x_k 替换基变量中的换出变量 x_r，得到一个新的基($\boldsymbol{p}_1,\cdots,\boldsymbol{p}_{r-1},\boldsymbol{p}_k,\boldsymbol{p}_{r+1},\cdots,\boldsymbol{p}_m$)，对应这个基可以得到一个新的基可行解并相应地可以画出一个新的单纯形表，如表 2.4 所示。

在这个新的表中的基仍应是单位矩阵，即 p_k 应变换成单位向量。为此在表 2.3 中进行行的初等变换，并将运算结果填入表 2.4 相应格中(具体计算参考式(2.36))。

表 2.4

c_j			c_1	…	c_r	…	c_m	c_{m+1}	…	c_k	…	
$\boldsymbol{c}_B$	$\boldsymbol{x}_B$	$\boldsymbol{b}$	x_1	…	x_r	…	x_m	x_{m+1}	…	x_k	…	θ
c_1	x_1	$b_1-\frac{a_{1,k}}{a_{r,k}}b_r$	1	…	$-\frac{a_{1,k}}{a_{r,k}}$	…	0	$a_{1,m+1}-\frac{a_{1,k}}{a_{r,k}}a_{r,m+1}$	…	0	…	
⋮	⋮	⋮	⋮	…		…	⋮	⋮	…	⋮	…	
c_k	x_k	$\frac{b_r}{a_{r,k}}$	0	…	$\frac{1}{a_{r,k}}$	…	0	$\frac{a_{r,m+1}}{a_{r,k}}$	…	1	…	
⋮	⋮	⋮	⋮	…	⋮	…	⋮	⋮	…	⋮	…	
c_m	x_m	$b_m-\frac{a_{m,k}}{a_{r,k}}b_r$	0	…	$-\frac{a_{m,k}}{a_{r,k}}$	…	1	$a_{m,m+1}-\frac{a_{m,k}}{a_{r,k}}a_{r,m+1}$	…	0	…	
z_j		$\sum_{i=1}^{m}c_ib'_i$	c_1	…	$z_r{}'$	…	c_m	z'_{m+1}	…	c_k	…	
σ_j		$-\sum_{i=1}^{m}c_ib'_i$	0	…	$c_r-z'_r$	…	0	$c_{m+1}-z'_{m+1}$	…	0	…	

表 2.4 最后两行(z_j 行及 z_j 检验数行)仍然按照上面的方法计算即可得,即在表 2.4中对 x_j 列对应的 z'_j,只要将 x_j 这一列数字与同行中基变量系数的数字分别相乘并相加起来再用它上端 c_j 值减去 z'_j即有变量 x_j 的检验数 $\sigma'_j=c_j-z'_j$(基变量的检验数仍为 0)。

这样在新的单纯形表 2.4 中,就可以直接得到新的基可行解以及其对应的检验数,继续验证是否最优,如不是最优解,继续验证是否可以改进,一直到找到最优解或判断原线性规划问题有无界解,则计算结束。

例 2.7　将例 2.6 中的线性规划问题的求解过程用单纯形表表示。

$$\max z=60x_1+30x_2+20x_3$$

$$\text{s.t.}\begin{cases}8x_1+\ \ 6x_2+\ \ \ x_3\leqslant 48\,000\\4x_1+\ \ 2x_2+1.5x_3\leqslant 20\,000\\2x_1+1.5x_2+0.5x_3\leqslant 8\,000\\x_1,x_2,x_3\geqslant 0\end{cases}$$

解　对上述线性规划模型进行标准化,得:

$$\max z=60x_1+30x_2+20x_3+0x_4+0x_5+0x_6$$

$$\text{s.t.}\begin{cases}8x_1+\ \ 6x_2+\ \ \ x_3+x_4=48\,000\\4x_1+\ \ 2x_2+1.5x_3+x_5=20\,000\\2x_1+1.5x_2+0.5x_3+x_6=8\,000\\x_1,x_2,x_3,x_4,x_5,x_6\geqslant 0\end{cases}$$

列出初始的单纯形表并求解,如表 2.5 所示。

表 2.5

$c_j \rightarrow$			60	30	20	0	0	0	
c_B	基	b	x_1	x_2	x_3	x_4	x_5	x_6	θ
0	x_4	48 000	8	6	1	1	0	0	4 800/8
0	x_5	20 000	4	2	1.5	0	1	0	20 000/4
0	x_6	8 000	[2]	1.5	0.5	0	0	1	8 000/2
z_j		0	0	0	0	0	0	0	
$\sigma_j=c_j-z_j$		0	60	30	20	0	0	0	
0	x_4	16 000	0	0	−1	1	0	−4	—
0	x_5	4 000	0	−1	[0.5]	0	1	−2	4 000/0.5
60	x_1	4 000	1	0.75	0.25	0	0	0.5	4 000/0.25
z_j		240 000	60	45	15	0	0	30	
$\sigma_j=c_j-z_j$		−240 000	0	−15	5	0	0	−30	
0	x_4	24 000	0	−2	0	1	2	−8	
20	x_3	8 000	0	−2	1	0	2	−4	
60	x_1	2 000	1	1.25	0	0	−0.5	1.5	
z_j		280 000	60	35	20	0	10	10	
$\sigma_j=c_j-z_j$		−280 000	0	−5	0	0	−10	−10	

从表 2.5 中可以很方便地看到初始的基可行解为 $\boldsymbol{x}^{(0)}=(48\,000,20\,000,8\,000,0,0,0)^{\mathrm{T}}$，目标函数值为 0；基变量是 x_4、x_5、x_6，检验数向量为(60, 30, 20, 0, 0, 0)，所以 $\boldsymbol{x}^{(0)}=(48\,000,20\,000,8\,000,0,0,0)^{\mathrm{T}}$ 不是最优解，需要改善，由于 $\max(\sigma_j>0)=\sigma_1=60$，所以选 x_1 为换入变量，又由于 $\theta=\min\left\{\dfrac{48\,000}{8},\dfrac{20\,000}{4},\dfrac{8\,000}{2}\right\}=4\,000$，所以选取 x_6 为换出变量，经过高斯消去法的初等变换后，得到下一个单纯形表，从表中可以看到改善后的基可行解为 $\boldsymbol{x}^{(1)}=(4\,000,0,0,16\,000,4\,000,0)^{\mathrm{T}}$，目标函数值为 240 000；基变量是 x_4、x_5、x_1，检验数向量为(0,−15,5,0,0,−30)，所以 $\boldsymbol{x}^{(1)}=(4\,000,0,0,16\,000,4\,000,0)^{\mathrm{T}}$ 仍不是最优解，继续进行改善，由于 $\max(\sigma_j>0)=\sigma_3=5$，所以选 x_3 为换入变量，又由于 $\theta=\min\left\{-,\dfrac{4\,000}{0.5},\dfrac{4\,000}{0.25}\right\}=8\,000$，所以选取 x_5 为换出变量，经过高斯消去法的初等变换后，得到下一个单纯形表；从表中可以看到改善后的基可行解为 $\boldsymbol{x}^{(2)}=(2\,000,0,8\,000,24\,000,0,0)^{\mathrm{T}}$，目标函数值为 280 000；基变量是 x_4、x_3、x_1，检验数向量为(0,−5,0,0,−10,−10)，所以 $\boldsymbol{x}^{(2)}=(2\,000,0,8\,000,24\,000,0,0)^{\mathrm{T}}$ 是最优解(丢掉松弛变量 x_4、x_5、x_6，最优解为 $(2\,000,0,8\,000)^{\mathrm{T}}$)，最优值就是 280 000。

例 2.8 用单纯形法解下列问题：

$$\min z=x_1-2x_2+x_3$$

$$\text{s.t.}\begin{cases}x_1+x_2-2x_3+x_4=10\\2x_1-x_2+4x_3\leqslant 8\\-x_1+2x_2-4x_3\leqslant 4\\x_j\geqslant 0, j=1,\cdots,4\end{cases}$$

解　将原问题化成标准形式：

$$\max -z=-x_1+2x_2-x_3$$

$$\text{s.t.}\begin{cases}x_1+x_2-2x_3+x_4=10\\2x_1-x_2+4x_3+x_5=8\\-x_1+2x_2-4x_3+x_6=4\\x_j\geqslant 0, j=1,\cdots,6\end{cases}$$

其中 x_4 与添加的松弛变量 x_5、x_6 在约束方程组中其系数列正好构成一个 3 阶单位阵，它们可以作为初始基变量，初始基可行解为 $\boldsymbol{x}=(0,0,0,10,8,4)^{\mathrm{T}}$。

列出初始单纯形表并进行求解，如表 2.6 所示。

表 2.6

$c_j\rightarrow$			-1	2	-1	0	0	0	
$\boldsymbol{c}_B$	$\boldsymbol{x}_B$	$\boldsymbol{b}$	x_1	x_2	x_3	x_4	x_5	x_6	θ
0	x_4	10	1	1	-2	1	0	0	10/1
0	x_5	8	2	-1	4	0	1	0	—
0	x_6	4	-1	[2]	-4	0	0	1	4/2
z_j		0	0	0	0	0	0	0	
c_j-z_j		0	-1	2	-1	0	0	0	
0	x_4	8	3/2	0	0	1	0	$-1/2$	—
0	x_5	10	3/2	0	[2]	0	1	1/2	10/2
2	x_2	2	$-1/2$	1	-2	0	0	1/2	—
z_j		4	-1	2	-4	0	0	1	
c_j-z_j		-4	0	0	3	0	0	-1	
0	x_4	8	3/2	0	0	1	0	$-1/2$	
-1	x_3	5	3/4	0	1	0	1/2	1/4	
2	x_2	12	1	1	0	0	1	1	
z_j		19	5/4	2	-1	0	3/2	7/4	
c_j-z_j		-19	$-9/4$	0	0	0	$-3/2$	$-7/4$	

所以最优解：$x^* =(0,12,5,8,0,0)^T$。去除添加的松弛变量，原问题的最优解为：$x^* =(0,12,5,8)^T$，最小值为-19。

§2.7 单纯形法的进一步讨论

在用单纯形法求解一般的线性规划问题时，可能会遇到不容易找到初始的基可行解的情况，遇到这种情况时会有两种可能的结果：一是这个线性规划问题无可行解，二是这个线性规划问题有可行解，但仅从其标准形式不容易找到。这两种可能的结果都可以通过其他方法来对单纯形法进行补充，从而判别得到不同的结果，这里我们介绍两阶段法(Two-Phase Simplex Method)，并以一些例子来了解用单纯形法解线性规划问题时可能遇到的不同情况。

2.7.1 两阶段法

设一般的线性规划问题为

$$\begin{aligned}&\max \boldsymbol{c}^{T}\boldsymbol{x}\\&\text{s. t.}\begin{cases}\boldsymbol{A}\boldsymbol{x}=\boldsymbol{b} \quad (\boldsymbol{b}\geqslant\boldsymbol{0})\\ \boldsymbol{x}\geqslant\boldsymbol{0}\end{cases}\end{aligned} \tag{2.37}$$

所谓两阶段法，就是将线性规划问题的求解过程分成两个阶段，第一阶段是判断线性规划是否有可行解，如果没有可行解，计算停止；如果有可行解，按第一阶段的方法可以求得一个初始基本可行解，使运算进入第二阶段。第二阶段是从这个初始的基本可行解开始，使用单纯形法或者判定线性规划问题无界，或者求得一个最优解。

第一阶段：给式(2.37)增加 m 个(有时可以不用恰好增加 m 个人工变量，可以根据原约束方程的情况适当增加若干个人工变量，只要系数矩阵中出现 m 阶单位矩阵就可以了，具体可参考例子)人工变量 $\boldsymbol{x}_a=(x_{n+1},\cdots,x_{n+m})^T$，用单纯形法解如下的辅助问题：

$$\begin{aligned}&\min g=\sum_{i=n+1}^{n+m}x_i\\&\text{s. t.}\begin{cases}\boldsymbol{A}\boldsymbol{x}+\boldsymbol{x}_a=\boldsymbol{b}\\ \boldsymbol{x}\geqslant\boldsymbol{0},\boldsymbol{x}_a\geqslant\boldsymbol{0}\end{cases}\end{aligned} \tag{2.38}$$

显然式(2.38)满足假设第 2.6.1 小节中的假设，是一个有 $m+n$ 个变量的标准形式线性规划问题，且人工变量对应的 m 列构成了一个 m 阶单位矩阵，基本可行解 $\boldsymbol{x}=\boldsymbol{0},\boldsymbol{x}_a=\boldsymbol{b}\geqslant\boldsymbol{0}$，所对应的目标函数值为 $g_0=\sum_{i=1}^{m}b_i$，可以用单纯形方法求解。

式(2.37)与其辅助式(2.38)有如下关系：若原式(2.37)的可行区域为 $\boldsymbol{D}$，辅助式(2.38)的可行区域为 $\boldsymbol{D}'$，则 $\boldsymbol{x}\in\boldsymbol{D}$ 和 $\begin{pmatrix}\boldsymbol{x}\\ \boldsymbol{x}_a\end{pmatrix}=\begin{pmatrix}\boldsymbol{x}\\ \boldsymbol{0}\end{pmatrix}\in\boldsymbol{D}'$ 是等价的。而式(2.38)中当 $\boldsymbol{x}_a=\boldsymbol{0}$ 的解 $\begin{pmatrix}\boldsymbol{x}\\ \boldsymbol{0}\end{pmatrix}\in\boldsymbol{D}'$，当且仅当 $\min g=0$。

由于 $\boldsymbol{x}_a\geqslant\boldsymbol{0}$，故辅助式(2.38)的目标函数有下界 $g\geqslant0$，从而式(2.38)必有最优解。计算结果有如下 3 种可能情况。

情形 1　式(2.38)的最优值 $g=0$，且人工变量 x_j，$j=n+1,\cdots,n+m$，皆为非基变量，此时我们已得到原式(2.37)的一个基本可行解。

情形 2　式(2.38)的最优值 $g>0$，说明原问题没有可行解。这时或者原问题的约束方程组不相容，即有秩($\boldsymbol{A}$)<秩($\boldsymbol{A},\boldsymbol{b}$)；或者方程组虽相容，但没有非负解。总之，$\boldsymbol{D}=\varnothing$，运算结束。

情形 3　式(2.38)的最优值 $g=0$，而某些人工变量虽然取值为零，但仍是基变量。

当情形 1 出现时，把人工变量对应的列从单纯形表中去掉，得到原问题的一个初始可行解，直接转入第二阶段：即对原目标函数 $z=\boldsymbol{c}^{\mathrm{T}}\boldsymbol{x}$ 应用通常的单纯形法求解。

当情形 3 出现时，设基变量 $x_{\mathrm{B}_1},\cdots,x_{\mathrm{B}_r},\cdots,x_{\mathrm{B}_m}$，$x_{\mathrm{B}_r}$ 为一人工变量，显然有 $\bar{b}_r=0$。我们观察表中第 r 行中非基变量的系数，即考察 $\bar{a}_{rj}$，如果它们不全为零，设 $\bar{a}_{rs}\neq0$，则将 x_{B_r} 为换出变量，x_s 为换入变量，进行一次基可行解的变换(注意，此时不要求 $\bar{a}_{rs}>0$)，由于 $\bar{b}_r=0$，所以 $\theta=0$，故式(2.38)的目标函数值 g 不变，最优解也不变，只是将零值的 x_s 变成了基变量，代替了取零值的人工变量 x_{B_r}，这样使基变量中减少了一个人工变量(这种情况是退化情况)。如果非基变量的系数 $\bar{a}_{rj}$ 都为零，则这时有秩($\boldsymbol{A}$)=秩($\bar{\boldsymbol{A}}$)<m，这表明第 r 个约束方程是多余的，将它删去就可以了。如果基变量中还有其他人工变量，重复刚才的过程，直至基变量中没有人工变量。

事实上，通过两阶段方法我们已经解决了开始介绍单纯形法的 4 个假设中的 3 个。即使用单纯形法解线性规划问题时如果遇到：(1)线性规划问题的可行域如果是空集(没有可行解)，(2)秩($\boldsymbol{A}$)<m；(3)$\boldsymbol{A}$ 中不存在满秩矩阵 $\boldsymbol{B}$ 满足 $\boldsymbol{B}^{-1}\boldsymbol{b}\geqslant0$，这三种假设不能满足的问题，我们仍然可以用单纯形法继续求解此线性规划问题。

例 2.9　用两阶段单纯形法求解线性规划问题：

$$\max z=-3x_1+x_3$$

$$\text{s. t.}\begin{cases}x_1+x_2+x_3\leqslant4\\ -2x_1+x_2-x_3\geqslant1\\ 3x_2+x_3=9\\ x_1,x_2,x_3\geqslant0\end{cases}$$

解　先将其化成标准形式有：

$$\max z = -3x_1 + x_3$$

$$\text{s.t.}\begin{cases} x_1 + x_2 + x_3 + x_4 = 4 \\ -2x_1 + x_2 - x_3 - x_5 = 1 \\ 3x_2 + x_3 = 9 \\ x_1, x_2, x_3, x_4, x_5 \geqslant 0 \end{cases}$$

系数矩阵中没有单位矩阵,可以添加两个人工变量到第二个和第三个方程中,所以第一阶段的线性规划问题可写为

$$\min \omega = x_6 + x_7$$

$$\text{s.t.}\begin{cases} x_1 + x_2 + x_3 + x_4 = 4 \\ -2x_1 + x_2 - x_3 - x_5 + x_6 = 1 \\ 3x_2 + x_3 + x_7 = 9 \\ x_1, x_2, x_3, x_4, x_5, x_6, x_7 \geqslant 0 \end{cases}$$

再写为标准形式:

$$\max -\omega = -x_6 - x_7$$

$$\text{s.t.}\begin{cases} x_1 + x_2 + x_3 + x_4 = 4 \\ -2x_1 + x_2 - x_3 - x_5 + x_6 = 1 \\ 3x_2 + x_3 + x_7 = 9 \\ x_1, x_2, x_3, x_4, x_5, x_6, x_7 \geqslant 0 \end{cases}$$

用单纯形法求解的过程见表 2.7。

表 2.7

c_j			0	0	0	0	0	−1	−1	
c_B	基	b	x_1	x_2	x_3	x_4	x_5	x_6	x_7	θ
0	x_4	4	1	1	1	1	0	0	0	4/1
−1	x_6	1	−2	[1]	−1	0	−1	1	0	1/1
−1	x_7	9	0	3	1	0	0	0	1	9/3
z_j		−10	2	−4	0	0	1	−1	−1	
$c_j - z_j$		10	−2	4	0	0	−1	0	0	
0	x_4	3	3	0	2	1	1	−1	0	3/3
0	x_2	1	−2	1	−1	0	−1	1	0	
−1	x_7	6	[6]	0	4	0	3	−3	1	6/6
z_j		−7	−6	0	−4	0	−3	3	−1	
$c_j - z_j$		7	6	0	4	0	3	−4	0	

续表

0	x_4	0	0	0	0	1	$-1/2$	$1/2$	$-1/2$	
0	x_2	3	0	1	$1/3$	0	0	0	$1/3$	
0	x_1	1	1	0	$2/3$	0	$1/2$	$-1/2$	$1/6$	
z_j		0	0	0	0	0	0	0	0	
c_j-z_j		0	0	0	0	0	0	-1	-1	

找到了原线性规划问题的初始基可行解(1,3,0,0,0),第二阶段是将表 2.7 中的人工变量 x_6,x_7 除去,目标函数改为原目标函数:$\max z=-3x_1+x_3$,再从表 2.7 中的最后一个表出发,继续用单纯形法计算,求解过程见表 2.8。

表 2.8

c_j			-3	0	1	0	0	
$\boldsymbol{c}_B$	基	$\boldsymbol{b}$	x_1	x_2	x_3	x_4	x_5	θ
0	x_4	0	0	0	0	1	$-1/2$	
0	x_2	3	0	1	$1/3$	0	0	9
-3	x_1	1	1	0	[2/3]	0	$1/2$	$3/2$
z_j		-3	-3	0	-2	0	$-3/2$	
c_j-z_j		3	0	0	3	0	$3/2$	
0	x_4	0	0	0	0	1	$-1/2$	
0	x_2	$5/2$	$-1/2$	1	0	0	$-1/4$	
1	x_3	$3/2$	$3/2$	0	1	0	$3/4$	
z_j		$3/2$	$3/2$	0	1	0	$3/4$	
c_j-z_j		$-3/2$	$-9/2$	0	0	0	$-3/4$	

得到原线性规划问题的最优解$\left(0,\frac{5}{2},\frac{3}{2}\right)$,最优值为$\frac{3}{2}$。

2.7.2　单纯形法计算中的几个问题及例子

(1) 目标函数极小化时解的最优性判别。有些书中规定求目标函数值的极小化作为线性规划的标准形式,这时只需以所有检验数 $\sigma_j>0$ 作为判别表中解是否最优的标志。

(2) 无可行解的判别。当线性规划问题中添加人工变量后,用两阶段法,在第一阶段求解结果出现所有 $\sigma_j\leqslant 0$,但基变量中仍含有非零的人工变量,表明原线性规划问题无可行解。

(3) 下面分析退化问题。退化有多种原因,比如当按最小比值来确定换出基的变量时,有时出现存在两个以上相同的最小比值,从而使下一个表的基可行解中出现一个或多个基变量等于零的退化解。退化解的出现原因是模型中存在多余的约束,使多个基可行解对应同一顶点。当存在退化解时，就有可能出现迭代计算的循环，尽管可能性极其微小。为避免出现计算的循环，1974 年勃兰特(Bland)提出了一个简便有效的规则：(1)当存在多个 $\sigma_j>0$ 时，始终选取下标值为最小的变量作为换入变量；(2)当计算 θ 值出现两个以上相同的最小比值时，始终选取下标值为最小的变量作为换出变量。这样，我们就可以很简单地解决退化的问题。

至此，所有的线性规划问题都可以用单纯形法求解。

例 2.10 用单纯形法求解线性规划问题：

$$\max z=2x_1+x_2$$

$$\text{s.t.}\begin{cases}x_1+\ x_2\ \ \leqslant 2\\2x_1+2x_2\ \ \geqslant 6\\x_1,x_2\geqslant 0\end{cases}$$

解 用图解法可以看出本例无可行解。现用单纯形法求解，在添加松弛变量和人工变量后，第一阶段的线性规划问题写为：

$$\max z=-x_5$$

$$\text{s.t.}\begin{cases}x_1+\ x_2+x_3\qquad\quad =2\\2x_1+2x_2-\quad x_4+x_5=6\\x_1,x_2,x_3,x_4,x_5\geqslant 0\end{cases}$$

列出初始单纯形表见表 2.9，并进行迭代计算。

表 2.9

c_j			0	0	0	0	−1	
$\boldsymbol{c}_B$	基	$\boldsymbol{b}$	x_1	x_2	x_3	x_4	x_5	θ
0	x_3	2	[1]	1	1	0	0	2/1
−1	x_5	6	2	2	0	−1	1	6/3
z_j		−6	−2	−2	0	1	−1	
c_j-z_j		6	2	2	0	−1	1	
0	x_1	2	1	1	1	0	0	
−1	x_5	2	0	0	−2	−1	1	
z_j		−2	0	0	2	2	−1	
c_j-z_j		2	0	0	−2	−2	0	

表 2.9 中当所有 $\sigma_j\leqslant 0$，基变量中仍含有非零的人工变量 $x_5=2$，故此例中的线性规划问题无可行解。

例 2.11 用单纯形法求解线性规划问题：

$$\max z = 36x_1 + 30x_2 - 3x_3 - 4x_4$$

$$\text{s.t.}\begin{cases} x_1 + x_2 - x_3 \leqslant 5 \\ 6x_1 + 5x_2 - x_4 \leqslant 10 \\ x_1, x_2, x_3, x_4 \geqslant 0 \end{cases}$$

解　添加松弛变量将原线性规划问题写为标准形式：

$$\max z = 36x_1 + 30x_2 - 3x_3 - 4x_4$$

$$\text{s.t.}\begin{cases} x_1 + x_2 - x_3 + x_5 = 5 \\ 6x_1 + 5x_2 - x_4 + x_6 = 10 \\ x_1, x_2, x_3, x_4, x_5, x_6 \geqslant 0 \end{cases}$$

列出初始单纯形表见表 2.10,并进行迭代计算。

表 2.10

c_j			36	30	−3	−4	0	0	
$\boldsymbol{c}_B$	基	$\boldsymbol{b}$	x_1	x_2	x_3	x_4	x_5	x_6	θ
0	x_5	5	1	1	−1	0	1	0	5/1
0	x_6	10	[6]	5	0	−1	0	1	10/6
z_j		0	0	0	0	0	0	0	
$c_j - z_j$		0	36	30	−3	−4	0	0	
0	x_5	10/3	0	1/6	−1	[1/6]	1	−1/6	20
36	x_1	5/3	1	5/6	0	−1/6	0	1/6	—
z_j		60	36	30	0	−6	0	6	
$c_j - z_j$		−60	0	0	−3	2	0	−6	
−4	x_4	20	0	1	−6	1	6	−1	
36	x_1	5	1	1	−1	0	1	0	
z_j		100	36	32	−12	−4	12	4	
$c_j - z_j$		−100	0	−2	9	0	−12	−4	

表 2.10 中 $\sigma_3 = 9 > 0$,但是 $\boldsymbol{p}_3' = (-6, -1)^{\mathrm{T}} < 0$,表明原线性规划问题有无界解。

§2.8　用优化软件解线性规划问题的方法和例子

线性规划的求解方法非常复杂,对于变量个数和约束方程个数稍多一些的线性规划问题用手工计算(即使是单纯形表)几乎是不可能的,而现代的线性规划问题的变量个数或约束方程个数可以达到几万个甚至几十万个,所以必须借助计算机来表达和求解。目前有很多软件都可以方便地求解线性规划问题,这里简单介绍利用两种常见的软件求解线性规划问题的方法。

2.8.1 用 Lingo 软件包解线性规划问题的方法和例子

Lingo 是一种专门用于求解数学规划问题的软件包,是由美国芝加哥大学 Linus Schrage 教授于 1980 年前后开发的。Lingo 主要用于求解线性规划、非线性规划、二次规划、动态规划和整数规划等问题,也可以用于求解一些线性和非线性方程组及代数方程求根等。Lingo 中包含了一种建模语言和大量的常用函数,可供使用者在建立数学规划问题的模型时调用。

Lingo 内置了一种建立最优化模型的语言,可以简便地表达大规模问题,利用 Lingo 高效的求解器可快速求解并分析结果。

当用户在 Windows 下开始运行 Lingo 系统时,会得到类似图 2.7 的一个窗口。外层是主框架窗口,包含了所有菜单命令和工具条,其他所有的窗口将被包含在主窗口之下。在主窗口内的标题为 LINGO Model-LINGO1 的窗口是 Lingo 的默认模型窗口,建立的模型都要在该窗口内编码实现。下面举例子来说明。

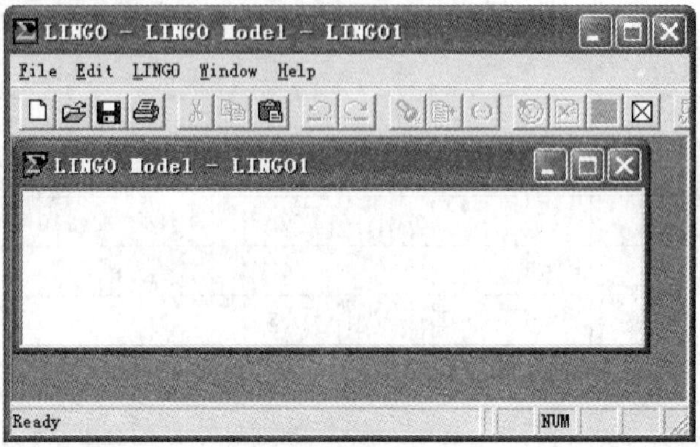

图 2.7

例 2.12 在 Lingo 中求解如下的 LP 问题:

$$\min 2x_1+3x_2$$

$$\text{s.t.}\begin{cases} x_1+x_2\geqslant 350 \\ x_1 \geqslant 100 \\ 2x_1+x_2\leqslant 600 \\ x_1, x_2 \geqslant 0 \end{cases}$$

在模型窗口中输入如下代码:

```
min = 2 * x1 + 3 * x2;
x1 + x2 > = 350;
```

x1＞ = 100；

2 * x1 + x2＜ = 600；

然后单击工具条上的按钮即可求解，单击工具条上的磁盘按钮或菜单中的保存命令就可以方便地对输入进行保存，类似地也可以方便地打开已保存的文件，这些和常用的其他软件没有什么区别，使用非常方便。

系统会自动识别“min＝”或“max＝”以及后面的目标函数，目标函数或约束条件的每个表达式都可以跨多行，但结束要用“;”来表示(要用英文输入模式下的半角模式“;”，而非中文模式下的全角模式“；”，其他一些键盘中的符号也类似)。键盘上常用的“＋”、“－”、“ * ”、“/”就是线性规划中的运算符，运算符的运算次序为从左到右按优先级高低来执行。运算的次序可以用圆括号“()”来改变。线性规划中的“＝”仍是用键盘上的“＝”表示，而常用的“≤”、“≥”则用“＜＝”和“＞＝”来表示。变量可以用字母和数字的混合字符串来表示，可以非常直观地命名变量。

变量界定函数实现对变量取值范围的附加限制，共如下 4 种：

@bin(x)　　　限制 x 为 0 或 1

@bnd(L,x,U)　　限制 L≤x≤U

@free(x)　　　取消对变量 x 的默认下界为 0 的限制，即 x 可以取任意实数

@gin(x)　　　限制 x 为整数

在默认情况下，Lingo 规定变量是非负的，也就是说下界为 0，上界为＋∞。@free 取消了默认的下界为 0 的限制，使变量也可以取负值。@bnd 用于设定一个变量的上下界，它也可以取消默认下界为 0 的约束。

用时要注意以下几点：

① 每条语句后必须使用分号“;”结束。

② 问题模型一般由 MODEL 命令开始，END 结束，格式为“MODEL：statement（语句）。END”。

③ 目标函数必须由“min ＝”或“max ＝”开头。

④ 开头用感叹号(!)，末尾用分号(;)表示注释，可跨多行。

下面我们看一个简单的具体例子。

例 2.13　某家具公司制造书桌、餐桌和椅子，所用的资源有 3 种：木料、木工和漆工。生产数据如表 2.11 所示。若要求桌子的生产量不超过 5 件，如何安排 3 种产品的生产可使利润最大？

表 2.11

	每个书桌	每个餐桌	每个椅子	现有资源总数
木料	8 单位	6 单位	1 单位	48 单位
漆工	4 单位	2 单位	1.5 单位	20 单位
木工	2 单位	1.5 单位	0.5 单位	8 单位
成品单价	60 单位	30 单位	20 单位	

用 DESKS、TABLES 和 CHAIRS 分别表示 3 种产品的生产量，建立线性规划模型：

```
Model:
! This is a sample
max = 60 * desks + 30 * tables + 20 * chairs;
8 * desks + 6 * tables + chairs<= 48;
4 * desks + 2 * tables + 1.5 * chairs<= 20;
2 * desks + 1.5 * tables + .5 * chairs<= 8;
tables<= 5;
END
```

也可以简单输入：

```
max = 60 * desks + 30 * tables + 20 * chairs;
8 * desks + 6 * tables + chairs<= 48;
4 * desks + 2 * tables + 1.5 * chairs<= 20;
2 * desks + 1.5 * tables + .5 * chairs<= 8;
tables<= 5;
```

从 Lingo 菜单选择 Solve 命令，或者在窗口顶部的工具栏里单击 Solve 按钮 ，Lingo 就会先对模型进行编译。首先，Lingo 会检查模型是否具有数学意义以及是否符合语法要求。如果模型不能通过这一步检查，会弹出一个“LINGO Error Message”窗口报告错误信息：“Error code”以及“Error text”，根据提示修改错误，再重新 Solve，检查通过后，Lingo 开始正式求解，之后系统会弹出报告窗口(Reports Window)，可以看到如图 2.8 所示结果(同时还弹出一个 Solver Status 小窗口，报告一些问题及求解过程的状况等)。

“Objective value：280.0000”表示最优目标值为 280，“Infeasibilities：0.000000”表示不可行性为 0，“Total solver iterations：2”表示 2 次迭代后得到全局最优解。“Variable”和 “Value”给出此线性规划问题的变量和最优解中各变量的值：造 2 个书桌(desks)，0 个餐桌(tables)，8 个椅子(chairs)。所以 desks、chairs 是基变量(非 0)，tables 是非基变量(0)。

“Reduced Cost”列出最优单纯形表中各变量的检验数的绝对值，表示当变量有微小变动时，目标函数的变化率。其中基变量的 reduced cost 值应为 0，对于非基变量 x_j，相应的 reduced cost 值表示当某个变量 x_j 增加一个单位时目标函数减少的量(max 型问题)。本例中变量 tables 对应的 reduced cost 值为 5，表示当非基变量 tables 的值从 0 变为 1 时(此时假定其他非基变量保持不变，但为了满足约束条件，基变量显然会发生变化)，最优的目标函数值＝280－5 ＝ 275。

“Slack or Surplus”给出松弛变量或剩余变量的值：

第 1 行松弛变量 ＝280(模型第一行表示目标函数，所以第二行对应第一个约束)

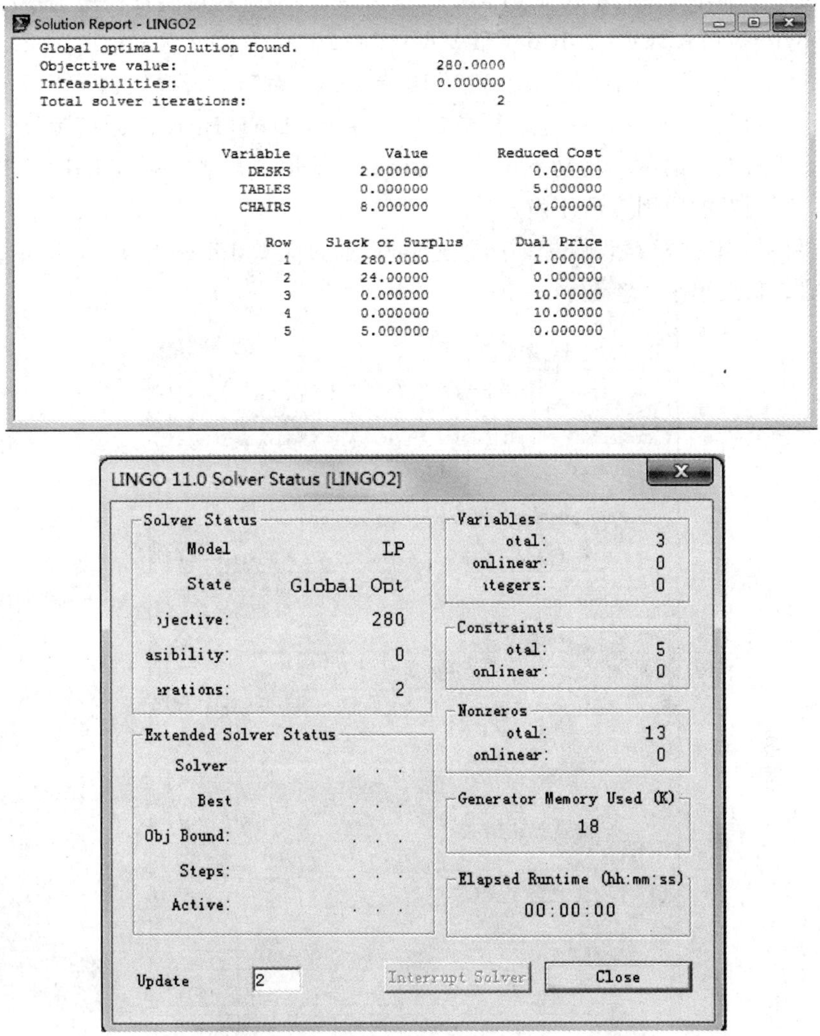

图 2.8

第 2 行松弛变量 =24

第 3 行松弛变量 =0

第 4 行松弛变量 =0

第 5 行松弛变量 =5

“DUAL PRICE”(对偶价格,第 3 章将会介绍)表示当对应约束有微小变动时,目标函数的变化率。输出结果中对应于每一个约束有一个对偶价格。若其数值为 p,表示对应约束中不等式右端项若增加 1 个单位,目标函数将增加 p 个单位(max 型问题)。显然,如果在最优解处约束正好取等号(也就是“紧约束”,也称为有效约束或起作用约束),

对偶价格值才可能不是 0。本例中第 3、4 行是紧约束，对应的对偶价格值为 10，表示当紧约束：DESKS＋2 TABLES＋1.5 CHAIRS＜＝20 变为 DESKS＋2 TABLES＋1.5 CHAIRS＜＝21 时，目标函数值 ＝ 280 ＋10 ＝ 290。对第 4 行也类似。

对于非紧约束(如本例中第 2、5 行是非紧约束)，DUAL PRICE 的值为 0，表示对应约束中不等式右端项的微小扰动不影响目标函数。有时，通过分析 DUAL PRICE，也可对产生不可行问题的原因有所了解。

另外，利用 Lingo 求解线性规划问题时，可以通过菜单 Lingo 栏或 Options 按钮打开图 2.9 的窗口来设置一些参数。

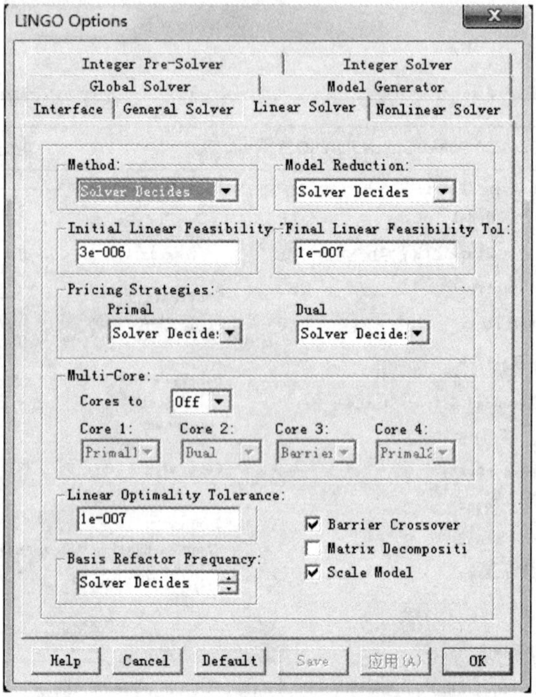

图 2.9

修改完以后，如果单击“Apply(应用)”按钮，则新的设置马上生效；如果单击“OK(确定)”按钮，则新的设置马上生效，并且同时关闭该窗口；如果单击“Save(保存)”按钮，则将当前设置变为默认设置，下次启动 LINGO 时这些设置仍然有效；单击“Default(默认值)”按钮，则恢复 Lingo 系统定义的原始默认设置(默认设置)。

下面只介绍其中的 Interface(界面)选项卡和 Linear Solver(线性求解器)选项卡中的部分选项。

(1) Interface(界面)选项卡见表 2.12。

表 2.12

选项组	选　项	含　义
General（一般选项）	Errors In Dialogs（错误对话框）	如果选择该选项，求解程序遇到错误时将打开一个对话框显示错误，关闭该对话框后程序才会继续执行；否则，错误信息将在报告窗口显示，程序仍会继续执行
	Splash Screen（弹出屏幕）	如果选择该选项，则 Lingo 每次启动时会在屏幕上弹出一个对话框，显示 Lingo 的版本和版权信息；否则不弹出
	Status Bar（状态栏）	如果选择该选项，则 Lingo 系统在主窗口最下面一行显示状态栏；否则不显示
	Status Window（状态窗口）	如果选择该选项，则 Lingo 系统每次运行 Lingo|Solve 命令时会在屏幕上弹出状态窗口；否则不弹出
	Terse Output（简洁输出）	如果选择该选项，则 Lingo 系统对求解结果报告等将以简洁形式输出；否则以详细形式输出
	Toolbar（工具栏）	如果选择该选项，则显示工具栏；否则不显示
	Solution Cutoff（解的截断）	小于等于这个值的解将报告为“0”（默认值是 10^{-9}）
File Format（文件格式）	lg4 (extended)（lg4，扩展格式）	模型文件的默认保存格式是 lg4 格式（这是一种二进制文件，只有 Lingo 能读出）
	lng (text only)（lng，纯文本格式）	模型文件的默认保存格式是 lng 格式（纯文本）
Syntax Coloring（语法配色）	Line limit（行数限制）	语法配色的行数限制（默认为 1 000）。Lingo 模型窗口中将 LINGO 关键此显示为蓝色，注释为绿色，其他为黑色，超过该行数限制后则不再区分颜色。特别地，设置行数限制为 0 时，整个文件不再区分颜色
	Delay（延迟）	设置语法配色的延迟时间（秒，默认为 0，从最后一次按键算起）
	Paren Match（括号匹配）	如果选择该选项，则模型中当前光标所在处的括号及其相匹配的括号将以红色显示；否则不使用该功能
Command Window（命令窗口）	Send Reports to Command Window（报告发送到命令窗口）	如果选择该选项，则输出信息会发送到命令窗口；否则不使用该功能
	Echo Input（输入信息反馈）	如果选择该选项，则用 File|Take Command 命令执行命令脚本文件时，处理信息会发送到命令窗口；否则不使用该功能
	Line Count Limits（行数限制）	命令窗口能显示的行数的最大值为 Maximum（默认为 800）；如果要显示的内容超过这个值，每次从命令窗口滚动删除的最小行数为 Minimum（默认为 400）
	Page Size Limit（页面大小限制）	命令窗口每次显示的行数的最大值为 Length（默认为没有限制），显示这么多行后会暂停，等待用户响应；每行最大字符数为 Width（默认为 74，可以设定为 64～200 之间），多余的字符将被截断

(2) Linear Solver(线性求解器)选项卡见表 2.13。

表 2.13

选项组	选 项	含 义
Method 求解方法		求解时的算法,有 4 种可能的设置: · Solver Decides:Lingo 自动选择算法(默认设置) · Primal Simplex:原始单纯形法 · Dual Simplex:对偶单纯形法 · Barrier:障碍法(即内点法)
Initial Linear Feasibility Tol 初始线性可行性误差限		控制线性模型中约束满足的初始误差限(默认值为 3×10^{-6})
Final Linear Feasibility Tol. 最后线性可行性误差限		控制线性模型中约束满足的最后误差限(默认值为 10^{-7})
Model Reduction 模型降维		控制是否检查模型中的无关变量,从而降低模型的规模: · Off:不检查 · On:检查 · Solver Decides:Lingo 自动决定(默认设置)
Pricing Strategies 价格策略(决定出基变量的策略)	Primal Solver 原始单纯形法	有 3 种可能的设置: · Solver Decides:Lingo 自动决定(默认设置) · Partial:Lingo 对一部分可能的出基变量进行尝试 · Devex:用 Steepest-Edge(最陡边)近似算法对所有可能的变量进行尝试,找到使目标值下降最多的出基变量
	Dual Solver 对偶单纯形法	有 3 种可能的设置: · Solver Decides:Lingo 自动决定(默认设置) · Dantzig:按最大下降比例法确定出基变量 · Steepest-Edge:最陡边策略,对所有可能的变量进行尝试,找到使目标值下降最多的出基变量
Matrix Decomposition 矩阵分解		选择该选项,Lingo 将尝试将一个大模型分解为几个小模型求解;否则不尝试
Scale Model 模型尺度的改变		选择该选项,Lingo 检查模型中的数据是否平衡(数量级是否相差太大)并尝试改变尺度使模型平衡;否则不尝试

2.8.2　用 Matlab 解线性规划的方法和例子

Matlab 是 Matrix Laboratory(矩阵实验室)的缩写。它早期是线性代数课的教学软件,后来逐步应用于实际工程问题的计算,目前已成为工程界和应用数学人员常用的数学软件之一。Matlab 是一种交互式的高级计算机软件,有如下特点:

- 它以矩阵运算为基本运算,用命令式语句运行,附有数值计算、最优化、信号处理、系统识别、控制系统等几十个工具箱(Toolbox);
- Matlab 使用十分方便,几乎是直接把算式输入计算机,立刻得出计算结果,因此有"电子草稿纸"的美誉;
- 具有很强的图形表现能力。

Matlab 优化工具箱中有现成函数 linprog 对如下式描述的 LP 问题求解:

$$\min z = \boldsymbol{f}^{\mathrm{T}} \boldsymbol{x}$$

$$\text{s. t.} \begin{cases} \boldsymbol{A}\boldsymbol{x} \leqslant \boldsymbol{b} \\ \boldsymbol{A}_{\mathrm{eq}} x = \boldsymbol{b}_{\mathrm{eq}} \\ \boldsymbol{lb} \leqslant \boldsymbol{x} \leqslant \boldsymbol{ub} \end{cases}$$

其中,$\boldsymbol{f}$,$\boldsymbol{x}$,$\boldsymbol{b}$,$\boldsymbol{b}_{\mathrm{eq}}$ $\boldsymbol{lb}$,$\boldsymbol{ub}$ 为向量,$\boldsymbol{A}$,$\boldsymbol{A}_{\mathrm{eq}}$ 为矩阵,$\boldsymbol{A}\boldsymbol{x} \leqslant \boldsymbol{b}$ 表示"$\leqslant$"的约束,$\boldsymbol{A}_{\mathrm{eq}} \boldsymbol{x} = \boldsymbol{b}_{\mathrm{eq}}$ 表示等式约束,$\boldsymbol{lb} \leqslant \boldsymbol{x} \leqslant \boldsymbol{ub}$ 表示变量的上下界约束。

linprog 函数的调用格式如下:

```
x = linprog(f,A,b)
x = linprog(f,A,b,Aeq,beq)
x = linprog(f,A,b,Aeq,beq,lb,ub)
x = linprog(f,A,b,Aeq,beq,lb,ub,x0)
x = linprog(f,A,b,Aeq,beq,lb,ub,x0,options)
[x,fval] = linprog(…)
[x, fval, exitflag] = linprog(…)
[x, fval, exitflag, output] = linprog(…)
[x, fval, exitflag, output, lambda] = linprog(…)
```

其中各部分含义如下。

① $\boldsymbol{x}$=linprog($\boldsymbol{f}$,$\boldsymbol{A}$,$\boldsymbol{b}$)返回值 $\boldsymbol{x}$ 为最优解向量。

② $\boldsymbol{x}$=linprog($\boldsymbol{f}$,$\boldsymbol{A}$,$\boldsymbol{b}$,$\boldsymbol{A}_{\mathrm{eq}}$,$\boldsymbol{b}_{\mathrm{eq}}$) 解有等式约束的问题。若没有不等式约束,则令 $\boldsymbol{A}$=[ ]、$\boldsymbol{b}$=[ ]。

③ $\boldsymbol{x}$=linprog($\boldsymbol{f}$,$\boldsymbol{A}$,$\boldsymbol{b}$,$\boldsymbol{A}_{\mathrm{eq}}$,$\boldsymbol{b}_{\mathrm{eq}}$,$\boldsymbol{lb}$,$\boldsymbol{ub}$,$\boldsymbol{x}_0$,options) 中 $\boldsymbol{lb}$,$\boldsymbol{ub}$ 为变量 $\boldsymbol{x}$ 的下界和上界,$\boldsymbol{x}_0$ 为初值点,options 为指定优化参数进行最小化(关于 Options 的参数描述,查看 Matlab 帮助)。

④ [$\boldsymbol{x}$,fval]=linprog(…) 左端 fval 返回解 $\boldsymbol{x}$ 处的目标函数值。

⑤ [$\boldsymbol{x}$,fval,exitflag,output,lambda]=linprog($\boldsymbol{f},\boldsymbol{A},\boldsymbol{b},\boldsymbol{A}_{\mathrm{eq}},\boldsymbol{b}_{\mathrm{eq}},\boldsymbol{lb},\boldsymbol{ub},\boldsymbol{x}_0$）的输出部分：exitflag 描述函数计算的退出条件，若为正值，表示目标函数收敛于解 $\boldsymbol{x}$ 处；若为负值，表示目标函数不收敛；若为零值，表示已经达到函数评价或迭代的最大次数。

⑥ output 返回优化信息：output. iterations 表示迭代次数；output. algorithm 表示所采用的算法；outprt. funcCount 表示函数评价次数。

⑦ lambda 返回 $\boldsymbol{x}$ 处的拉格朗日乘子。它有以下属性：

- lambda. lower-lambda 的下界；
- lambda. upper-lambda 的上界；
- lambda. ineqlin-lambda 的线性不等式；
- lambda. eqlin-lambda 的线性等式。

下面通过具体的例子来说明：

例 2.14 用 Matlab 求解线性规划：

$$f(x)=-5x_1-4x_2-6x_3$$

$$\text{s. t.}\begin{cases} x_1-x_2+x_3\leqslant 20 \\ 3x_1+2x_2+4x_3\leqslant 42 \\ 3x_1+2x_2\leqslant 30 \\ x_1,x_2,x_3\geqslant \mathbf{0} \end{cases}$$

解 在 Matlab 中命令窗口中首先输入(或建立一个. m 文件)：

```
f = [-5; -4; -6];
A = [1 -1  1
     3  2  4
     3  2  0];
b = [20; 42; 30];
lb = zeros(3,1);
```

然后调用 lingrog 函数：

```
[x,fval] = linprog(f,A,b,[],[],lb)
```

按回车键，输出结果为：

```
x =
     0.0000
    15.0000
     3.0000
fval =
   -78.0000
```

分别为最优解(0,15,3)和目标函数值−78。

如果调用 linprog 函数时调用单纯形算法，则输入：

```
options = optimset('LargeScale', 'off', 'Simplex', 'on');
[x,fval,exitflag,output,lambda] = linprog(f,A,b,[],[],lb,[],[],options)
```

按回车键，输出结果为：

```
x =
     0
    15
     3
fval =
   -78
exitflag =
     1

output =
       iterations: 2
        algorithm: 'medium scale: simplex'
    cgiterations: []
          message: 'Optimization terminated.'
   constrviolation: 0
lambda =
    ineqlin: [3x1 double]
      eqlin: [0x1 double]
      upper: [3x1 double]
      lower: [3x1 double]
```

例 2.15　某农场 I、II、III 等级耕地的面积分别为 100 hm^2、300 hm^2 和 200 hm^2，计划种植水稻、大豆和玉米，要求 3 种作物的最低收获量分别为 190 000 kg、130 000 kg 和 350 000 kg。I、II、III 等级耕地种植 3 种作物的单产如表 2.14 所示。若 3 种作物的售价分别为水稻 1.20 元/kg、大豆 1.50 元/kg、玉米 0.80 元/kg。那么，(1)如何制订种植计划，才能使总产量最大？(2)如何制订种植计划，才能使总产值最大？

表 2.14　不同等级耕地种植不同作物的单产　　(单位：kg/hm^2)

	I 等级耕地	II 等级耕地	III 等级耕地
水稻	11 000	9 500	9 000
大豆	8 000	6 800	6 000
玉米	14 000	12 000	10 000

解 首先根据题意建立线性规划模型(决策变量设置如表 2.15 所示,表中 x_{ij} 表示第 i 种作物在第 j 等级的耕地上的种植面积)。

表 2.15 作物计划种植面积 (单位:hm^2)

	I 等级耕地	II 等级耕地	III 等级耕地
水稻	x_{11}	x_{12}	x_{13}
大豆	x_{21}	x_{22}	x_{23}
玉米	x_{31}	x_{32}	x_{33}

约束方程如下:

$$\text{耕地面积约束}\begin{cases} x_{11}+x_{21}+x_{31}\leqslant 100 \\ x_{12}+x_{22}+x_{32}\leqslant 300 \\ x_{13}+x_{23}+x_{33}\leqslant 200 \end{cases}$$

$$\text{最低收获量约束}\begin{cases} -11\,000x_{11}-9\,500x_{12}-9\,000x_{13}\leqslant -190\,000 \\ -8\,000x_{21}-6\,800x_{22}-6\,000x_{23}\leqslant -130\,000 \\ -14\,000x_{31}-12\,000x_{32}-10\,000x_{33}\leqslant -350\,000 \end{cases}$$

$$\text{非负约束}\quad x_{ij}\geqslant 0 \quad (i=1,2,3;j=1,2,3)$$

(1) 追求总产量最大,目标函数为:

$$\begin{aligned} \min z= & -11\,000x_{11}-9\,500x_{12}-9\,000x_{13}-8\,000x_{21} \\ & -6\,800x_{22}-6\,000x_{23}-14\,000x_{31}-12\,000x_{32}-10\,000x_{33} \end{aligned}$$

(2) 追求总产值最大,目标函数为:

$$\begin{aligned} \min z = & -1.20\times(11\,000x_{11}+9\,500x_{12}+9\,000x_{13}) \\ & -1.50\times(8\,000x_{21}+6\,800x_{22}+6\,000x_{23}) \\ & -0.80\times(14\,000x_{31}+12\,000x_{32}+10\,000x_{33}) \\ = & -13\,200x_{11}-11\,400x_{12}-10\,800x_{13} \\ & -12\,000x_{21}-10\,200x_{22}-9\,000x_{23} \\ & -11\,200x_{31}-9\,600x_{32}-8\,000x_{33} \end{aligned}$$

根据求解函数 linprog 中的参数含义,列出系数矩阵、目标函数系数矩阵,以及约束条件等,这些参数中没有的设为空。

(1) 当追求总产量最大时,只要将参数:

```
f = [-11000  -9500  -9000  -8000  -6800  -6000  -14000  -12000  -10000];
A = [1.0000 0.0000 0.0000 1.0000 0.0000 0.0000 1.0000 0.0000 0.0000;
     0.0000 1.0000 0.0000 0.0000 1.0000 0.0000 0.0000 1.0000 0.0000;
     0.0000 0.0000 1.0000 0.0000 0.0000 1.0000 0.0000 0.0000 1.0000;
     -11000.0000 0.0000 0.0000 -9500.0000 0.0000 0.0000 -9000.0000 0.0000 0.0000;
```

```
0.0000 -8000.0000 0.0000 0.0000 -6800.0000 0.0000 0.0000 -6000.0000 0.0000;
0.0000 0.0000 -14000.0000 0.0000 0.0000 -12000.0000 0.0000 0.
0000 -10000.0000];
b=[100 300 200 -190000 -130000 -350000];
lb=[0.0000 0.0000 0.0000 0.0000 0.0000 0.0000 0.0000 0.0000 0.0000 ];
```

代入求解函数[xopt,fxopt]=linprog(***f***,***A***,***b***,[],[],***lb***,[]),即可求得结果。

(2) 当追求总产值最大时,将参数:

```
f=[-13200 -11400 -10800 -12000 -10200 -9000 -11200 -9600 -8000];
A=[1.0000 0.0000 0.0000 1.0000 0.0000 0.0000 1.0000 0.0000 0.0000;
   0.0000 1.0000 0.0000 0.0000 1.0000 0.0000 0.0000 1.0000 0.0000;
   0.0000 0.0000 1.0000 0.0000 0.0000 1.0000 0.0000 0.0000 1.0000;
   -11000.0000 0.0000 0.0000 -9500.0000 0.0000 0.0000 -9000.0000 0.0000 0.0000;
   0.0000 -8000.0000 0.0000 0.0000 -6800.0000 0.0000 0.0000 -6000.0000 0.0000;
   0.0000 0.0000 -14000.0000 0.0000 0.0000 -12000.0000 0.0000
   0.0000 -10000.0000];
b= [100 300 200 -190000 -130000 -350000];
lb=[0.0000 0.0000 0.0000 0.0000 0.0000 0.0000 0.0000 0.0000 0.0000 ];
```

代入求解函数[xopt,fxopt]=linprog(***f***,***A***,***b***,[],[],***lb***,[]),即可得到求解结果。

§2.9　几类实际生活中的线性规划问题举例

例 2.16(混合配料问题)　某糖果厂用原料 A、B、C 加工成 3 种不同牌号的糖果甲、乙、丙。已知各种牌号糖果中 A、B、C 含量,原料成本,各种原料的每月限制用量,3 种牌号糖果的单位加工费及售价如表 2.16 所示。问该厂每月生产这 3 种牌号糖果各多少千克,使该厂获利最大。试建立这个问题的线性规划的数学模型。

表 2.16

	甲	乙	丙	每千克原料成本/元	每月限制用量/kg
A	≥60 %	≥30 %		2.00	2 000
B				1.50	2 500
C	≤20 %	≤50 %	≤60 %	1.00	1 200
加工费(元/kg)	0.50	0.40	0.30		
售　价(元/kg)	3.40	2.85	2.25		

解　用 $i=1,2,3$ 分别代表原料 A、B、C,用 $j=1,2,3$ 分别代表甲、乙、丙 3 种糖果,x_{ij} 为生产第 j 种糖果耗用的第 i 种原料的质量数。该厂的获利为 3 种牌号糖果的售价减去

相应的加工费和原料成本，3 种糖果的生产量分别为：$x_{11}+x_{21}+x_{31}$，$x_{12}+x_{22}+x_{32}$，$x_{13}+x_{23}+x_{33}$；3 种糖果的生产数量受到原材料月供应量和原料含量成份的限制，由此本例的数学模型可归结为：

$$\begin{aligned}\max z &= (3.40-0.50)(x_{11}+x_{21}+x_{31})+(2.85-0.40)(x_{12}+x_{22}+x_{32})+\\ &\quad (2.25-0.30)(x_{13}+x_{23}+x_{33})-2.0(x_{11}+x_{12}+x_{13})-\\ &\quad 1.50(x_{21}+x_{22}+x_{23})-1.0(x_{31}+x_{32}+x_{33})\\ &= 0.9x_{11}+1.4x_{21}+1.9x_{31}+0.45x_{21}+0.95x_{22}+1.45x_{32}-\\ &\quad 0.05x_{13}+0.45x_{23}+0.95x_{33}\end{aligned}$$

$$\begin{cases}\left.\begin{array}{l}x_{11}+x_{12}+x_{13}\leqslant 2\,000\\ x_{21}+x_{22}+x_{23}\leqslant 2\,500\\ x_{31}+x_{32}+x_{33}\leqslant 1\,200\end{array}\right\}\text{原料月供应量限制}\\ \left.\begin{array}{l}x_{11}\geqslant 0.6(x_{11}+x_{21}+x_{31})\\ x_{31}\leqslant 0.2(x_{11}+x_{21}+x_{31})\\ x_{12}\geqslant 0.3(x_{12}+x_{22}+x_{32})\\ x_{32}\leqslant 0.5(x_{12}+x_{22}+x_{32})\\ x_{33}\leqslant 0.6(x_{13}+x_{23}+x_{33})\\ x_{ij}\geqslant 0(i=1,2,3;j=1,2,3)\end{array}\right\}\text{含量成份的限制}\end{cases}$$

例 2.17(产品计划问题)　某厂生产Ⅰ、Ⅱ、Ⅲ 3 种产品，都分别经 A、B 两道工序加工。设 A 工序可分别在设备 A_1 或 A_2 上完成，有 B_1、B_2、B_3 3 种设备可用于完成 B 工序。已知产品Ⅰ可在 A、B 任何一种设备上加工；产品Ⅱ可在任何规格的 A 设备上加工，但完成 B 工序时，只能在 B_1 设备上加工，产品Ⅲ只能在 A_2 与 B_2 设备上加工。加工单位产品所需工序时间及其他各项数据见表 2.17，试安排最优生产计划，使该厂获利最大。

表 2.17

设备	产品			设备有效台时/时	设备加工费
	Ⅰ	Ⅱ	Ⅲ		
A_1	5	10		6 000	0.05
A_2	7	9	12	10 000	0.03
B_1	6	8		4 000	0.06
B_2	4		11	7 000	0.11
B_3	7			4 000	0.05
原料费(元/件)	0.25	0.35	0.50		
售价(元/件)	1.25	2.00	2.80		

解　设产品Ⅰ、Ⅱ、Ⅲ的产量分别为 x_1，x_2，x_3 件。产品Ⅰ有 6 种加工方案，分别利用

设备(A_1,B_1)、(A_1,B_2)、(A_1,B_2)、(A_2,B_2)、(A_2,B_2)、(A_2,B_2)，各方案加工的产品Ⅰ数量用$x_{11},x_{12},x_{13},x_{14},x_{15},x_{16}$表示；产品Ⅱ有 2 种加工方案，即$(A_1,B_1)$、$(A_2,B_1)$，加工数量用$x_{21},x_{22}$表示；产品Ⅲ只有 1 种加工方案$(A_2,B_2)$，加工数量等于$x_3$。

$$x_1=x_{11}+x_{12}+x_{13}+x_{14}+x_{15}+x_{16}$$

$$x_2=x_{21}+x_{22}$$

工厂的盈利为产品售价减去相应的原料费和设备加工费。产品加工量只受设备有效台时的限制。故对本例可建立如下线性规划模型：

$$\begin{aligned}\max z=&(1.25-0.25)(x_{11}+x_{12}+x_{13}+x_{14}+x_{15}+x_{16})+(2.0-0.35)(x_{21}+x_{22})+\\&(2.80-0.05)x_3-0.05(5x_{11}+5x_{12}+5x_{13}+10x_{21})-\\&0.03(7x_{14}+7x_{15}+9x_{21}+12x_{22})-0.06(6x_{11}+6x_{14}+8x_{21}+8x_{22})-\\&0.11(4x_{12}+4x_{15}+11x_{23})-0.05(7x_{13}+7x_{16})\end{aligned}$$

$$\begin{cases}5x_{11}+5x_{12}+5x_{13}+10x_{21}\leqslant 6\,000\\7x_{14}+7x_{15}+7x_{16}+9x_{22}+12x_3\leqslant 10\,000\\6x_{11}+6x_{14}+6x_{21}+8x_{22}\leqslant 4\,000\\4x_{12}+4x_{15}+x_3\leqslant 7\,000\\7x_{13}+7x_{16}\leqslant 4\,000\\x_{ij}\geqslant 0\end{cases}$$

例 2.18(生产存储问题)　某厂签订了 5 种产品$(i=1,\cdots,5)$上半年的交货合同。已知各产品在第j月$(j=1,\cdots,6)$的合同交货量D_{ij}，该月售价s_{ij}、成本价c_{ij}及生产 1 件时所需工时a_{ij}。该厂第j月的正常生产工时为t_j，但必要时可加班生产，第j月允许的最多加班工时不超过t'_j，并且加班时间内生产出来的产品每件成本增加额外费用c'_{ij}元；若生产出来的产品当月不交货，每件库存 1 个月交存储费p_i元。试为该厂设计一个保证完成合同交货，又使上半年预期盈利总额为最大的生产计划安排。

解　设x_{ij}为i种产品j月份在正常时间内生产的数量，x'_{ij}为第i种产品j月份在加班时间内生产的数量。该厂盈利总额为生产的 5 种产品销售价减去成本和库存费用。问题的限制条件有两项：一是各个月的正常和加班的允许工时，二是满足交货要求。本例的线性规划模型可表示为：

$$\max z=\sum_{i=1}^{5}\sum_{j=1}^{6}[(s_{ij}-c_{ij})x_{ij}+(s_{ij}-c_{ij}-c'_{ij})x'_{ij}]-\sum_{i=1}^{5}p_i\Big[\sum_{j=1}^{6}\sum_{k=1}^{j}(x_{ik}+x'_{ik}-D_{ik})\Big]$$

$$\text{s.t.}\begin{cases}\sum\limits_{i=1}^{5}a_{ij}x_{ij}\leqslant j_j\\\sum\limits_{i=1}^{5}a_{ij}x'_{ij}\leqslant j'_j\\\sum\limits_{k=1}^{j}(x_{ik}+x'_{ik})\geqslant\sum\limits_{i=1}^{j}D_{ik}\\x_{ij}\geqslant 0\end{cases}\qquad j=1,\cdots,6$$

例 2.19(营养问题) 某饲养场所用混合饲料由 n 种配料 $B_j(j=1,2,\cdots,n)$ 组成,要求这种混合饲料含有 m 种不同的营养成分 $A_i(i=1,2,\cdots,m)$,并且每一份混合饲料中第 i 种营养成分的含量不低于 b_i。已知每单位的第 j 种配料中所含第 i 种营养成分的量为 a_{ij},每单位的第 j 种配料的价格为 c_j。在保证营养的条件下,应如何配方,使混合饲料的费用最省。

解 设混合饲料中第 j 种配料所用量为 x_j,建立的数学模型是:

$$\min z = \sum_{j=1}^{n} c_j x_j$$

$$\text{s. t.} \begin{cases} \sum_{j=1}^{n} a_{ij} x_j \geqslant b_i, i = 1,2,\cdots,m \\ x_j \geqslant 0, i = 1,2,\cdots,n \end{cases}$$

例 2.20(作物布局问题) 设要在 n 块土地 $B_j(j=1,2,\cdots,n)$ 上种植 m 种不同的作物 $A_i(i=1,2,\cdots,m)$,第 j 块土地 B_j 的面积为 b_j,第 i 种作物 A_i 的计划种植面积为 a_i(假设 $\sum_{i=1}^{m} a_i = \sum_{j=1}^{n} b_j$),第 i 种作物 A_i 在第 j 块土地 B_j 上的单位产量为 c_{ij},问应如何合理安排种植计划,才能使总产量最高。设 x_{ij} 为在第 j 块土地 B_j 上种植第 i 种作物 A_i 的面积,建立的数学模型是:

$$\max z = \sum_{i=1}^{m} \sum_{j=1}^{n} c_{ij} x_{ij}$$

$$\text{s. t.} \begin{cases} \sum_{j=1}^{n} x_{ij} = a_i, i = 1,2,\cdots,m \\ \sum_{i=1}^{m} x_{ij} = b_j, j = 1,2,\cdots,n \\ x_{ij} \geqslant 0, i = 1,2,\cdots,m; j = 1,2,\cdots,n \end{cases}$$

例 2.21(合理下料问题) 某厂生产过程中需要用长度分别为 3.1 m、2.5 m 和 1.7 m 的同种棒料毛坯分别为 200 根、100 根和 300 根,而现在只有一种长度为 9 m 的原料,问:(1)应如何下料才能使废料最少?(2)应如何下料才能使购买的原料根数最少?

解 解决下料问题的关键在于找出所有可能的下料方法(如果不能穷尽所有的方法,也应尽量多收集各种可能的下料方法),然后对这些方案进行最佳结合。

对给定的 9 m 长的棒料进行分割,可以有 9 种切割方法,见表 2.18 所示。

表 2.18 毛坯切割方案表

方案 / 毛坯	1	2	3	4	5	6	7	8	9
3.1 m 毛坯	2	2	1	1	1	0	0	0	0
2.5 m 毛坯	1	0	2	1	0	3	2	1	0
1.7 m 毛坯	0	1	0	2	3	0	2	3	5
废料	0.3	1.1	0.9	0	0.8	1.5	0.6	1.4	0.5

设用第 i 种方法下料的总根数为 x_i，则用掉的总根数为 $x_1+x_2+\cdots+x_9$，废料总长度为 $0.3x_1+1.1x_2+0.9x_3+0.8x_5+1.5x_6+0.6x_7+1.4x_8+0.5x_9$，约束条件为所需的零件毛坯数量：

$$2x_1+2x_2+x_3+x_4+x_5\geqslant 200$$
$$x_1+2x_3+x_4+3x_6+2x_7+x_8\geqslant 100$$
$$x_2+2x_4+3x_5+2x_7+3x_8+5x_9\geqslant 300$$

由此可得问题(1)的线性规划模型如下：

$$\min z=0.3x_1+1.1x_2+0.9x_3+0.8x_5+1.5x_6+0.6x_7+1.4x_8+0.5x_9$$
$$\begin{cases}2x_1+2x_2+x_3+x_4+x_5=200\\ x_1+2x_3+x_4+3x_6+2x_7+x_8=100\\ x_2+2x_4+3x_5+2x_7+3x_8+5x_9=300\\ x_1,x_2,\cdots,x_9\geqslant 0\end{cases}$$

此题最优值为 60，由于用掉的总料长度为 $200\times3.1+100\times2.5+300\times1.7=1\,380$，则有方程：废料长度 $=9\times$ 用料根数 $-1\,380$。所以需要的原料根数为 160 根。

而该问题(2)的线性规划模型如下：

$$\min z=x_1+x_2+\cdots+x_9$$
$$\begin{cases}2x_1+2x_2+x_3+x_4+x_5=200\\ x_1+2x_3+x_4+3x_6+2x_7+x_8=100\\ x_2+2x_4+3x_5+2x_7+3x_8+5x_9=300\\ x_1,x_2,\cdots,x_9\geqslant 0\end{cases}$$

注 1：下料问题是加工业中常见的一种问题，其一般的提法是把一种尺寸规格已知的原料，切割成给定尺寸的几种零件毛坯，问题是在零件毛坯数量要求给定的条件下，如何割才能使废料最少？下料问题由所考虑的尺寸的维数可以分成三维(积材)下料、二维(面料)下料和一维(棒料)下料问题，其中最简单的是棒料下料问题。

注 2：根据实际情况的需要，有时问题(1)中约束条件中“=”可以换为“≥”，这样求出来的结果可能会不同，即有时剩余一些毛坯棒料以后可以再用，但这时产生的废料可能最少。很显然，如果问题(1)的线性规划模型改为：

$$\min z=0.3x_1+1.1x_2+0.9x_3+0.8x_5+1.5x_6+0.6x_7+1.4x_8+0.5x_9$$
$$\begin{cases}2x_1+2x_2+x_3+x_4+x_5\geqslant 200\\ x_1+2x_3+x_4+3x_6+2x_7+x_8\geqslant 100\\ x_2+2x_4+3x_5+2x_7+3x_8+5x_9\geqslant 300\\ x_1,x_2,\cdots,x_9\geqslant 0\end{cases}$$

则最优值为 0，最优解为 $x_4=200$，其他变量都为 0。

例 2.22(连续投资问题)　某公司目前有 8 000 万美元的闲置资金，三年后才需要使用。根据财务部门所提供的资料，现在有 4 个投资方案列入考虑。各投资方案均已评估过风险，并给予 0～3 分的风险指标，数值越大代表风险越高。表 2.19 显示各投资方案每年利息的百分比及风险指标。例如，方案 2 完全没有风险(风险指标为零)，每年年底可获得投资金额 3%的利息；方案 4 的风险最高(风险指标为 2)，投资后仅在第 3 年年底可获得投资金额 18%的利息。在以上的 4 个方案中，本金均于第 3 年年底全数归还；当年底有回收的利息时，仅能于次年年初投资方案 2(亦即其余方案必须于第一年年初投资)。该公司希望所投资金额的平均风险指针(仅本金部分)不要高于 1。该公司于每年年初应分别投资多少金额在各投资方案上，才能于第三年年底获致最多的利息收入？建立此问题的线性规划模式。

表 2.19

投资方案	年底利息			风险指标
	第一年	第二年	第三年	
1	0%	6%	6%	1
2	3%	3%	3%	0
3	0%	7%	4%	1
4	0%	0%	18%	2

解　定义变量如下：

$$x_{ij}=\text{第 } i \text{ 年投资方案 } j \text{ 的金额}$$

此问题的 LP 模式如下：

$$\min z=0.06x_{11}+0.03x_{12}+0.03x_{22}+0.03x_{32}+0.04x_{13}+0.18x_{14}$$

$$\text{s.t.}\begin{cases}x_{11}+x_{12}+x_{13}+x_{14}=8\,000\\0.03x_{12}-x_{22}=0\\0.06x_{11}+0.03x_{12}+0.03x_{22}+0.07x_{13}-x_{32}=0\\x_{11}+x_{13}+2x_{14}\leqslant 8\,000\\x_{ij}\geqslant 0,\quad i=1,2,3;j=1,2,3,4\end{cases}$$

在此模型中，前 3 个约束条件是“资金平衡公式”。第 4 个约束条件是限制投资金额的平均风险指针不要高于 1(仅本金部分)，该式是由下式简化而得

$$\frac{x_{11}+x_{13}+2x_{14}}{8\,000}\leqslant 1$$

例 2.23　某服务业公司对于每天需要的员工人数有很大的波动，于一周期间每天所需要的人数如表 2.20 所示。除了专职人员外，公司亦可聘雇兼职人员。每两位兼职人员的人力相当于一位专职人员，但每位兼职人员的薪资仅为专职的 30%。然而，因为考虑

专职人员对于工作的熟悉度，所以公司希望每天上班的兼职人员人数最多不得超过专职人员人数的 1/4。专职人员每周连续上班五天、休假两天；兼职人员则没有任何规定。在此情况下，欲使总人事成本最低，该公司至少应聘请多少位专职人员？每天上班的兼职人员时数又应是多少？

表 2.20

星期	一	二	三	四	五	六	日
人力需求	50	40	40	45	60	80	85

解　定义变量如下：

x_i＝星期 i 开始第一天上班的专职人数（$i=1$ 代表星期一，依此类推）

y_i＝星期 i 上班的兼职人员时数

此问题的线性规划模型为：

$$\min z=x_1+x_2+x_3+x_4+x_5+x_6+x_7+0.3y_1+0.3y_2+0.3y_3+0.3y_4+0.3y_5+0.3y_6+0.3y_7$$

$$\text{s.t.}\begin{cases}x_1+x_4+x_5+x_6+x_7+0.5y_1\geqslant 50\\x_1+x_2+x_5+x_6+x_7+0.5y_2\geqslant 40\\x_1+x_2+x_3+x_6+x_7+0.5y_3\geqslant 40\\x_1+x_2+x_3+x_4+x_7+0.5y_4\geqslant 45\\x_1+x_2+x_3+x_4+x_5+0.5y_5\geqslant 60\\x_2+x_3+x_4+x_5+x_6+0.5y_6\geqslant 80\\x_3+x_4+x_5+x_6+x_7+0.5y_7\geqslant 85\\y_1-0.25x_1-0.25x_4-0.25x_5-0.25x_6-0.25x_7\leqslant 0\\y_2-0.25x_1-0.25x_2-0.25x_5-0.25x_6-0.25x_7\leqslant 0\\y_3-0.25x_1-0.25x_2-0.25x_3-0.25x_6-0.25x_7\leqslant 0\\y_4-0.25x_1-0.25x_2-0.25x_3-0.25x_4-0.25x_7\leqslant 0\\y_5-0.25x_1-0.25x_2-0.25x_3-0.25x_4-0.25x_5\leqslant 0\\y_6-0.25x_2-0.25x_3-0.25x_4-0.25x_5-0.25x_6\leqslant 0\\y_7-0.25x_3-0.25x_4-0.25x_5-0.25x_6-0.25x_7\leqslant 0\\x_i,y_i\geqslant 0,\quad i=1,2,\cdots,7\end{cases}$$

这样的例子不胜枚举，以后还会遇到的运输问题、指派问题、最短路问题、最大流问题等也都是线性规划问题，这些例子的具体内容各不相同，但归结出的数学模型都属于同一类问题——线性规划问题。这些问题都可以用 2.8 节介绍的软件进行求解，所以这里就只列出它们的线性规划模型。

附1　线性规划发展简史

1832年,法国数学家J·B·J·傅里叶提出线性规划的想法,当时未引起注意。

1911年,C·瓦莱-普森独立地提出线性规划的想法,当时未引起注意。

1939年,前苏联数学家康托洛维奇出版《生产组织和计划中的数学方法》一书,提出线性规划的想法,仍未引起当时人们的重视。

1947年,美国数学家丹兹格提出了线性规划问题的一般数学模型和单纯形求解方法,终于使人们认识到线性规划的价值,为线性规划奠定了基础。

1951年,美国经济学家库普曼斯(J. C. Koopmans,1910—1985年)出版《生产与配置的活动分析》一书,把线性规划应用到经济领域。

1947—1956年,线性规划的对偶理论出现(其中美国数学家J. Von诺依曼也对对偶理论的提出做出了贡献),开创了线性规划的许多新的研究领域,扩大了它的应用范围和解题能力。

1954年,C·莱姆基提出对偶单纯形法;1954年S·加斯和T·萨迪等人解决了线性规划的灵敏度分析和参数规划问题;1956年A·塔克提出互补松弛定理,1960年G·B·丹兹格和P·沃尔夫提出分解算法等。线性规划的研究进入了研究热潮。

1975年,康托洛维奇与库普曼斯因"最优资源配置理论的贡献"荣获诺贝尔经济学奖。

1978年,前苏联数学家哈奇扬(L. G. Khachian)提出求解线性规划问题的多项式时间算法(内点算法),具有重要理论意义。

1984年,在美国贝尔实验室工作的印度裔数学家卡玛卡(N. Karmarkar)提出可以有效求解实际线性规划问题的多项式时间算法——Karmarkar算法。

1994年,约翰·纳什(John Nash)和另两位博弈论学家约翰·C·海萨尼和莱因哈德·泽尔腾共同获得了诺贝尔经济学奖。

线性规划的研究成果还直接推动了其他数学规划问题,包括整数规划、随机规划和非线性规划的算法研究。由于电子计算机的发展,出现了许多线性规划软件,如MPSX、OPHEIE、UMPIRE等,可以很方便地求解几千个变量的线性规划问题。目前,常见的线性规划软件可以很方便地求解几万个变量、几十万个约束条件的线性规划问题。

附2　线性规划发展史上两个科学家简介

利奥尼德·康托洛维奇(L. V. Kantorovich, 1912—1986年),前苏联数学家,出生于圣彼得堡的一个医生家庭。1930年毕业于列宁格勒大学,1934年成为该校最年轻的数学教授,1935年获该校数学博士学位。1948—1960年任列宁格勒科学院数学所研究室主任，1958 年当选为前苏联科学院通信院士，并于 1964 年成为前苏联科学院院士。1960—1971 年任前苏联科学院西伯利亚分院数学所副所长，1971—1976 年任前苏联国家科学技术委员会管理研究所室主任。1976 年任前苏联科学院系统分析所所长。他曾于 1949 年获斯大林数学奖，1965 年获列宁经济学奖。康托洛维奇对经济学的贡献主要在于，他建立和发展了线性规划方法，并运用于经济分析，对现代经济应用数学的重要分支——线性规划方法——的建立和发展做出了开创性贡献。他把资源最优利用这一传统的经济学问题，由定性研究和一般的定量分析推进到现实计量阶段，对于在企业范围内如何科学地组织生产和在国民经济范围内怎样最优地利用资源等问题做出了独创性的研究。康托洛维奇的主要著作包括：《生产组织和计划中的数学方法》(1939 年)，《经济资源的最优利用》(1959 年)，《经济最优决策》(1972 年，合著)，《最优规划文集》(1976 年)等。因在创建和发展线性规划方法以及革新、推广和发展资源最优利用理论方面所做出的杰出贡献，与美籍荷兰经济学家库恰林・库普曼斯(T. C. Koopmans，1910—1985 年)一起分享 1975 年度诺贝尔经济学奖。

乔治・伯纳德・丹兹格(G. B. Dantzig，1914—2005 年)，美国数学家。因创造了单纯形法，被称为“线性规划之父”。他在去世之前拥有 3 个院士头衔(国家科学院、国家工程院和美国科学院)。他 1936 年在马里兰大学科利奇帕克分校获得数学和物理学士学位，在密歇根大学获得数学硕士学位，1946 年在加利福尼亚大学伯克利分校获得博士学位，1976 年他在马里兰大学获得荣誉博士学位。

丹兹格出生在美国，他的父亲托比阿斯・丹兹格是俄罗斯数学家，曾在巴黎师从著名数学家亨利・庞加莱(J. H. Poincaré)学习。

1939 年丹兹格在伯克利作研究生，有一堂课丹兹格迟到了，上课不久，耶日・内曼(J. Neyman)教授在黑板上写了两个著名的未解统计学问题的例子。丹兹格稍后到达时把它们当作习题抄下。按丹兹格的话，那些问题“看来比平常难了点”，不过几天后他递交了两题的完整解答，仍以为它们是已逾期的功课。六周后心情激动的教授内曼探访丹兹格，他准备好把丹兹格其中一题的解答递交往一份数学期刊发表。多年后另一个研究者亚伯拉罕・瓦尔德(A. Wald)得到第二题的结论，要发表一份论文。他知道了丹兹格之前的解答，就把丹兹格列为合著者。

第二次世界大战中断丹兹格的伯克利研究生学习。他成了美国空军管理部统计控制战斗分析处主任，处理供应链的补给和管理成千上百的人员和物资。

1946 年，丹兹格获得伯克利的博士学位，仍回到美国空军管理部。丹兹格的上司伍德(M. Wood)和希奇赫克(D. Hitçhock)要他解决如何使计划过程机械化的问题。具体任务是：寻找一个方法能更快地计算出分时间段的调度、训练和后勤供给的方案。当时计算这些问题，都是依靠经验总结出的优先准则，而不是当成一个大系统来考虑，也没有一个明确的目标函数。丹兹格深入研究了这个问题以后，提出了目标函数的概念，并提出了单纯形求解方法(1947 年)。这个方法在线性规划领域沿用多年，至今还在发挥作用。

1952年丹兹格在兰德公司任研究数学家，在公司计算机上实行线性规划。1960年他被母校聘任教授计算机科学，担任运筹学中心主任。1966年他在斯坦福大学担任类似职位，留在那里直到20世纪90年代退休。

他除了线性规划和单纯形法的杰出工作，还推进很多领域的发展，有分解论、灵敏度分析、互补主元法、大系统最优化、非线性规划和不确定规划。

从1982年开始，为表彰丹兹格，国际数学规划协会设立丹兹格奖，1982年起每三年颁给一至两位在数学规划有突出贡献的人。

2005年5月13日，丹兹格因糖尿病和心血管疾病的并发症，在加利福尼亚州帕洛阿尔托的家中逝世，享年91岁。

第3章　线性规划问题的对偶理论及灵敏度分析

线性规划的对偶问题有很重要的理论和现实意义，对于求解及分析线性规划问题有很重要的作用，并且由对偶理论出发，又可以得到线性规划的灵敏度分析的理论和方法，而灵敏度分析在实际应用中有着非常重要的地位。本章主要介绍下面四部分内容：一是线性规划的对偶问题；二是对偶问题的基本理论；三是给出解线性规划问题的对偶单纯形算法；四是作为对偶问题的应用来分析灵敏度问题。

§3.1　线性规划问题的对偶问题

首先通过一个例子看对偶问题的经济意义。

第2章中例2.1某通信服务公司计划推出A、B、C 3种通信套餐服务，每种套餐服务后的利润分别为每月60元/用户 、30元/用户与20元/用户。每个套餐需要给每位用户提供带宽8 Mbit/s、6 Mbit/s和1 Mbit/s，同时每个套餐每月需要占服务器时间为4小时、2小时和1.5小时，并且每月分别需要咨询和服务以及维修等人工服务预计为2小时、1.5小时和0.5小时。此通信公司可提供的带宽为48 000 Mbit/s，可以提供的总服务器时间为20 000小时，人员服务每月可以提供8 000小时的服务。详细条件可参看表3.1，问该公司应推销A、B、C 3种套餐各多少用户，才能使总利润最大？

表3.1

	套餐A	套餐B	套餐C	通信公司总资源
带宽/Mbit・s^{-1}	8	6	1	48 000
服务器/小时	4	2	1.5	20 000
人工服务/小时	2	1.5	0.5	8 000
套餐价格/元	60	30	20	

在例2.1中设x_1，x_2，x_3分别为A、B、C 3个套餐需要推广的用户数量，容易列出下面的线性规划问题，其中z为公司的总利润：

$$(\text{LP1}) \quad \max z = 60x_1 + 30x_2 + 20x_3$$

$$\text{s. t.} \begin{cases} 8x_1 + 6x_2 + x_3 \leqslant 48\,000 \\ 4x_1 + 2x_2 + 1.5x_3 \leqslant 20\,000 \\ 2x_1 + 1.5x_2 + 0.5x_3 \leqslant 8\,000 \\ x_1, x_2, x_3 \geqslant 0 \end{cases} \tag{3.1}$$

现从另一角度提出问题。假定有另一投资公司想租赁此通信服务公司的资源，它至少应付出多大代价，才能使此通信服务公司愿意放弃套餐经营，租赁自己的资源？显然通信服务公司愿出让租赁自己资源的条件是，租赁代价应不低于用同等数量资源由自己经营套餐服务时获取的盈利。设 y_1、y_2 和 y_3 分别表示各自单位时间的带宽、服务器和人工服务的租赁代价，因通信服务公司用 8 Mbit/s 的带宽、4 小时的服务器时间和 2 小时的人工服务，就可以取得利润 60 元；用 6 Mbit/s 的带宽、2 小时的服务器时间和 1.5 小时的人工服务，就可以取得利润 30 元；用 1 Mbit/s 的带宽、1.5 小时的服务器时间和 0.5 小时的人工服务，就可以取得利润 20 元。由此 y_1, y_2, y_3 的取值应满足

$$\begin{cases} 8y_1 + 4y_2 + 2y_3 \geqslant 60 \\ 6y_1 + 2y_2 + 1.5y_3 \geqslant 30 \\ y_1 + 1.5y_2 + 0.5y_3 \geqslant 20 \\ y_1, y_2, y_3 \geqslant 0 \end{cases} \tag{3.2}$$

在满足式(3.1)的所有约束的基础上，通信服务公司就会愿意将自己的设备租赁给投资公司，因为他们觉得租赁所得比套餐所得还要“好”，但是，投资公司也不想做“冤大头”，他们也想付出尽可能少的钱来做这个租赁业务，所以他们希望在满足通信服务公司的要求的基础上，付出的钱越少越好，也就是

$$\min w = 48\,000y_1 + 20\,000y_2 + 8\,000y_3 \tag{3.3}$$

综合式(3.2)和式(3.3)，买方和卖方都觉得合适，这个租赁的生意就可以做成了。用数学模型把这个投资问题表示出来就是如下的线性规划问题：

$$(\text{LP2}) \quad \min w = 48\,000y_1 + 20\,000y_2 + 8\,000y_3$$

$$\begin{cases} 8y_1 + 4y_2 + 2y_3 \geqslant 60 \\ 6y_1 + 2y_2 + 1.5y_3 \geqslant 30 \\ y_1 + 1.5y_2 + 0.5y_3 \geqslant 20 \\ y_1, y_2, y_3 \geqslant 0 \end{cases} \tag{3.4}$$

上述 LP1 和 LP2 是两个线性规划问题，通常称前者为原问题，后者是前者的对偶问题。

以上从经济角度提出对偶问题，是通过一个经营 3 种产品、消耗 3 种资源的特定示例进行的，我们可以很自然地将其推广到经营或生产 n 种产品、消耗 m 种资源的一般形式：

原问题

$$\max z=c_1x_1+c_2x_2+\cdots+c_nx_n$$

$$\begin{cases}a_{11}x_1+a_{12}x_2+\cdots+a_{1n}x_n\leqslant b_1\\a_{21}x_1+a_{22}x_2+\cdots+a_{2n}x_n\leqslant b_2\\\qquad\cdots\\a_{m1}x_1+a_{m2}x_2+\cdots+a_{mn}x_n\leqslant b_m\\x_j\geqslant 0\quad (j=1,2,\cdots,n)\end{cases}$$

对偶问题

$$\min w=b_1y_1+b_2y_2+\cdots+b_my_m$$

$$\begin{cases}a_{11}y_1+a_{21}y_2+\cdots+a_{m1}y_m\geqslant c_1\\a_{12}y_1+a_{22}y_2+\cdots+a_{m2}y_m\geqslant c_2\\\qquad\cdots\\a_{1n}y_1+a_{2n}y_2+\cdots+a_{mn}y_m\geqslant c_n\\y_i\geqslant 0\quad (i=1,2,\cdots,m)\end{cases}$$

或用矩阵与向量的形式来描述，一般地，对于如下形式的线性规划问题：

$$\text{(LP)}\qquad \begin{aligned}&\max \boldsymbol{c}^{\mathrm{T}}\boldsymbol{x}\\&\text{s. t.}\begin{cases}\boldsymbol{A}\boldsymbol{x}\leqslant\boldsymbol{b}\\\boldsymbol{x}\geqslant\boldsymbol{0}\end{cases}\end{aligned}\qquad (3.5)$$

都可以类似写出如下的对偶线性规划问题：

$$\text{(DP)}\qquad \begin{aligned}&\max \boldsymbol{b}^{\mathrm{T}}\boldsymbol{y}\\&\text{s. t.}\begin{cases}\boldsymbol{A}^{\mathrm{T}}\boldsymbol{y}\geqslant\boldsymbol{c}\\\boldsymbol{y}\geqslant\boldsymbol{0}\end{cases}\end{aligned}\qquad (3.6)$$

从对偶问题的提出可知，对偶决策变量 y_i 代表对第 i 种资源的估价，这种估价不是资源的市场价格，而是根据资源在生产中的贡献而给出的一种价值判断。为了将该价格与市场价格相区别，称其为**影子价格**(shadow price)。

如果我们将目标函数求极大值、约束条件取小于等于号、决策变量非负的线性规划问题称为**对称形式的原问题**，上面对偶问题的提出已经揭示了对称形式的原问题与其对偶问题的对应关系，这些对应关系可概括为：

① 原问题目标函数求极大值，对偶问题目标函数求极小值；

② 原问题约束条件的数目等于对偶问题决策变量的数目；

③ 原问题决策变量的数目等于对偶问题约束条件的数目；

④ 原问题的价值系数成为对偶问题的资源系数；

⑤ 原问题的资源系数成为对偶问题的价值系数；

⑥ 原问题的技术系数矩阵与对偶问题的技术系数矩阵互为转置；

⑦ 原问题约束条件为小于等于号，对偶问题决策变量大于等于零；

⑧ 原问题决策变量大于等于零，对偶问题约束条件为大于等于号。

对于一般的“非对称形式”的线性规划问题，同样也有其对偶的线性规划问题，下面通过一个例子来看如何写出一般线性规划问题的对偶问题。

例 3.1　给出下面线性规划问题的对偶问题：

$$\max z = x_1 + 2x_2 + 3x_3$$

$$\begin{cases} x_1 + x_2 + x_3 \leqslant 4 \\ x_1 - 2x_2 + 3x_3 \geqslant 5 \\ x_1 + 2x_2 - x_3 = 6 \\ x_1, x_2 \geqslant 0, x_3 \text{ 无约束} \end{cases} \tag{3.7}$$

解 首先将其转化成"对称"形式。

(1) 将第二个不等式两边同乘"-1",可得:

$$-x_1 + 2x_2 - 3x_3 \leqslant -5$$

(2) 将第三个等式表示成等价的两个不等式,可得:

$$x_1 + 2x_2 - x_3 \leqslant 6$$

$$x_1 + 2x_2 - x_3 \geqslant 6$$

(3) 将 $x_1 + 2x_2 - 3x_3 \geqslant 6$ 两边同乘"-1",可得:

$$-x_1 - 2x_2 + x_3 \leqslant -6$$

(4) 将本线性规划问题中所有的 x_3 用 $x_3' - x_3''$来代替,其中 $x_3' \geqslant 0$, $x_3'' \geqslant 0$,于是此问题的对称形式为:

$$\max z = x_1 + 2x_2 + 3x_3' - 3x_3''$$

$$\begin{cases} x_1 + x_2 + x_3' - x_3'' \leqslant 4 \\ -x_1 + 2x_2 - 3x_3' + 3x_3'' \leqslant -5 \\ x_1 + 2x_2 - x_3' + x_3'' \leqslant 6 \\ -x_1 - 2x_2 + x_3' - x_3'' \leqslant -6 \\ x_1, x_2, x_3', x_3'' \geqslant 0 \end{cases}$$

利用上述对称形式的原问题与其对偶问题的对应关系,可写出其对偶问题:

$$\min w = 4z_1 - 5z_2 + 6z_3 - 6z_4$$

$$\begin{cases} z_1 - z_2 + z_3 - z_4 \geqslant 1 \\ z_1 + 2z_2 + 2z_3 - 2z_4 \geqslant 2 \\ z_1 - 3z_2 - z_3 + z_4 \geqslant 3 \\ -z_1 + 3z_2 + z_3 - z_4 \geqslant -3 \\ z_1, z_2, z_3, z_4 \geqslant 0 \end{cases}$$

令 $y_1 = z_1, y_2 = -z_2, y_3 = z_3 - z_4$,有:

$$\min w = 4y_1 + 5y_2 + 6y_3$$

$$\begin{cases} y_1 + y_2 + y_3 \geqslant 1 \\ y_1 - 2y_2 + 2y_3 \geqslant 2 \\ y_1 + 3y_2 - y_3 = 3 \\ y_1 \geqslant 0, y_2 \leqslant 0, y_3 \text{ 无约束} \end{cases} \tag{3.8}$$

这就是原问题的对偶问题。

此例反映出原问题(max)约束条件不等号的方向,决定对偶决策变量取值的正负。原问题(max)约束条件取等号,那么与之对应的对偶变量取值无约束;原问题(max)约束条件取小于等于号,那么与之对应的对偶变量取值非负;原问题(max)约束条件取大于等于号,那么与之对应的对偶变量取值非正。原问题(max)决策变量的取值,决定其对偶约束条件不等号的方向。原问题(max)决策变量取值无约束,其相应的对偶约束条件取等号;原问题(max)决策变量取值非负,那么与之对应的对偶约束条件取大于等于号;原问题(max)决策变量取值非正,那么与之对应的对偶约束条件取小于等于号。这些对应关系虽然是由这一特例得出的,但它们具有普遍的意义,这一点同样可以用例 3.1 的方法得到证明。同样的方法也可得到如下定理。

定理 3.1.1(对称性定理)　一个一般的线性规划问题的对偶的对偶就是原线性规划问题。

下面的表 3.2 给出了原问题与其对偶问题的一般对应关系。

表 3.2

<table>
<tr><th colspan="2">原问题</th><th colspan="2">对偶问题</th></tr>
<tr><td colspan="2">目标函数(max)</td><td colspan="2">目标函数(min)</td></tr>
<tr><td rowspan="4">约束条件</td><td>m 个</td><td>m 个</td><td rowspan="4">决策变量</td></tr>
<tr><td>$\leqslant$</td><td>$\geqslant 0$</td></tr>
<tr><td>$\geqslant$</td><td>$\leqslant 0$</td></tr>
<tr><td>$=$</td><td>无约束</td></tr>
<tr><td rowspan="4">决策变量</td><td>n 个</td><td>n 个</td><td rowspan="4">约束条件</td></tr>
<tr><td>$\geqslant 0$</td><td>$\geqslant$</td></tr>
<tr><td>$\leqslant 0$</td><td>$\leqslant$</td></tr>
<tr><td>无约束</td><td>$=$</td></tr>
<tr><td colspan="2">约束条件右端项 $\boldsymbol{b}$</td><td colspan="2">目标函数价值系数 $\boldsymbol{b}^{\mathrm{T}}$</td></tr>
<tr><td colspan="2">目标函数价值系数 $\boldsymbol{c}^{\mathrm{T}}$</td><td colspan="2">约束条件右端项 $\boldsymbol{c}$</td></tr>
<tr><td colspan="2">约束条件系数矩阵 $\boldsymbol{A}$</td><td colspan="2">约束条件系数矩阵 $\boldsymbol{A}^{\mathrm{T}}$</td></tr>
</table>

例 3.2　写出下列线性规划的对偶问题:

$$\min z=25x_1+2x_2+3x_3$$

$$(\mathrm{LP5})\begin{cases} x_1+\ x_2-x_3\leqslant 1 \\ x_1+2x_2-x_3\geqslant 1 \\ 2x_1-\ x_2+x_3=1 \\ x_1\geqslant 0, x_2\leqslant 0, x_3\ \text{无约束} \end{cases}$$

解 原问题是 min 类型的线性规划问题,按照表 3.1 中从右到左的对应关系,可以写出(LP5)的对偶问题如下:

$$\max w = y_1 + y_2 + y_3$$

$$(\text{LP6})\begin{cases} y_1 + y_2 + 2y_3 \leqslant 25 \\ y_1 + 2y_2 - y_3 \geqslant 2 \\ -y_1 - y_2 + y_3 = 3 \\ y_1 \leqslant 0, y_2 \geqslant 0, y_3 \text{ 无约束} \end{cases}$$

事实上,每一个线性规划问题都有和它相伴随的另一个问题——对偶问题,一个问题称为**原问题**,则另一个则称为其**对偶问题**。原问题与对偶问题有着非常密切的关系,以至于可以根据一个问题的最优解,得出另一个问题最优解的全部信息。然而,对偶性质远不仅是一种奇妙的对应关系,它在理论和实践上都有着广泛的应用。

为方便叙述,本章以下部分如不特别说明,我们所说的原线性规划问题都是指形如式(3.5)的线性规划问题,而对偶问题则是指形如式(3.6)的线性规划问题。

§3.2 对偶问题的基本性质(对偶定理)

对于形如式(3.5)的线性规划问题(称为原问题或 LP)和形如式(3.6)的对偶线性规划问题(称为对偶问题或 DP)。有以下的基本定理和基本性质。

定理 3.2.1(弱对偶定理) 如果 $\boldsymbol{x}^{(0)}$ 是原问题的可行解,$\boldsymbol{y}^{(0)}$ 是对偶问题的可行解,则恒有

$$\boldsymbol{c}^{\mathrm{T}}\boldsymbol{x}^{(0)} \leqslant \boldsymbol{b}^{\mathrm{T}}\boldsymbol{y}^{(0)}$$

证明:$\boldsymbol{x}^{(0)}$ 是原问题的可行解,所以

$$\boldsymbol{A}\boldsymbol{x}^{(0)} \leqslant \boldsymbol{b} \tag{3.9}$$

$\boldsymbol{y}^{(0)}$ 是对偶问题的可行解,所以

$$\boldsymbol{A}^{\mathrm{T}}\boldsymbol{y}^{(0)} \geqslant \boldsymbol{c} \tag{3.10}$$

$\boldsymbol{x}^{(0)} \geqslant \boldsymbol{0}, \boldsymbol{y}^{(0)} \geqslant \boldsymbol{0}$,用 $\boldsymbol{y}^{(0)}$ 转置后左乘式(3.9),$\boldsymbol{x}^{(0)}$ 转置后左乘式(3.10),得:

$$\boldsymbol{y}^{(0)\mathrm{T}}\boldsymbol{A}\boldsymbol{x}^{(0)} \leqslant \boldsymbol{y}^{(0)\mathrm{T}}\boldsymbol{b} = \boldsymbol{b}^{\mathrm{T}}\boldsymbol{y}^{(0)}, \quad \boldsymbol{x}^{(0)\mathrm{T}}\boldsymbol{A}\boldsymbol{y}^{(0)} \geqslant \boldsymbol{x}^{(0)\mathrm{T}}\boldsymbol{c} = \boldsymbol{c}^{\mathrm{T}}\boldsymbol{x}^{(0)}$$

所以有:

$$\boldsymbol{c}^{\mathrm{T}}\boldsymbol{x}^{(0)} \leqslant \boldsymbol{x}^{(0)\mathrm{T}}\boldsymbol{A}^{\mathrm{T}}\boldsymbol{y}^{(0)} = \boldsymbol{y}^{(0)\mathrm{T}}\boldsymbol{A}\boldsymbol{x}^{(0)} \leqslant \boldsymbol{b}^{\mathrm{T}}\boldsymbol{y}^{(0)}$$

证毕。

推论 3.2.1 原问题任一可行解的目标函数值是其对偶问题目标函数值的下界;反之对偶问题任一可行解的目标函数值是其原问题目标函数值的上界。

定理 3.2.2(最优准则定理) 如果 $\boldsymbol{x}^{(0)}$ 是原问题的可行解,$\boldsymbol{y}^{(0)}$ 是对偶问题的可行解,则当 $\boldsymbol{c}^{\mathrm{T}}\boldsymbol{x}^{(0)} = \boldsymbol{b}^{\mathrm{T}}\boldsymbol{y}^{(0)}$ 时,$\boldsymbol{x}^{(0)}$、$\boldsymbol{y}^{(0)}$ 分别为各自问题的最优解。

证明:设 $\boldsymbol{x}$ 是 LP 的任一个可行解,则有:

$$c^{\mathrm{T}}x \leqslant b^{\mathrm{T}}y^{(0)} = c^{\mathrm{T}}x^{(0)}$$

所以 $x^{(0)}$ 是原问题的最优解。

类似地，设 y 是对偶问题的任一个可行解，则有：

$$b^{\mathrm{T}}y \geqslant c^{\mathrm{T}}x^{(0)} = b^{\mathrm{T}}y^{(0)}$$

所以 $y^{(0)}$ 是对偶问题的最优解。

证毕。

定理 3.2.3(最优解存在定理)　若原问题和对偶问题同时存在可行解，则它们必都存在最优解。

证明：最大化问题 LP 的目标函数值有上界，所以一定有最优解，类似地，最小化问题 DP 的目标函数值有下界，所以也一定有最优解。

证毕。

定理 3.2.4(无界解定理)　若原问题(或对偶问题)有可行解且目标函数值无界，则其对偶问题(或原问题)无可行解。

证明：(反证法)设原问题目标函数为极大值，无上界，对偶问题有可行解 $y^{(0)}$，设 x 是 LP 的任一个可行解，则有：$c^{\mathrm{T}}x \leqslant b^{\mathrm{T}}y^{(0)}$。根据定理 3.5，原问题存在最优解，与假设矛盾。

证毕。

注：此定理的逆命题不成立，即当原问题(或对偶问题)无可行解时，其对偶问题(或原问题)可能无可行解，但也可能有无界解。

例如，下面一对问题皆无可行解：

原问题(LP)

$$\max z = x_1 + x_2$$

$$\begin{cases} x_1 - x_2 \leqslant -1 \\ -x_1 + x_2 \leqslant -1 \\ x_1, x_2 \geqslant 0 \end{cases}$$

对偶问题(DP)

$$\min w = -y_1 - y_2$$

$$\begin{cases} y_1 - y_2 \geqslant 1 \\ -y_1 + y_2 \geqslant 1 \\ y_1, y_2 \geqslant 0 \end{cases}$$

定理 3.2.5(强对偶性定理)　如果原问题和对偶问题中有一个有最优解，则另一个问题也必存在最优解，且两个问题的最优解的目标函数值相等。

证明：设 LP 存在最优解，将其化为标准形式，则有：

$$\max z = c^{\mathrm{T}}x + c_a^{\mathrm{T}}x_a$$

$$(\mathrm{LP})\quad \begin{cases} Ax + Ix_a = b \\ x \geqslant 0, x_a \geqslant 0 \end{cases}$$

其中，x_a 为松弛变量，c_a 为其价值系数($c_a = 0$)，设原问题的最优解为 $x^{(0)}$，基为 B，令：$x^* = \begin{pmatrix} x^{(0)} \\ x_a \end{pmatrix}$，这时单纯性表中的检验数为 $\sigma_j = c_j - c_B^{\mathrm{T}}B^{-1}p_j \leqslant 0 (j = 1, \cdots, n+m)$，写成向量形式为：

$$(c^{\mathrm{T}}, c_a^{\mathrm{T}}) - c_B^{\mathrm{T}}B^{-1}(A, I) \leqslant 0$$

即

$$\begin{cases}\boldsymbol{c}^{\mathrm{T}}-\boldsymbol{c}_{\mathrm{B}}^{\mathrm{T}}\boldsymbol{B}^{-1}\boldsymbol{A}\leqslant\boldsymbol{0}\\ \boldsymbol{c}_{a}^{\mathrm{T}}-\boldsymbol{c}_{\mathrm{B}}^{\mathrm{T}}\boldsymbol{B}^{-1}\boldsymbol{I}\leqslant\boldsymbol{0}\end{cases}$$

亦即：

$$\begin{cases}\boldsymbol{c}_{\mathrm{B}}^{\mathrm{T}}\boldsymbol{B}^{-1}\boldsymbol{A}\geqslant\boldsymbol{c}^{\mathrm{T}}\\ \boldsymbol{c}_{\mathrm{B}}^{\mathrm{T}}\boldsymbol{B}^{-1}\geqslant\boldsymbol{0}\end{cases}$$

令 $\boldsymbol{y}^{(0)}=(\boldsymbol{B}^{-1})^{\mathrm{T}}\boldsymbol{c}_{\mathrm{B}}$，则有$\begin{cases}\boldsymbol{A}^{\mathrm{T}}\boldsymbol{y}^{(0)}\geqslant\boldsymbol{c}\\ \boldsymbol{y}^{(0)}\geqslant\boldsymbol{0}\end{cases}$，即 $\boldsymbol{y}^{(0)}$ 是对偶问题的一个可行解。又：

$$\boldsymbol{b}^{\mathrm{T}}\boldsymbol{y}^{(0)}=\boldsymbol{b}^{\mathrm{T}}(\boldsymbol{B}^{-1})^{\mathrm{T}}\boldsymbol{c}_{\mathrm{B}}=(\boldsymbol{B}^{-1}\boldsymbol{b})^{\mathrm{T}}\boldsymbol{c}_{\mathrm{B}}=\boldsymbol{c}_{\mathrm{B}}^{\mathrm{T}}\boldsymbol{B}^{-1}\boldsymbol{b}=\boldsymbol{c}_{\mathrm{B}}^{\mathrm{T}}\boldsymbol{x}_{\mathrm{B}}=\boldsymbol{c}^{\mathrm{T}}\boldsymbol{x}^{(0)}$$

根据定理 3.2.2，$\boldsymbol{y}^{(0)}$ 是对偶问题的最优解，而且两个问题的最优解的目标函数值相等。

由对称性定理，若对偶问题中有最优解，同样可得到原问题也会有最优解。

证毕。

推论 3.2.2 设 $\boldsymbol{x}^{(0)}$，$\boldsymbol{y}^{(0)}$ 分别是对称形式的原问题式(3.5)和其对偶问题式(3.6)的可行解，则 $\boldsymbol{x}^{(0)}$，$\boldsymbol{y}^{(0)}$ 分别是原问题和对偶问题的最优解的充分必要条件为 $\boldsymbol{c}^{\mathrm{T}}\boldsymbol{x}^{(0)}=\boldsymbol{b}^{\mathrm{T}}\boldsymbol{y}^{(0)}$。

证明：由定理 3.2.2 和定理 3.2.5 可得。

证毕。

推论 3.2.3 若原问题式(3.5)有最优解，则在其最优单纯形表中，松弛变量的检验数的负值即为对偶问题的一个最优解。

证明：由定理 3.2.5 的证明过程即可得到结论。

证毕。

总结上面的几个定理，我们可以看出：原问题与对偶问题的解之间只有以下 3 种可能的关系：

① 两个问题都有可行解，从而都有最优解；

② 一个为无界，另一个必无可行解；

③ 两个都无可行解。

定理 3.2.6(互补松弛性定理) (向量形式)设 $\boldsymbol{x}$，$\boldsymbol{y}$ 分别是对称形式的原问题式(3.5)和其对偶问题式(3.6)的可行解，则 $\boldsymbol{x}$，$\boldsymbol{y}$ 分别是原问题和对偶问题的最优解的充分必要条件为：

$$\begin{cases}(\boldsymbol{A}\boldsymbol{x}-\boldsymbol{b})^{\mathrm{T}}\boldsymbol{y}=\boldsymbol{0}\\ \boldsymbol{x}^{\mathrm{T}}(\boldsymbol{A}^{\mathrm{T}}\boldsymbol{y}-\boldsymbol{c})=\boldsymbol{0}\end{cases}$$

(分量形式)设 $\boldsymbol{x}=(x_1,x_2,\cdots,x_n)^{\mathrm{T}}$，$\boldsymbol{y}=(y_1,y_2,\cdots,y_n)^{\mathrm{T}}$ 分别是原问题式(3.5)和其对偶问题式(3.6)的可行解，则 $\boldsymbol{x}$，$\boldsymbol{y}$ 分别是原问题和对偶问题的最优解的充分必要条件为：

$$\begin{cases}\left(\sum_{j=1}^{n}a_{ij}x_j-b_i\right)y_i=0 & (i=1,2,\cdots,m)\\ x_i\left(\sum_{i=1}^{m}a_{ij}y_i-b_j\right)=0 & (j=1,2,\cdots,n)\end{cases}$$

证明:(只需证明向量形式成立即可)设原问题和对偶问题的标准形式是:

$$\text{(LP)}\quad \max z=\boldsymbol{c}^{\mathrm{T}}\boldsymbol{x}\quad \begin{cases}\boldsymbol{A}\boldsymbol{x}+\boldsymbol{x}_{\mathrm{S}}=\boldsymbol{b}\\ \boldsymbol{x}\geqslant\boldsymbol{0},\boldsymbol{x}_{\mathrm{S}}\geqslant\boldsymbol{0}\end{cases}\qquad \text{(DP)}\quad \min w=\boldsymbol{b}^{\mathrm{T}}\boldsymbol{y}\quad \begin{cases}\boldsymbol{A}^{\mathrm{T}}\boldsymbol{y}-\boldsymbol{y}_{\mathrm{S}}=\boldsymbol{c}\\ \boldsymbol{y}\geqslant\boldsymbol{0},\boldsymbol{y}_{\mathrm{S}}\geqslant\boldsymbol{0}\end{cases}$$

则:

$$\begin{cases}z=\boldsymbol{c}^{\mathrm{T}}\boldsymbol{x}=(\boldsymbol{A}^{\mathrm{T}}\boldsymbol{y}-\boldsymbol{y}_{\mathrm{S}})^{\mathrm{T}}\boldsymbol{x}=\boldsymbol{y}^{\mathrm{T}}\boldsymbol{A}\boldsymbol{x}-\boldsymbol{y}_{\mathrm{S}}^{\mathrm{T}}\boldsymbol{x}\\ w=\boldsymbol{b}^{\mathrm{T}}\boldsymbol{y}=(\boldsymbol{A}\boldsymbol{x}+\boldsymbol{x}_{\mathrm{S}})^{\mathrm{T}}\boldsymbol{y}=\boldsymbol{x}^{\mathrm{T}}\boldsymbol{A}\boldsymbol{y}+\boldsymbol{x}_{\mathrm{S}}^{\mathrm{T}}\boldsymbol{y}=\boldsymbol{y}^{\mathrm{T}}\boldsymbol{A}\boldsymbol{x}+\boldsymbol{x}_{\mathrm{S}}^{\mathrm{T}}\boldsymbol{y}\end{cases}$$

此时显然有 $z=\boldsymbol{c}^{\mathrm{T}}\boldsymbol{x}\leqslant\boldsymbol{b}^{\mathrm{T}}\boldsymbol{y}=w$ 成立,下面我们来说明:$\begin{cases}(\boldsymbol{A}\boldsymbol{x}-\boldsymbol{b})^{\mathrm{T}}\boldsymbol{y}=\boldsymbol{0}\\ \boldsymbol{x}^{\mathrm{T}}(\boldsymbol{A}^{\mathrm{T}}\boldsymbol{y}-\boldsymbol{c})=\boldsymbol{0}\end{cases}$ 的充分必要条件为 $\boldsymbol{x},\boldsymbol{y}$ 分别是原问题和对偶问题的最优解。

$$\begin{cases}(\boldsymbol{A}\boldsymbol{x}-\boldsymbol{b})^{\mathrm{T}}\boldsymbol{y}=\boldsymbol{0}\\ \boldsymbol{x}^{\mathrm{T}}(\boldsymbol{A}^{\mathrm{T}}\boldsymbol{y}-\boldsymbol{c})=\boldsymbol{0}\end{cases}$$

$$\Leftrightarrow\begin{cases}\boldsymbol{x}^{\mathrm{T}}\boldsymbol{A}^{\mathrm{T}}\boldsymbol{y}=\boldsymbol{y}^{\mathrm{T}}\boldsymbol{A}\boldsymbol{x}=\boldsymbol{b}^{\mathrm{T}}\boldsymbol{y}\\ \boldsymbol{x}^{\mathrm{T}}\boldsymbol{A}^{\mathrm{T}}\boldsymbol{y}=\boldsymbol{y}^{\mathrm{T}}\boldsymbol{A}\boldsymbol{x}=\boldsymbol{c}^{\mathrm{T}}\boldsymbol{x}\end{cases}$$

$$\Leftrightarrow\boldsymbol{y}_{\mathrm{S}}^{\mathrm{T}}\boldsymbol{x}=\boldsymbol{x}^{\mathrm{T}}\boldsymbol{y}_{\mathrm{S}}=\boldsymbol{0}$$

$$\Leftrightarrow\boldsymbol{c}^{\mathrm{T}}\boldsymbol{x}=z=\boldsymbol{y}^{\mathrm{T}}\boldsymbol{A}\boldsymbol{x}=w=\boldsymbol{b}^{\mathrm{T}}\boldsymbol{y}$$

$\Leftrightarrow\boldsymbol{x},\boldsymbol{y}$ 分别是原问题和对偶问题的最优解。

最后一个“⇔”由推论 3.2.2 可得。

证毕。

注:定理 3.2.6 说明在线性规划问题的最优解中,如果对应某一约束条件的对偶变量值为非零(变量为松的),则该约束取严格等式(称为紧的约束),如果约束条件取严格不等式(称为松的约束),则其对应的对偶变量一定为零(变量为紧的)。

利用互补松弛性定理可以在已知一个问题的最优解时,求其对偶问题的最优解。

例 3.3　已知下列问题(LP)的最优解为 $\boldsymbol{x}^*=(1/7,11/7)^{\mathrm{T}}$,用互补松弛定理求其对偶问题的最优解。

$$\text{(LP)}\quad \max z=x_1+2x_2\quad \begin{cases}3x_1+x_2\leqslant 2\\ -x_1+2x_2\leqslant 3\\ x_1-3x_2\leqslant 1\\ x_1,x_2\geqslant 0\end{cases}\qquad \text{(DP)}\quad \min w=2y_1+3y_2+y_3\quad \begin{cases}3y_1-y_2+y_3\geqslant 1\\ y_1+2y_2-3y_3\geqslant 2\\ y_1,y_2,y_3\geqslant 0\end{cases}$$

解　第一步,写出对偶问题 DP(右上)。

第二步,将 LP、DP 都化为标准形式:

$$\max z=x_1+2x_2$$

$$\text{(LP)}\quad\begin{cases}3x_1+x_2+x_{1S}=2\\-x_1+2x_2+x_{2S}=3\\x_1-3x_2+x_{3S}=1\\x_1,x_2\geqslant 0,x_{1S,2S,3S}\geqslant 0\end{cases}$$

$$\min w=2y_1+3y_2+y_3$$

$$\text{(DP)}\quad\begin{cases}3y_1-y_2+y_3-y_{1S}=1\\y_1+2y_2-3y_3-y_{2S}=2\\y_1,y_2,y_3\geqslant 0,y_{1S},y_{2S}\geqslant 0\end{cases}$$

第三步，将最优解代入标准型中，确定松弛变量取值：

$$\begin{cases}3\times\frac{1}{7}+\frac{11}{7}+x_{1S}=2\\-\frac{1}{7}+2\times\frac{11}{7}+x_{2S}=3\\\frac{1}{7}-3\times\frac{11}{7}+x_{3S}=1\end{cases}\Rightarrow\begin{cases}x_{1S}=0\\x_{2S}=0\\x_{3S}=\frac{32}{7}\end{cases}$$

第四步，利用互补松弛定理：

$$\boldsymbol{y}^*\boldsymbol{x}_S=(y_1^*,y_2^*,y_3^*)\begin{pmatrix}x_{1S}\\x_{2S}\\x_{3S}\end{pmatrix}=y_1^*x_{1S}+y_2^*x_{2S}+y_3^*x_{3S}=0$$

所以

$$y_3^*=0$$

$$\boldsymbol{y}_S\boldsymbol{x}^*=(y_{1S},y_{2S})\begin{pmatrix}x_1^*\\x_2^*\end{pmatrix}=y_{1S}x_1^*+y_{2S}x_2^*=0$$

所以

$$y_{1S}=0,y_{2S}=0$$

第五步，将 $y_3^*=0,y_{1S}=0,y_{2S}=0$ 代入 DP 的约束条件，则有：

$$\begin{cases}3y_1^*-y_2^*=1\\y_1^*+2y_2^*=2\end{cases}\Rightarrow y_1^*=\frac{4}{7},y_2^*=\frac{5}{7}$$

所以对偶问题的最优解为 $\boldsymbol{y}^*=(4/7,5/7,0)^{\mathrm{T}}$。

§3.3 单纯形法的矩阵描述

对于对称形式的线性规划问题：

$$\max z=\boldsymbol{c}^{\mathrm{T}}\boldsymbol{x}$$
$$\begin{cases}\boldsymbol{Ax}\leqslant\boldsymbol{b}\\ \boldsymbol{x}\geqslant\boldsymbol{0}\end{cases}$$

其标准形式为

$$\max z=\boldsymbol{c}^{\mathrm{T}}\boldsymbol{x}$$
$$\begin{cases}\boldsymbol{Ax}+\boldsymbol{Ix}_{\mathrm{S}}=\boldsymbol{b}\\ \boldsymbol{x}\geqslant\boldsymbol{0},\boldsymbol{x}_{\mathrm{S}}\geqslant\boldsymbol{0}\end{cases}$$

其中 $\boldsymbol{x}_{\mathrm{S}}$ 为松弛变量，$\boldsymbol{x}_{\mathrm{S}}=(x_{n+1},x_{n+1},\cdots,x_{n+m})^{\mathrm{T}}$，$\boldsymbol{I}$ 为 $m\times m$ 矩阵，开始取 $\boldsymbol{x}_{\mathrm{S}}$ 为基变量，设若干步迭代后，基变量为 $\boldsymbol{x}_{\mathrm{B}}$，$\boldsymbol{x}_{\mathrm{B}}$ 在初始单纯形表中的系数矩阵为 $\boldsymbol{B}$，而 $\boldsymbol{A}$ 中去掉 $\boldsymbol{B}$ 的若干列组成矩阵 $\boldsymbol{N}$，即：$\boldsymbol{A}=(\boldsymbol{B},\boldsymbol{N})$，$\boldsymbol{x}=\begin{pmatrix}\boldsymbol{x}_{\mathrm{B}}\\ \boldsymbol{x}_{\mathrm{N}}\end{pmatrix}$，$\boldsymbol{c}=\begin{pmatrix}\boldsymbol{c}_{\mathrm{B}}\\ \boldsymbol{c}_{\mathrm{N}}\end{pmatrix}$，则 $\boldsymbol{Ax}+\boldsymbol{Ix}_{\mathrm{S}}=\boldsymbol{b}$ 可以表示为 $\boldsymbol{Bx}_{\mathrm{B}}+\boldsymbol{Nx}_{\mathrm{N}}+\boldsymbol{Ix}_{\mathrm{S}}=\boldsymbol{b}$ 或 $(\boldsymbol{B},\boldsymbol{N},\boldsymbol{I})\begin{bmatrix}\boldsymbol{x}_{\mathrm{B}}\\ \boldsymbol{x}_{\mathrm{N}}\\ \boldsymbol{x}_{\mathrm{S}}\end{bmatrix}=\boldsymbol{b}$。

则初始单纯形表见表 3.3，迭代后的单纯形表见表 3.4。

表 3.3

			非基变量		基变量
$\boldsymbol{c}_{\mathrm{B}}$	基	$\boldsymbol{b}$	$\boldsymbol{x}_{\mathrm{B}}$	$\boldsymbol{x}_{\mathrm{N}}$	$\boldsymbol{x}_{\mathrm{S}}$
$\boldsymbol{0}$	$\boldsymbol{x}_{\mathrm{S}}$	$\boldsymbol{b}$	$\boldsymbol{B}$	$\boldsymbol{N}$	$\boldsymbol{I}$
	$-z$	0	$\boldsymbol{c}_{\mathrm{B}}^{\mathrm{T}}$	$\boldsymbol{c}_{\mathrm{N}}^{\mathrm{T}}$	0

表 3.4

			基变量	非基变量	
$\boldsymbol{c}_{\mathrm{B}}$	基	$\boldsymbol{b}$	$\boldsymbol{x}_{\mathrm{B}}$	$\boldsymbol{x}_{\mathrm{N}}$	$\boldsymbol{x}_{\mathrm{S}}$
$\boldsymbol{c}_{\mathrm{B}}$	$\boldsymbol{x}_{\mathrm{B}}$	$\boldsymbol{B}^{-1}\boldsymbol{b}$	$\boldsymbol{I}$	$\boldsymbol{B}^{-1}\boldsymbol{N}$	$\boldsymbol{B}^{-1}$
	$-z$	$-\boldsymbol{c}_{\mathrm{B}}^{\mathrm{T}}\boldsymbol{B}^{-1}\boldsymbol{b}$	$\boldsymbol{0}$	$\boldsymbol{c}_{\mathrm{N}}^{\mathrm{T}}-\boldsymbol{c}_{\mathrm{B}}^{\mathrm{T}}\boldsymbol{B}^{-1}\boldsymbol{N}$	$-\boldsymbol{c}_{\mathrm{B}}^{\mathrm{T}}\boldsymbol{B}^{-1}$

从表中看出：

① 对应初始单纯形表中的单位矩阵 $\boldsymbol{I}$，迭代后的单纯形表中为 $\boldsymbol{B}^{-1}$。

② 初始单纯形表中的基变量 $\boldsymbol{x}_{\mathrm{S}}=\boldsymbol{b}$，迭代后为 $\boldsymbol{x}_{\mathrm{B}}=\boldsymbol{B}^{-1}\boldsymbol{b}$。

③ 初始单纯形表中约束系数矩阵 $[\boldsymbol{A},\boldsymbol{I}]=[\boldsymbol{B},\boldsymbol{N},\boldsymbol{I}]$，迭代后的表中为

$$[\boldsymbol{B}^{-1}\boldsymbol{A},\boldsymbol{B}^{-1}\boldsymbol{I}]=[\boldsymbol{B}^{-1}\boldsymbol{B},\boldsymbol{B}^{-1}\boldsymbol{N},\boldsymbol{B}^{-1}]=[\boldsymbol{I},\boldsymbol{B}^{-1}\boldsymbol{N},\boldsymbol{B}^{-1}]$$

④ 若初始矩阵中变量 x_j 的系数列向量为 $\boldsymbol{P}_j$，迭代后为 $\boldsymbol{P}_j'$，则 $\boldsymbol{P}_j'=\boldsymbol{B}^{-1}\boldsymbol{P}_j$。

⑤ 当 $\boldsymbol{B}$ 为最优基时，应有$\begin{cases}\boldsymbol{c}_{\mathrm{N}}^{\mathrm{T}}-\boldsymbol{c}_{\mathrm{B}}^{\mathrm{T}}\boldsymbol{B}^{-1}\boldsymbol{N}\leqslant\boldsymbol{0}\\ -\boldsymbol{c}_{\mathrm{B}}^{\mathrm{T}}\boldsymbol{B}^{-1}\leqslant\boldsymbol{0}\end{cases}$，又因为 $\boldsymbol{x}_{\mathrm{B}}$ 的检验数可写成 $\boldsymbol{c}_{\mathrm{B}}^{\mathrm{T}}-\boldsymbol{c}_{\mathrm{B}}^{\mathrm{T}}\boldsymbol{I}=\boldsymbol{0}$ $\Leftrightarrow\boldsymbol{c}_{\mathrm{B}}^{\mathrm{T}}-\boldsymbol{c}_{\mathrm{B}}^{\mathrm{T}}\boldsymbol{B}^{-1}\boldsymbol{B}=\boldsymbol{0}$，将此两式合并，则有：

$$\begin{cases} \boldsymbol{c}^{\mathrm{T}}-\boldsymbol{c}_{\mathrm{B}}^{\mathrm{T}}\boldsymbol{B}^{-1}\boldsymbol{A}\leqslant \boldsymbol{0} \\ -\boldsymbol{c}_{\mathrm{B}}^{\mathrm{T}}\boldsymbol{B}^{-1}\leqslant \boldsymbol{0} \end{cases}$$

⑥ $\boldsymbol{c}_{\mathrm{B}}^{\mathrm{T}}\boldsymbol{B}^{-1}$称为单纯形因子，令 $\boldsymbol{c}_{\mathrm{B}}^{\mathrm{T}}\boldsymbol{B}^{-1}=\boldsymbol{y}^{\mathrm{T}}$，则有$\begin{cases} \boldsymbol{A}^{\mathrm{T}}\boldsymbol{y}\geqslant c \\ \boldsymbol{y}\geqslant \boldsymbol{0} \end{cases}$，即 $\boldsymbol{c}_{\mathrm{B}}^{\mathrm{T}}\boldsymbol{B}^{-1}=\boldsymbol{y}$，检验数行的相反数，恰好是对偶问题的可行解。将 $\boldsymbol{y}=\boldsymbol{c}_{\mathrm{B}}^{\mathrm{T}}\boldsymbol{B}^{-1}$ 代入对偶问题的目标函数值，$w=\boldsymbol{b}^{\mathrm{T}}\boldsymbol{y}=\boldsymbol{b}^{\mathrm{T}}(\boldsymbol{c}_{\mathrm{B}}^{\mathrm{T}}\boldsymbol{B}^{-1})=z$。所以当原问题为最优解时，对偶问题为可行解，且两者目标函数值相同，根据对偶问题的基本性质，可以看到这时对偶问题的解也为最优解。这实际上为我们提供了另外一种求解线性规划问题的方法，即下面的对偶单纯形方法。

§3.4 对偶单纯形方法

对下面的线性规划问题，

$$\max \boldsymbol{c}^{\mathrm{T}}\boldsymbol{x}$$
$$\text{s.t.}\begin{cases} \boldsymbol{A}\boldsymbol{x}=\boldsymbol{b} \\ \boldsymbol{x}\geqslant \boldsymbol{0} \end{cases} \tag{3.11}$$

用单纯形方法求解时，最优性准则是：当基本可行解 $\boldsymbol{x}$ 对应的检验数向量有

$$\boldsymbol{\sigma}^{\mathrm{T}}=\boldsymbol{c}^{\mathrm{T}}-\boldsymbol{c}_{\mathrm{B}}^{\mathrm{T}}\boldsymbol{B}^{-1}\boldsymbol{A}=\boldsymbol{c}^{\mathrm{T}}-\boldsymbol{y}^{\mathrm{T}}\boldsymbol{A}\leqslant \boldsymbol{0} \tag{3.12}$$

时，$\boldsymbol{x}$ 为最优解。其中 $\boldsymbol{B}$ 为 $\boldsymbol{x}$ 对应的可行基，$\boldsymbol{y}^{\mathrm{T}}=\boldsymbol{c}_{\mathrm{B}}^{\mathrm{T}}\boldsymbol{B}^{-1}$。可以认为式(3.12)是对偶变量 $\boldsymbol{y}^{\mathrm{T}}=\boldsymbol{c}_{\mathrm{B}}^{\mathrm{T}}\boldsymbol{B}^{-1}$的可行性表示。因此单纯形方法可以解释为它是在保持一个原始问题可行解的前提下，向对偶可行解的方向迭代，这样的算法称为原始算法。同样，我们可以从一个对偶可行解开始，保持对偶问题的可行性，向原始可行解的方向迭代，这样的算法称为对偶单纯形法。

假设已有原始问题的一个基本解(但不是可行解)和一个对偶问题的可行解(即原问题的检验数向量 $\boldsymbol{\sigma}\leqslant 0$)，那么，为减少原始问题的不可行性，我们选择这样一个行 r，作为旋转行，它对应于原始不可行解的分量 $\bar{b}_r<0$。通过旋转变换，我们希望增加当前的目标函数值 z，且保持对偶解的可行性。假设以 $\bar{a}_{rk}$ 为旋转元作旋转变换，目标函数值变为 $\hat{z}=z-\frac{\bar{b}_r}{\bar{a}_{rk}}\sigma_k$，新的检验数为 $\bar{\sigma}_j=\sigma_j-\frac{\bar{a}_{rj}}{\bar{a}_{rk}}\sigma_k$。因为已有 $\sigma_k\leqslant 0,\bar{b}_r<0$，要增加 z 值，则要求转轴元 $\bar{a}_{rk}<0$；要保持对偶的可行性，则要求：

$$\sigma_j-\frac{\bar{a}_{rj}}{\bar{a}_{rk}}\sigma_k\leqslant 0 \tag{3.13}$$

已有 $\bar{a}_{rk}<0,\sigma_k\leqslant 0,\sigma_j\leqslant 0$，故仅需对于 $\bar{a}_{rj}<0$ 的元素必须有

$$\frac{\sigma_j}{\bar{a}_{rj}}\geqslant \frac{\sigma_k}{\bar{a}_{rk}} \tag{3.14}$$

因此旋转列的选取由下式确定：

$$\min\left\{\frac{\sigma_j}{\bar{a}_{rj}}\,\middle|\,\bar{a}_{rj}<0,j=1,\cdots,n\right\}=\frac{\sigma_k}{\bar{a}_{rk}} \tag{3.15}$$

由此可以得到对偶单纯形法的计算步骤如下。

(1) 根据线性规划问题列出初始单纯形表，要求检验数非正(max，如果目标函数为 min 则要求检验数非负)，而对资源系数列向量 $\boldsymbol{b}$ 无非负的要求。若 $\boldsymbol{b}$ 非负，则已得到最优解 $\boldsymbol{x}=\begin{bmatrix}\boldsymbol{x}_B\\ \boldsymbol{x}_N\end{bmatrix}=\begin{bmatrix}\overline{\boldsymbol{b}}\\ \boldsymbol{0}\end{bmatrix}$，及最优值 $z=\boldsymbol{c}_B^T\overline{\boldsymbol{b}}$；若 $\boldsymbol{b}$ 列还存在负分量，转入下一步。

(2) 选择出基变量：在 $\boldsymbol{b}$ 列的负分量中选取绝对值最大的分量 $\min\{b_i \mid b_i<0\}$，该分量所在的行称为主行，主行所对应的基变量即为**出基变量**。

(3) 选择入基变量：若主行中所有的元素均为非负，则问题无可行解，停止；若主行中存在负元素，计算 $\theta=\min\left\{\frac{\sigma_j}{a_{ij}} \mid a_{ij}<0, j=1,\cdots,n\right\}$(这里的 a_{ij} 为主行中的元素)，最小比值发生的列所对应的变量即为**入基变量**。

(4) 迭代运算：同单纯形法一样，对偶单纯形法的迭代过程也是以主元素为轴所进行的旋转运算。

(5) 重复(1)～(4)步，直到问题得到解决。

对于如下线性规划问题：

$$\max\ \boldsymbol{c}^T\boldsymbol{x}(\boldsymbol{c}\leqslant\boldsymbol{0})$$
$$\text{s.t.}\begin{cases}\boldsymbol{A}\boldsymbol{x}\geqslant\boldsymbol{b} \quad (\boldsymbol{b}\geqslant\boldsymbol{0})\\ \boldsymbol{x}\geqslant\boldsymbol{0}\end{cases} \tag{3.16}$$

使用对偶单纯形法比用原始单纯形法更具有优越性。因为如果使用单纯形方法，首先，需要给问题式(3.16)增加 m 个剩余变量，再增加 m 个人工变量，用两阶段方法来求解。这使问题的规模增加了很多。但是，如果使用对偶单纯形方法，直接给问题式(3.16)增加 m 个剩余变量，就已经得到了原问题的满足最优性条件的不可行解，可以直接使用对偶单纯形方法来求解。

例 3.4　用对偶单纯形法求解下述线性规划问题：

$$\min z=x_1+4x_2+3x_4$$
$$\begin{cases}x_1+2x_2-x_3+x_4\geqslant 3\\ -2x_1-x_2+4x_3+x_4\geqslant 2\\ x_1,x_2,x_3,x_4\geqslant 0\end{cases}$$

解　引入松弛变量并转换成如下的标准形式：

$$\max -z=-x_1-4x_2-3x_4$$
$$\begin{cases}x_1+2x_2-x_3+x_4-x_5=3\\ -2x_1-x_2+4x_3+x_4-x_6=2\\ x_1,x_2,x_3,x_4,x_5,x_6\geqslant 0\end{cases}$$

① 将第一、第二约束条件方程两端同乘“-1”，取 x_5 和 x_6 为基变量可得表 3.5 所示的初始单纯形表，完成第一步。

表 3.5

c_j		-1	-4	0	-3	0	0	$\boldsymbol{b}$
c_B	x_B	x_1	x_2	x_3	x_4	x_5	x_6	
0	x_5	-1	-2	1	-1	1	0	-3
0	x_6	2	1	-4	-1	0	1	-2
σ_j		-1	-4	0	-3	0	0	$-z=0$

② 表 3.5 给出了原问题一个非可行的基解 $X^{(0)}=(0,0,0,0,-3,-2)^T$，转入第二步。

③ $\min\{-3,-2\}=-3$，所以第一行为主行，x_5 为出基变量，转入第三步。

④ $\theta=\min\left\{\frac{-1}{-1},\frac{-4}{-2},-,\frac{-3}{-1},-,-\right\}=1$，最小比值发生的第一列，故 x_1 为入基变量，转入第四步。

迭代过程：(1)主行除以主元素“－1”，目的是将主元素转换为“1”；(2)主行乘“2”加入第二行，目标是将同主元素同列的元素变为“0”；迭代结果见表 3.6。

表 3.6

$\boldsymbol{c}_j$		-1	-4	0	-3	0	0	$\boldsymbol{b}$
$\boldsymbol{C}_B$	$\boldsymbol{X}_B$	x_1	x_2	x_3	x_4	x_5	x_6	
1	x_1	1	2	-1	1	-1	0	3
0	x_6	0	-3	-2	-3	2	1	-8
σ_j		0	-2	-1	-2	-1	0	$-z=3$

因 $\boldsymbol{b}$ 列仍然存在负分量，所以需要继续迭代。同前可知，x_6 为出基变量，x_3 为入基变量，迭代结果见表 3.7。

表 3.7

c_j		-1	-4	0	-3	0	0	$\boldsymbol{b}$
$\boldsymbol{C}_B$	$\boldsymbol{X}_B$	x_1	x_2	x_3	x_4	x_5	x_6	
1	x_1	1	7/2	0	5/2	-2	-1/2	7
0	x_3	0	3/2	1	3/2	-1	-1/2	4
σ_j		0	-1/2	0	-1/2	-2	-1/2	$-z=7$

表 3.4 的 $\boldsymbol{b}$ 列已经不存在负分量，故表 3.9 给出了此问题的最优解 $\boldsymbol{x}^*=(7,0,4,0,0,0)^T$，最优值 $z^*=7$。

在对偶单纯形法中，总是存在着对偶问题的可行解，因此对于能用对偶单纯形法求解的线性规划来说，其解不存在无界的可能，即只能是有最优解或无可行解这两种情况中的一种。对偶单纯形法无可行解的识别是通过入基变量选择失败来加以反映的，即当主行的所有元素均为非负时，就可得出问题无可行解的结论。

例 3.5　观察下面的线性规划问题与其对偶问题在单纯形表中的对应关系：

$$\max z = 2x_1 + 3x_2$$

$$\text{s.t.}\begin{cases} x_1 + 2x_2 \leqslant 8 \\ 4x_1 \leqslant 16 \\ 4x_2 \leqslant 6 \\ x_1, x_2 \geqslant 0 \end{cases}$$

解　将数学模型转化为标准形式：

$$\max z = 2x_1 + 3x_2 + 0x_3 + 0x_4 + 0x_5$$

$$\begin{cases} x_1 + 2x_2 + x_3 = 8 \\ 4x_1 + x_4 = 16 \\ 4x_2 + x_5 = 12 \\ x_1, x_2, x_3, x_4, x_5 \geqslant 0 \end{cases}$$

写出对偶问题并转化为标准形式：

$$\min w = 8y_1 + 16y_2 + 12y_3$$

$$\begin{cases} y_1 + 4y_2 - y_4 = 2 \\ 2y_1 + 4y_3 - y_5 = 3 \\ y_1, y_2, y_3, y_4, y_5 \geqslant 0 \end{cases}$$

分别将第一、第二个约束条件方程两端乘“-1”：

$$-y_1 - 4y_2 + y_4 = -2$$

$$-2y_1 - 4y_3 + y_5 = -3$$

分别以 y_4, y_5 为基变量构造初始单纯形表，见表 3.8(注意这里的目标函数是 min)。

表 3.8

c_j		-8	-16	-12	0	0	$\boldsymbol{b}$
$\boldsymbol{C}_B$	$\boldsymbol{X}_B$	y_1	y_2	y_3	y_4	y_5	
0	y_4	-1	-4	0	1	0	-2
0	y_5	-2	0	-4	0	1	-3
σ_j		-8	-16	-12	0	0	

利用对偶单纯形法求解一步可得表 3.9～表 3.11。

表 3.9

c_j		-8	-16	-12	0	0	$\boldsymbol{b}$
$\boldsymbol{C}_B$	$\boldsymbol{X}_B$	y_1	y_2	y_3	y_4	y_5	
0	y_4	-1	-4	0	1	0	-2
12	y_3	1/2	0	1	0	-1/4	3/4
σ_j		-2	-16	0	0	-3	

表 3.10

c_j		-8	-16	-12	0	0	$\boldsymbol{b}$
$\boldsymbol{C}_B$	$\boldsymbol{X}_B$	y_1	y_2	y_3	y_4	y_5	
8	y_1	1	4	0	-1	0	2
12	y_3	0	-2	1	1/2	-1/4	-1/4
σ_j		0	-8	0	-2	-3	

表 3.11

c_j		-8	-16	-12	0	0	$\boldsymbol{b}$
$\boldsymbol{C}_B$	$\boldsymbol{X}_B$	y_1	y_2	y_3	y_4	y_5	
8	y_1	1	0	2	0	-1/2	3/2
16	y_2	0	1	-1/2	-1/4	1/8	1/8
σ_j		0	0	-4	-4	-2	$w=14$

将上述各表与单纯形算法中的相应表加以对照，不难得出原问题检验数对应其对偶问题基解的结论，对应关系见表 3.12。

表 3.12

	基变量 $\boldsymbol{x}_B$	非基变量 $\boldsymbol{x}_N$	松弛变量 $\boldsymbol{x}_S$
检验数	$\mathbf{0}$	$\boldsymbol{c}_N-\boldsymbol{c}_B\boldsymbol{B}^{-1}\boldsymbol{N}$	$-\boldsymbol{c}_B\boldsymbol{B}^{-1}$
对偶变量	$-\boldsymbol{y}_{S1}$	$-\boldsymbol{y}_{S2}$	$-\boldsymbol{y}$

对偶单纯形法的优点是原问题的初始解不要求是基可行解，可以从非可行的基解开始迭代，从而省去了引入人工变量的麻烦。当然对偶单纯形法的应用也是有前提条件的，这一前提条件就是对偶问题的解是基可行解，也就是说原问题所有变量的检验数必须非正(目标函数为 max)。可以说应用对偶单纯形法的前提条件十分苛刻，所以直接应用对偶单纯形法求解线性规划问题并不多见，对偶单纯形法重要的作用是为接下来将要介绍的灵敏度分析提供工具。

§3.5　线性规划问题的灵敏度分析

灵敏度分析是指对系统因环境变化显示出来的敏感程度的分析。在线性规划问题中讨论灵敏度分析，目的是描述一种能确定线性规划模型结构中元素变化对问题解的影响的分析方法。前面的讨论都假定价值系数、资源系数和技术系数向量或矩阵中的元素是常数，但实际上这些系数往往只是估计值，不可能十分准确和一成不变。这就是说，随着时间的推移或情况的改变，往往需要修改原线性规划问题中的若干参数。因此，求得线性规划的最优解，还不能说问题已得到了完全的解决。决策者还需要获得这样两方面的信息：一是当这些系数有一个或几个发生变化时，已求得的最优解会有什么变化；二是这些系数在什么范围内变化时，线性规划问题的最优解（或最优基）不变。

显然，当线性规划问题中的某些量发生变化时，原来已得的结果一般会发生变化。当然，为了寻求变化后的结果可以采用单纯形法从头进行计算，然而这样做既麻烦又没有必要。在单纯形法迭代时，每次运算都和基 $\boldsymbol{B}$ 有关，所以可以把发生变化的量经过一定计算，直接反映进最终单纯形表并按表 3.13 处理。

表 3.13

原问题	对偶问题	结论或继续计算的步骤
可行解	可行解	最优解
可行解	非可行解	用单纯形法求解最优解
非可行解	可行解	用对偶单纯形法求解最优解
非可行解	非可行解	引入人工变量求解最优解

3.5.1　资源系数变化的分析

资源系数发生变化，即 $\boldsymbol{b}$ 发生变化的灵敏度分析。该类问题关键是如何将 $\boldsymbol{b}$ 的变化直接反映进原问题的最终单纯形表。单纯形法的迭代过程，其实不过就是矩阵的初等变换过程；而线性代数的知识告诉我们，对分块矩阵 $[\boldsymbol{B}\quad \boldsymbol{I}]$ 进行初等变换，当矩阵 $\boldsymbol{B}$ 变为单位矩阵 $\boldsymbol{I}$ 时，单位矩阵 $\boldsymbol{I}$ 将变为矩阵 $\boldsymbol{B}^{-1}$，即 $[\boldsymbol{I}\quad \boldsymbol{B}^{-1}]$，由此可知，如果已知最终单纯形表中基可行解所对应的基“$\boldsymbol{B}$”（最终单纯形表中的基变量在初始单纯形表中的列向量所构成的矩阵），即可在最终单纯形表中找到“$\boldsymbol{B}^{-1}$”（初始单纯形表中的单位矩阵 $\boldsymbol{I}$ 在最终单纯形表中所对应的矩阵），而最终单纯形表中的每一列均可用其在初始单纯形表中的相应列左乘 $\boldsymbol{B}^{-1}$ 来得到；即最优解为 $\boldsymbol{x}=\boldsymbol{B}^{-1}\boldsymbol{b}$。

另外，检验数向量 $\boldsymbol{\sigma}^{\mathrm{T}}=\boldsymbol{c}^{\mathrm{T}}-\boldsymbol{c}_{\mathrm{B}}^{\mathrm{T}}\boldsymbol{B}^{-1}\boldsymbol{A}\leqslant \boldsymbol{0}$ 仍然成立，因为和 $\boldsymbol{b}$ 的变化没有任何关系。所以，这时如果 $\boldsymbol{b}$ 变成了 $\boldsymbol{b}+\Delta\boldsymbol{b}$，基没有变化，但是最优解的值发生了改变，新的最优解为：

$$\bar{\boldsymbol{x}}=\boldsymbol{B}^{-1}(\boldsymbol{b}+\Delta\boldsymbol{b})$$

显然，如果$\bar{\boldsymbol{x}}\geqslant\mathbf{0}$，即$\boldsymbol{B}^{-1}(\boldsymbol{b}+\Delta\boldsymbol{b})\geqslant\mathbf{0}$时，则最优基不变(值可能发生了变化)。而如果$\bar{\boldsymbol{x}}\geqslant\mathbf{0}$不成立了，则要用表3.13中第三种情况所示，用对偶单纯形法求解最优解。

例3.6 已知线性规划问题：

$$\max z=5x_1+12x_2+4x_3+0x_4-Mx_5$$

$$\begin{cases}x_1+2x_2+x_3+x_4=5\\2x_1-x_2+3x_3+x_5=2\\x_1,x_2,x_3,x_4,x_5>0\end{cases}$$

单纯形求解可得如表3.14所示的最终单纯形表，问：(1)b_2在什么范围内变化时，最优基保持不变；(2)b_2由2增加至15，求新的最优解。

表3.14

c_j		-5	-12	-4	0	M	$\boldsymbol{b}$
$\boldsymbol{C}_B$	$\boldsymbol{X}_B$	x_1	x_2	x_3	x_4	x_5	
-12	x_2	0	1	$-1/5$	$2/5$	$-1/5$	$8/5$
-5	x_1	1	0	$7/5$	$1/5$	$2/5$	$9/5$
σ_j		0	0	$-3/5$	$-29/5$	$2/5-M$	$z=-141/5$

解 (1)给b_2一个增量Δb_2，并利用$\boldsymbol{x}=\boldsymbol{B}^{-1}\boldsymbol{b}$将变化直接反映进最终单纯形表。

$$\bar{\boldsymbol{x}}=\begin{pmatrix}x_2\\x_1\end{pmatrix}=\begin{pmatrix}2/5 & -1/5\\1/5 & 2/5\end{pmatrix}\begin{pmatrix}5\\2+\Delta b_2\end{pmatrix}=\begin{pmatrix}\dfrac{8-\Delta b_2}{5}\\\dfrac{9+2\Delta b_2}{5}\end{pmatrix}$$

也可写成：

$$\bar{\boldsymbol{x}}=\begin{pmatrix}x_1\\x_2\end{pmatrix}=\begin{pmatrix}1/5 & 2/5\\2/5 & -1/5\end{pmatrix}\begin{pmatrix}2+\Delta b_2\\5\end{pmatrix}=\begin{pmatrix}\dfrac{9+2\Delta b_2}{5}\\\dfrac{8-\Delta b_2}{5}\end{pmatrix}$$

为保持最优基不变，应有$\bar{x}\geqslant0$，即$\dfrac{8-\Delta b_2}{5}\geqslant0$，$\dfrac{9+2\Delta b_2}{5}\geqslant0$，所以$b_2$的变化范围应在$\left(-\dfrac{9}{2},8\right)$之内。

(2)将$b_2=15$直接反映进最终单纯形表，得表3.15。

$$\boldsymbol{b}'=\begin{pmatrix}2/5 & -1/5\\1/5 & 2/5\end{pmatrix}\begin{pmatrix}5\\15\end{pmatrix}=\begin{pmatrix}-1\\7\end{pmatrix}$$

表 3.15

c_j		-5	-12	-4	0	M	b
C_B	X_B	x_1	x_2	x_3	x_4	x_5	
-12	x_2	0	1	$-1/5$	$2/5$	$-1/5$	-1
-5	x_1	1	0	$7/5$	$1/5$	$2/5$	7
σ_j		0	0	$-3/5$	$-29/5$	$2/5-M$	$w=-23$

利用对偶单纯形法继续迭代，可得如表 3.16 所示的新的最优解。

表 3.16

c_j		-5	-12	-4	0	M	b
C_B	X_B	x_1	x_2	x_3	x_4	x_5	
-4	x_3	0	-5	1	-2	1	5
-5	x_1	1	7	0	3	-1	0
σ_j		0	-3	0	-7	$1-M$	$w=-20$

3.5.2　价值系数变化的分析

资源系数发生变化，即 c 发生变化的灵敏度分析；该类问题关键是如何将 c 的变化直接反映进原问题的最终单纯形表。由于价值系数的变化只会对最终单纯形表中的检验数发生影响，而与其他量无关。因此，将变化的价值系数反映进最终单纯形表，只需对检验数行进行修正。但基变量的价值系数的变化和非基变量的价值系数的变化所引起的解的变化可能会不同。

1. 情况 1，最终单纯形表中非基变量的价值系数发生变化的情况

最终单纯形表中非基变量的价值系数发生了变化，将变化的价值系数反映进最终单纯形表只会影响此变量自身的检验数，而与其他变量的检验数无关。

例 3.7　已知线性规划 LP 问题：

$$\max z=2x_1+3x_2+x_3$$

$$\begin{cases} x_1+x_2+x_3+x_4=3 \\ x_1+4x_2+7x_3+x_5=9 \\ x_1,x_2,x_3,x_4,x_5\geqslant 0 \end{cases}$$

单纯形求解可得如表 3.17 所示的最终单纯形表，问：(1)c_3 在什么范围内变化时，最优解保持不变；(2)c_3 由“1”增加为“6”，求新的最优解。

解　(1) 由于 x_3 在最终单纯形表中是非基变量，因此 c_3 的变化只会影响 x_3 自身的检验数 σ_3，而与其他变量的检验数无关。计算变化后的 σ_3 并令其非负，即可求得保持最优解不变 c_3 的变化范围，见表 3.17。

表 3.17

c_j		2	3	1	0	0	$\boldsymbol{b}$
$\boldsymbol{C}_B$	$\boldsymbol{X}_B$	x_1	x_2	x_3	x_4	x_5	
2	x_1	1	0	−1	4/3	−1/3	1
3	x_2	0	1	2	−1/3	1/3	2
σ_j		0	0	−3	−5/3	−1/3	$w=-8$

$$\sigma_3=c_3-(2,3)\begin{pmatrix}-1\\2\end{pmatrix}=c_3-4\leqslant 0,\text{所以 } c_3\leqslant 4$$

即只要 $c_3\leqslant 4$，就可以保持最优解不变。

(2) 将 $c_3=6$ 直接反映进最终单纯形表，用单纯形法继续迭代即可得到新的最优解，过程见表 3.18。

表 3.18

c_j		2	3	6	0	0	$\boldsymbol{b}$
$\boldsymbol{C}_B$	$\boldsymbol{X}_B$	x_1	x_2	x_3	x_4	x_5	
2	x_1	1	0	−1	4/3	−1/3	1
3	x_2	0	1	[2]	−1/3	1/3	2
σ_j		0	0	−2	−5/3	−1/3	$w=-8$
2	x_1	1	1/2	0	7/6	−1/6	2
6	x_3	0	1/2	1	−1/6	1/6	1
σ_j		0	−1	0	−4/3	−2/3	$w=-10$

2. 情况 2，最终单纯形表中基变量的价值系数发生变化的情况

因为基变量的价值系数发生变化会引起 $\boldsymbol{c}_B$ 的变化，进而可能引起整个检验数行的变化。

例 3.8 对于例 3.7 中的线性规划问题，问：(1) c_1 在什么范围内变化时，最优解保持不变；(2) c_1 由“2”增加至“6”，求新的最优解。

解 (1) 由最终单纯形表(表 3.17)可知，为保持原最优解不变应有下面几式同时成立：

$$\sigma_3=1-(c_1,3)\begin{pmatrix}-1\\2\end{pmatrix}=c_1-5\leqslant 0,\text{所以有 } c_1\leqslant 5$$

$$\sigma_4=0-(c_1,3)\begin{pmatrix}4/3\\-1/3\end{pmatrix}=-\frac{4}{3}c_1+1\leqslant 0,\text{所以又有 } c_1\geqslant\frac{3}{4}$$

$$\sigma_5=0-(c_1,3)\begin{pmatrix}-1/3\\1/3\end{pmatrix}=\frac{1}{3}c_1-1\leqslant 0,\text{所以又有 } c_1\leqslant 3$$

所以保持要原最优解不变，应有 $c_1 \in \left[\frac{3}{4}, 3\right]$。

(2) 将 $c_1=6$ 直接反映进最终单纯形表，用单纯形法继续迭代即可得到新的最优解，过程见表 3.19。

表 3.19

c_j		6	3	1	0	0	$\boldsymbol{b}$
$\boldsymbol{C}_B$	$\boldsymbol{X}_B$	x_1	x_2	x_3	x_4	x_5	
6	x_1	1	0	−1	4/3	−1/3	1
3	x_2	0	1	[2]	−1/3	1/3	2
σ_j		0	0	1	−7	1	$z=-12$
6	x_1	1	1/2	0	7/6	−1/6	2
1	x_3	0	1/2	1	−1/6	(1/6)	1
σ_j		0	−1/2	0	−41/6	5/6	$z=-13$
6	x_1	1	1	1	1	0	3
0	x_5	0	3	6	−1	1	6
σ_j		0	−3	−5	−6	0	$z=-18$

3.5.3 技术系数变化的分析

资源系数发生变化，即 $\boldsymbol{A}$ 发生变化的灵敏度分析。如果将原迭代过程继承下来，我们就可以通过 $\boldsymbol{B}^{-1}$ 将技术系数的变化反映进最终单纯形表。需要强调的是，如果发生变化的变量在最终单纯形表中为非基变量，那么只需在将变化反映进最终单纯表后，重新计算该非基变量的检验数即可完成对问题的求解；如果发生变化的变量在最终单纯形表中为基变量，那么必须在将变化反映进最终单纯表后，首先围绕该变量进行初等变换，将该基变量的列向量变为单位向量，再重新计算各个变量的检验数，才能完成对问题的求解。

1. 情况 1，技术系数发生变化的变量在最终单纯形表中为非基变量

例 3.9 对于例 3.7 中的线性规划问题，问 a_{23} 在什么范围内变化时，最优解保持不变？

$$\sigma_3 = c_3 - \boldsymbol{c}_B \boldsymbol{B}^{-1} \boldsymbol{p}_3 = 1-(2,3)\begin{pmatrix} 4/3 & -1/3 \\ -1/3 & 1/3 \end{pmatrix}\begin{pmatrix} 1 \\ a_{23} \end{pmatrix} = -\frac{1}{3}a_{23} - \frac{2}{3}$$

要使 $\sigma_3 = -\frac{1}{3}a_{23} - \frac{2}{3} \leqslant 0$，只要 $a_{23} \geqslant -2$，即保持原最优解不变应有 $a_{23} \in [-2, +\infty]$。

2. 情况 2，技术系数发生变化的变量在最终单纯形表中为基变量

由于基变量的技术系数发生了变化，将变化的量反映进最终单纯形表，必将破坏基变量在最终单纯形表中的单位向量形式；为获得变化后新问题的基解，必须首先将基变量对应的列向量转化为单位向量。转化后的结果可能是原问题与对偶问题都可行，也可能是原问题和对偶问题只有其中之一是可行的，还可能原问题与对偶问题均不可行；然而无论出现哪种结果，我们均可按表 3.13 进行处理。

例 3.10 对于例 3.7 中的线性规划问题，问当 a_{11} 由 1 变为 3 时，原最优解是否发生改变，如果改变求新的最优解。

解 首先注意到 a_{11} 由 1 变为 3 时最终单纯形表中的基向量变为：

$$\boldsymbol{P}_1' = \begin{pmatrix} 4/3 & -1/3 \\ -1/3 & 1/3 \end{pmatrix} \begin{pmatrix} 3 \\ 1 \end{pmatrix} = \begin{pmatrix} 11/3 \\ -2/3 \end{pmatrix}$$

以 $a_{11}' = 11/3$ 为旋转元，形成表 3.20

表 3.20

c_j		2	3	1	0	0	$\boldsymbol{b}$
$\boldsymbol{C}_\text{B}$	$\boldsymbol{X}_\text{B}$	x_1	x_2	x_3	x_4	x_5	
2	x_1	11/3	0	−1	4/3	−1/3	1
3	x_2	−2/3	1	2	−1/3	1/3	2
2	x_1	1	0	−3/11	4/11	−1/11	3/11
3	x_2	0	1	20/11	−1/11	3/11	24/11
σ_j		0	0	−43/11	− 5/11	− 7/11	$z=-78/11$

由表 3.20 可以看出，当 a_{11} 由 1 变为 3 时，原最优基并未发生改变，而最优解变为 $\boldsymbol{X}^* = (3/11, 24/11, 0, 0, 0)^\text{T}$。

例 3.11 对于例 3.6 中的线性规划问题，问当 a_{11} 由 1 变为 5 时，原最优解是否发生改变，如果改变求新的最优解。

解 首先将变化反映进最终单纯形表，形成表 3.21。

$$\boldsymbol{P}_1' = \begin{pmatrix} 2/5 & -1/5 \\ 1/5 & 2/5 \end{pmatrix} \begin{pmatrix} 5 \\ 2 \end{pmatrix} = \begin{pmatrix} 8/5 \\ 9/5 \end{pmatrix}$$

表 3.21

c_j		5	12	4	0	$-M$	$\boldsymbol{b}$
$\boldsymbol{C}_\text{B}$	$\boldsymbol{X}_\text{B}$	x_1	x_2	x_3	x_4	x_5	
12	x_2	8/5	1	−1/5	2/5	−1/5	8/5
5	x_1	9/5	0	7/5	1/5	2/5	9/5
12	x_2	0	1	−13/9	2/9		0
5	x_1	1	0	(7/9)	1/9		1
σ_j		0	0	157/9	−29/9		$z=-5$
12	x_2	13/7	1	0	3/7		13/7
4	x_3	9/7	0	1	1/7		9/7
σ_j		−157/7	0	0	−40/7		$z=-192/7$

从表 3.21 可以看出，原最优解已发生改变，新的最优解为 $\boldsymbol{x}^*=\left(0,\frac{13}{7},\frac{9}{7}\right)^{\mathrm{T}}$。

例 3.12　对于例 3.7 中的线性规划问题，问当 a_{11} 由 1 变为 0 时，原最优解是否发生改变，如果改变求新的最优解。

解　首先将变化反映进最终单纯形表，形成表 3.22。

$$\boldsymbol{P}_1'=\begin{pmatrix}4/3 & -1/3\\ -1/3 & 1/3\end{pmatrix}\begin{pmatrix}0\\1\end{pmatrix}=\begin{pmatrix}-1/3\\1/3\end{pmatrix}$$

表 3.22

c_j		2	3	1	0	0	$\boldsymbol{b}$
$\boldsymbol{C}_B$	$\boldsymbol{X}_B$	x_1	x_2	x_3	x_4	x_5	
2	x_1	−1/3	0	−1	4/3	−1/3	1
3	x_2	1/3	1	2	−1/3	1/3	2
2	x_1	1	0	3	−4	1	−3
3	x_2	0	1	1	1	0	3
σ_j		0	0	−8	5	−2	$z=-3$

表 3.22 所示的原问题及对偶问题均不可行，故需引入人工变量。首先将右端项为负值的约束方程拿出来：

$$x_1+3x_3-4x_4+x_5=-3$$

方程两侧同乘"−1"并引入人工变量 x_6：

$$-x_1-3x_3+4x_4-x_5+x_6=3$$

以人工变量 x_6 为基变量，将该约束放回原位置，用前面处理人工变量的方法即可求解此问题，求解过程如表 3.23 所示。

表 3.23

c_j		2	3	1	0	0	$-M$	$\boldsymbol{b}$
$\boldsymbol{C}_B$	$\boldsymbol{X}_B$	x_1	x_2	x_3	x_4	x_5	x_6	
$-M$	x_6	−1	0	−3	[4]	−1	1	3
3	x_2	0	1	1	1	0	0	3
σ_j		$-M+2$	0	$-3M-2$	$4M-3$	$-M$	0	$z=3M-9$
0	x_4	−1/4	0	−3/4	1	−1/4	1/4	3/4
3	x_2	[1/4]	1	7/4	0	1/4	−1/4	9/4
σ_j		5/4	0	−17/4	0	−3/4	$-M+3/4$	$z=-27/4$
0	x_4	0	1	1	1	0	0	3
2	x_1	1	4	7	0	1	−1	9
σ_j		0	−5	−13	0	−2	$-M+2$	$z=-18$

表 3.23 给出了新的最优解 $\boldsymbol{x}^* = (9,0,0,3,0)^{\mathrm{T}}$，新的最优值 $z^* = 18$。

3. 情况 3，增加一个新的变量的分析

增加一个新的变量相当于在单纯形表中增加一列，也可以看成技术系数变化的一种情况，只要新增变量在最终单纯形表中的检验数非正(max)，原问题的最优解就不会改变，所以应首先计算新增变量的检验数。在实际问题中，增加一个新的变量相当于增加一种新的产品，分析的是在资源不变的前提下，新产品是否值得进入产品组合。

例 3.13 对于例 3.7 中的线性规划问题，增加一个新的变量 x_6，已知该变量的价值系数 $c_6 = 3$，技术系数向量 $\boldsymbol{P}_6 = (1,1)^{\mathrm{T}}$，问原最优解是否改变，如果改变求新的最优解。

解 首先将新增加变量 x_6 的技术系数向量 $\boldsymbol{P}_6$ 反映进最终单纯形表：

$$\boldsymbol{P}_6' = \begin{pmatrix} 4/3 & -1/3 \\ -1/3 & 1/3 \end{pmatrix} \begin{pmatrix} 1 \\ 1 \end{pmatrix} = \begin{pmatrix} 1 \\ 0 \end{pmatrix}$$

其次计算新增变量 x_6 在最终单纯形表中的检验数：$\sigma_6 = 3 - (2,3)\begin{pmatrix} 1 \\ 0 \end{pmatrix} = 1$，由于 x_6 在最终单纯形表中的检验数 $\sigma_6 = 1$，所以原最优解发生变化，新的最优解的求解过程见表 3.24。

表 3.24

c_j		2	3	1	0	0	3	$\boldsymbol{b}$
$\boldsymbol{C}_B$	$\boldsymbol{X}_B$	x_1	x_2	x_3	x_4	x_5	x_6	
2	x_1	1	0	−1	4/3	−1/3	(1)	1
3	x_2	0	1	2	−1/3	1/3	0	2
σ_j		0	0	−3	−5/3	−1/3	1	$z=-8$
3	x_6	1	0	−1	4/3	−1/3	1	1
3	x_2	0	1	2	−1/3	1/3	0	2
σ_j		−1	0	−2	−3	0	0	$z=-9$

表 3.24 给出了新的最优解 $\boldsymbol{x}^* = (0,2,0,0,0,1)^{\mathrm{T}}$，新的最优值 $z^* = 9$。由于非基变量 x_5 的检验数为“0”，所以此最优解为无穷多最优解中的一个。

4. 情况 4，增加一个新的约束的分析

增加一个新的变量相当于在单纯形表中增加一行，也可以看成技术系数变化的一种情况。增加约束条件不会使目标函数的最优值得到改善，所以若原最优解满足新增加的约束条件，那么它一定仍然是最优解；若原最优解已不能使新增加的约束条件成立，则需对问题做进一步的处理。

例 3.14 对于例 3.7 中的线性规划问题，分别增加如下约束条件：

(1) $x_1 + 2x_2 + x_3 \leqslant 10$

(2) $x_1 + 2x_2 + x_3 \leqslant 4$

试分析其对最优解的影响。

解　(1) 将原问题的最优解 $\boldsymbol{x}^*=(1,2,0,0,0)^{\mathrm{T}}$ 代入新增加的约束条件 $x_1+2x_2+x_3\leqslant 10$，由于原最优解 $\boldsymbol{x}^*=(1,2,0,0,0)^{\mathrm{T}}$ 可以使新增约束成立，所以最优解不变。

(2) 将原问题的最优解 $\boldsymbol{x}^*=(1,2,0,0,0)^{\mathrm{T}}$ 代入新增约束 $x_1+2x_2+x_3\leqslant 4$，新增约束已不成立，所以原最优解要发生变化。

在新增约束 $x_1+2x_2+x_3\leqslant 4$ 中引入松弛变量 x_6，并让 x_6 充当基变量，将新增约束直接反映进最终单纯形表。由于在最终单纯形表中增加了一行，原来基变量的单位列向量可能遭到破坏；因此，首先需要将基变量所对应的系数列向量变为单位向量，然后再按表 3.13 处理，处理过程见表 3.25。

表 3.25

c_j		2	3	1	0	0	0	b
$\boldsymbol{C}_{\mathrm{B}}$	$\boldsymbol{X}_{\mathrm{B}}$	x_1	x_2	x_3	x_4	x_5	x_6	
2	x_1	1	0	−1	4/3	−1/3	0	1
3	x_2	0	1	2	−1/3	1/3	0	2
0	x_6	1	2	1	0	0	1	4
2	x_1	1	0	−1	4/3	−1/3	0	1
3	x_2	0	1	2	−1/3	1/3	0	2
0	x_6	0	0	−2	−2/3	(−1/3)	1	−1
σ_j		0	0	−3	−5/3	−1/3	0	
2	x_1	1	0	−1	2	0	−1	2
3	x_2	0	1	0	−1	0	1	1
0	x_5	0	0	6	2	1	−3	3
σ_j		0	0	−1	−1	0	−1	$z=-7$

表 3.25 给出了新的最优解 $\boldsymbol{x}^*=(2,1,0,0,3,0)^{\mathrm{T}}$，新的最优值 $z^*=7$。

§3.6　用优化软件分析线性规划问题的对偶理论的方法和例子

Lingo 软件可以非常方便地分析线性规划问题的对偶理论和进行灵敏度分析，在 Lingo 运行时，单击 Lingo | Options 菜单，选择 General Solver Tab，在 Dual Computations 列表框中，选择 Prices and Ranges 选项，就可以在求解一个线性规划问题时，同时进行对偶分析，比如在例 2.13 中我们所看到的。此外，我们还可以单独对线性规划问题进

行对偶分析和灵敏度分析，对一个线性规划问题，比如例 2.13，我们可以单击 Lingo | Generate| Dual Model 菜单产生其对偶问题，如图 3.1 所示。

```
Generated Dual Model Report - example2-8-2

MODEL:
MIN = 48 * _2 + 20 * _3 + 8 * _4 + 5 * _5;
[ DESKS] 8 * _2 + 4 * _3 + 2 * _4 >= 60;
[ TABLES] 6 * _2 + 2 * _3 + 1.5 * _4 +  _5 >= 30;
[ CHAIRS]  _2 + 1.5 * _3 + 0.5 * _4 >= 20;
END
```

图 3.1

对例 2.13 求解完成后，我们可以单击 Lingo | Range(Ctrl＋R)菜单，灵敏度分析的结果如图 3.2 所示。

```
Range Report - example2-8-2

Ranges in which the basis is unchanged:

                          Objective Coefficient Ranges
                      Current        Allowable        Allowable
      Variable      Coefficient      Increase         Decrease
         DESKS       60.00000        20.00000         4.000000
        TABLES       30.00000        5.000000         INFINITY
        CHAIRS       20.00000        2.500000         5.000000

                            Righthand Side Ranges
           Row        Current        Allowable        Allowable
                        RHS          Increase         Decrease
             2       48.00000        INFINITY         24.00000
             3       20.00000        4.000000         4.000000
             4       8.000000        2.000000         1.333333
             5       5.000000        INFINITY         5.000000
```

图 3.2

图 3.2 窗口中显示：目标函数中 DESKS 变量当前的费用系数为 60，允许增加(Allowable Increase)＝20、允许减少(Allowable Decrease)＝4，说明当它在[60－4，60＋20]＝[56，80]范围变化时，最优基保持不变。对 TABLES、CHAIRS 变量，可以类似解释。由于此时约束没有变化(只是目标函数中某个费用系数发生变化)，所以最优基保持不变的意思也就是最优解不变(当然，由于目标函数中费用系数发生了变化，所以最优值会变化)。

第 2 行约束中右端项(Right Hand Side，RHS)当前值为 48，当它在[48－24，48＋∞]

$=[24,\infty]$范围变化时，最优基保持不变。第 3、4、5 行可以类似解释。不过由于此时约束发生变化，最优基即使不变，最优解、最优值也会发生变化。

灵敏度分析结果表示的是最优基保持不变的系数范围。由此，也可以进一步确定当目标函数的费用系数和约束右端项发生小的变化时，最优基和最优解、最优值如何变化。

下面通过求解一个实际问题来进行说明。

例 3.15　一奶制品加工厂用牛奶生产 A_1、A_2 两种奶制品，1 桶牛奶可以在甲车间用 12 小时加工成 3 kg A_1，或者在乙车间用 8 小时加工成 4 kg A_2。根据市场需求，生产的 A_1、A_2 全部能售出，且每千克 A_1 获利 24 元，每千克 A_2 获利 16 元。现在加工厂每天能得到 50 桶牛奶的供应，每天正式工人总的劳动时间为 480 小时，并且甲车间每天至多能加工 100 kg A_1，乙车间的加工能力没有限制。试为该厂制订一个生产计划，使每天获利最大，并进一步讨论以下 3 个附加问题：

(1) 若用 35 元可以买到 1 桶牛奶，应否作这项投资？若投资，每天最多购买多少桶牛奶？

(2) 若可以聘用临时工人以增加劳动时间，付给临时工人的工资最多是每小时几元？

(3) 由于市场需求变化，每千克 A_1 的获利增加到 30 元，应否改变生产计划？

模型代码如下：

```
max = 72 * x1 + 64 * x2;
x1 + x2<= 50;
12 * x1 + 8 * x2<= 480;
3 * x1<= 100;
```

求解这个模型并做灵敏性分析，结果如图 3.3、图 3.4 所示。

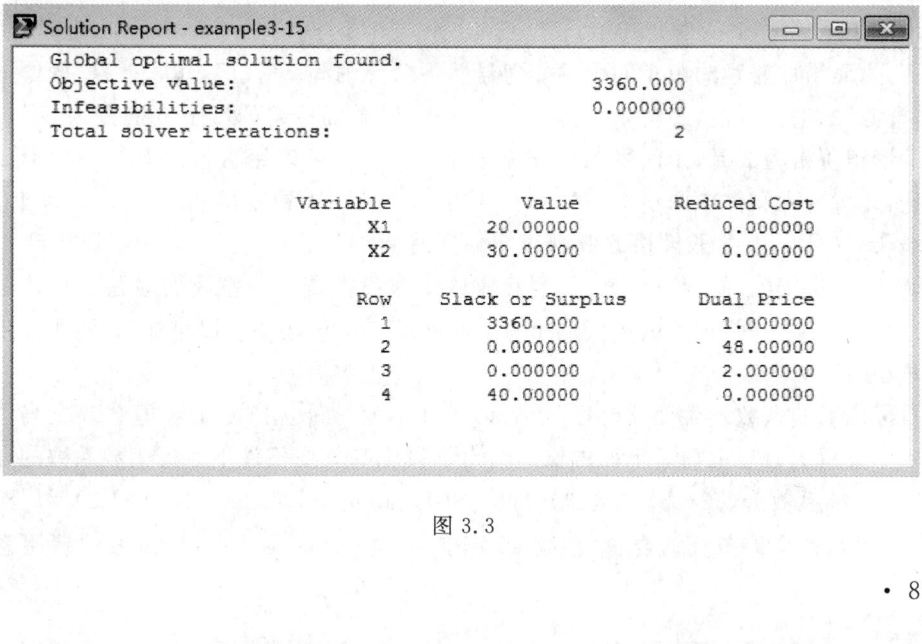

```
Solution Report - example3-15
Global optimal solution found.
Objective value:                              3360.000
Infeasibilities:                              0.000000
Total solver iterations:                             2

                    Variable           Value        Reduced Cost
                          X1        20.00000            0.000000
                          X2        30.00000            0.000000

                         Row    Slack or Surplus      Dual Price
                           1        3360.000            1.000000
                           2        0.000000            48.00000
                           3        0.000000            2.000000
                           4        40.00000            0.000000
```

图 3.3

```
Range Report - example3-15

Ranges in which the basis is unchanged:

                              Objective Coefficient Ranges
                          Current          Allowable        Allowable
         Variable       Coefficient        Increase         Decrease
               X1         72.00000         24.00000         8.000000
               X2         64.00000         8.000000         16.00000

                                Righthand Side Ranges
              Row          Current         Allowable        Allowable
                              RHS          Increase         Decrease
                2         50.00000         10.00000         6.666667
                3         480.0000         53.33333         80.00000
                4         100.0000         INFINITY         40.00000
```

图 3.4

结果告诉我们：这个线性规划的最优解为 $x_1=20$，$x_2=30$，最优值为 $z=3\,360$，即用 20 桶牛奶生产 A_1，30 桶牛奶生产 A_1，可获最大利润 3 360 元。输出中除了告诉我们问题的最优解和最优值以外，还有许多对分析结果有用的信息，下面结合题目中提出的 3 个附加问题给予说明。3 个约束条件的右端不妨看成 3 种“资源”：原料、劳动时间、车间甲的加工能力。输出中 Slack or Surplus 给出这 3 种资源在最优解下是否有剩余：原料、劳动时间的剩余均为零，车间甲尚余 40 kg 加工能力。

目标函数可以看成“效益”，成为紧约束的“资源”一旦增加，“效益”必然跟着增长。输出中 DUAL PRICES 给出这 3 种资源在最优解下“资源”增加 1 个单位时“效益”的增量：原料增加 1 个单位(1 桶牛奶)时利润增长 48 元，劳动时间增加 1 个单位(1 小时)时利润增长 2 元，而增加非紧约束车间甲的能力显然不会使利润增长。这里，“效益”的增量可以看成“资源”的潜在价值，经济学上称为影子价格，即 1 桶牛奶的影子价格为 48 元，1 小时劳动的影子价格为 2 元，车间甲的影子价格为零。读者可以用直接求解的办法验证上面的结论，即将输入文件中原料约束牛奶右端的 50 改为 51，看看得到的最优值(利润)是否恰好增长 48 元。用影子价格的概念很容易回答附加问题(1)，用 35 元可以买到 1 桶牛奶，低于 1 桶牛奶的影子价格 48 元，当然应该作这项投资。回答附加问题(2)，聘用临时工人以增加劳动时间，付给的工资低于劳动时间的影子价格才可以增加利润，所以工资最多是每小时 2 元。

目标函数的系数发生变化时(假定约束条件不变)，最优解和最优值会改变吗？这就是灵敏度分析的研究范畴。上面的输出给出了最优基不变条件下目标函数系数的允许变化范围：x_1 的系数为 $(72-8,72+24)=(64,96)$；x_2 的系数为 $(64-16,64+8)=(48,72)$。注意：x_1 系数的允许范围需要 x_2 系数 64 不变，反之亦然。由于目标函数的费用系数变化并不影响约束条件，因此此时最优基不变可以保证最优解也不变，但最优值变化。用这个结果很容易回答附加问题(3)若每千克 A_1 的获利增加到 30 元，则 x_1 系数变为 $30\times3=90$，在允许范围内，所以不应改变生产计划，但最优值变为 $90\times20+64\times30=3\,720$。

下面对“资源”的影子价格作进一步的分析。影子价格的作用(即在最优解下“资源”增加 1 个单位时“效益”的增量)是有限制的。每增加 1 桶牛奶利润增长 48 元(影子价格)，但是，上面输出的 Current RHS 的 Allowable Increase 和 Allowable Decrease 给出了影子价格有意义条件下约束右端的限制范围：牛奶原料最多增加 10(桶牛奶)，时间劳动时间最多增加 53(小时)。现在可以回答附加问题(1)的第 2 问：虽然应该批准用 35 元买 1 桶牛奶的投资，但每天最多购买 10 桶牛奶。顺便地说，可以用低于每小时 2 元的工资聘用临时工人以增加劳动时间，但最多增加 53.333 3 小时。

需要注意的是：灵敏性分析给出的只是最优基保持不变的充分条件，而不一定是必要条件。比如对于上面的问题，“原料最多增加 10(桶牛奶)”的含义只能是“原料增加 10(桶牛奶)”时最优基保持不变，所以影子价格有意义，即利润的增加大于牛奶的投资。反过来，原料增加超过 10(桶牛奶)，影子价格是否一定没有意义？最优基是否一定改变？一般来说，这是不能从灵敏性分析报告中直接得到的。此时，应该重新用新数据求解规划模型，才能做出判断。所以，从正常理解的角度来看，我们上面回答“原料最多增加 10(桶牛奶)”并不是完全科学的。

第 4 章　运输问题

人们在日常生活、生产、商业，甚至战争中需要把某些物品或人们自身从一些地方转移到另外一些地方，要求所采用的运输路线或运输方案是最经济或成本最低的；现代物流公司需要将一些商品从某些生产地方运送到另外一些销售的地方去，如何制定最节省成本的运输方案？

运输问题（Transportation Problem，TP）就是描述和解决这种问题的最常见和最基本的一类运筹学模型。

从理论上讲，运输问题其实是一类特殊的线性规划问题，当然也可用单纯形法来求解，但是由于运输问题涉及的变量及约束条件较多，而其数学模型具有特殊的结构，所以存在一种比单纯形法更简便的计算方法——表上作业法，用表上作业法来求解运输问题比用单纯形法可节约计算时间与计算费用，但表上作业法的实质仍是单纯形法。

本章首先介绍运输问题的数学模型及其特点，接着介绍表上作业法及主要步骤，一般的运输问题——产销不平衡的运输问题，然后介绍表上作业法与单纯形法的关系，最后介绍用优化软件解决运输问题的方法和例子。

§4.1　运输问题的模型及其特点

4.1.1　产销平衡运输问题的数学模型

运输问题就是要解决把某种产品从若干个产地调运到若干个销地，每个产地的供应量与每个销地的需求量已知，各地之间的运输单价已知，并假设在任一运输路线上，运输费用就是此运输路线上的运输单价和产品数量的乘积，如何确定一个使得总运输费用最小的方案？

例 4.1　某计算机公司需要将同一规格的成品计算机从 m 个生产地点 $A_1,A_2,\cdots,A_m$ 运往 n 个销售地点 $B_1,B_2,\cdots,B_n$，各产地的产量分别 $a_1,a_2,\cdots,a_m(a_i\geqslant0,i=1,2,\cdots,m)$，各销地的销量分别为 $b_1,b_2,\cdots,b_n(b_j\geqslant0,j=1,2,\cdots,n)$，各产地运往各销地每件物品的单位运费为 c_{ij}（从 A_i 运往 B_j 的单位运价，$c_{ij}\geqslant0$，$i=1,2,\cdots,m,j=1,2,\cdots,n$），问：应如何调运可使总运输费最小？

如果 $\sum_{i=1}^{m} a_i = \sum_{j=1}^{n} b_j$，则称该运输问题为产销平衡的运输问题；否则，称为产销不平衡的运输问题。

例 4.1 中的数据经常可用下面产销表和单位运价表来给出，见表 4.1 和表 4.2；或有时可以合二表为一，见表 4.3。

表 4.1　运输问题产销表

产地＼销地	B_1	B_2	…	B_n	产量
A_1					a_1
A_2					a_2
⋮					⋮
A_m					a_m
销量	b_1	b_2	…	b_n	

表 4.2　运输问题单位运价表

产地＼销地	B_1	B_2	…	B_n
A_1	c_{11}	c_{12}	…	c_{1n}
A_2	c_{21}	c_{22}	…	c_{2n}
⋮	⋮	⋮	⋮	⋮
A_m	c_{m1}	c_{m2}	…	c_{mn}

表 4.3　运输问题数据表

产地＼销地	B_1	B_2	…	B_n	产量
A_1	c_{11}	c_{12}	…	c_{1n}	a_1
A_2	c_{21}	c_{22}	…	c_{2n}	a_2
⋮	⋮	⋮	⋮	⋮	⋮
A_m	c_{m1}	c_{m2}	…	c_{mn}	a_m
销量	b_1	b_2	…	b_n	

考虑例 4.1 中的运输问题，设 x_{ij} 为从 A_i 运往 B_j 的运量（$i=1,2,\cdots,m,j=1,2,\cdots,n$），在产销平衡的条件下，要求总运费最小的调运方案，可以用如下的数学模型来表示：

$$\min z = \sum_{i=1}^{m}\sum_{j=1}^{n} c_{ij}x_{ij}$$

$$\text{s.t.}\begin{cases}\sum_{j=1}^{n} x_{ij} = a_i, & (i=1,2,\cdots,m)\\ \sum_{i=1}^{m} x_{ij} = b_j, & (j=1,2,\cdots,n)\\ x_{ij}\geqslant 0, & (i=1,2,\cdots,m;j=1,2,\cdots,n)\end{cases} \tag{4.1}$$

此约束中前 m 个为产量约束,之后 n 个为销量约束。若记:

$$\boldsymbol{X}=[x_{11},x_{12},\cdots,x_{1n},x_{21},x_{22},\cdots,x_{2n},\cdots,x_{m1},x_{m2},\cdots,x_{mn}]^{\mathrm{T}}$$

$$\boldsymbol{C}=[c_{11},c_{12},\cdots,c_{1n},c_{21},c_{22},\cdots,c_{2n},\cdots,c_{m1},c_{m2},\cdots,c_{mn}]^{\mathrm{T}}$$

$$\boldsymbol{A}=[P_{11},P_{12},\cdots,P_{1n},P_{21},P_{22},\cdots,P_{2n},\cdots,P_{m1},P_{m2},\cdots,P_{mn}]$$

$$\boldsymbol{b}=[a_1,a_2,\cdots,a_m,b_1,b_2,\cdots,b_n]^{\mathrm{T}}$$

其中,$\boldsymbol{P}_{ij}=\boldsymbol{e}_i+\boldsymbol{e}_{m+j}(i=1,2,\cdots,m;j=1,2,\cdots,n)$,$\boldsymbol{e}_i$ 为第 i 个分量为 1,其余分量都为 0 的 $m+n$ 维单位列向量,$\boldsymbol{e}_{m+j}$ 为第 $m+j$ 个分量为 1,其余分量都为 0 的 $m+n$ 维单位列向量。则产销平衡的运输问题式(4.1)矩阵形式表示如下:

$$\min z=\boldsymbol{C}^{\mathrm{T}}\boldsymbol{X}$$

$$\text{s.t.}\begin{cases}\boldsymbol{AX}=\boldsymbol{b}\\ \boldsymbol{X}\geqslant\boldsymbol{0}\end{cases} \tag{4.2}$$

特别地,其中 $\boldsymbol{A}$ 是如下的一个$(m+n)$行,$m*n$ 列的稀疏矩阵:

$$\boldsymbol{A}=\begin{pmatrix}1 & 1 & \cdots 1 & & & & & & & \\ & & & 1 & 1 & \cdots & 1 & & & \\ & & & & & & \ddots & 1 & 1 & \cdots & 1\\ 1 & & & 1 & & & & 1 & & & \\ & 1 & & & 1 & & \cdots & & 1 & & \\ & & \ddots & & & \ddots & & & & \ddots & \\ & & 1 & & & 1 & & & & & 1\end{pmatrix}_{(m+n)\times mn} \tag{4.3}$$

矩阵 $\mathbf{A}$ 中相应于 x_{ij} 的列的量为 $\boldsymbol{P}_{ij}$。

由式(4.3)可以看出,$\boldsymbol{A}$ 是一个结构特殊的稀疏矩阵,其特点如下:

(1) $\boldsymbol{A}$ 有 $m*n$ 列,每列有 $m+n$ 个元素,其中只有两个为 1,其余元素为 0,如 $\boldsymbol{P}_{ij}$ 这两个 1 所处位置为第 i 与第 $m+j$ 个分量。

(2) $\boldsymbol{A}$ 有 $m+n$ 行,每行的特点为:前 m 行有 n 个 1,这 n 个 1 连在一起,其余元素为 0;而后 n 行恰好是由 m 个 n 阶单位矩阵并排在一起,即每行有 m 个 1,每两个 1 之间隔 $n-1$ 个0 元素,而且下一行的 1 往后错一个位置。

4.1.2 产销平衡运输问题数学模型的特点

运输问题是一个特殊的线性规划问题,线性规划的理论对运输问题也都是成立的。

此外，对于运输问题，还有下面的特点。

定理 4.1.1　产销平衡运输问题式(4.1)必有可行解，也必有最优解。

证明： 设　$d=\sum_{i=1}^{m}a_i=\sum_{j=1}^{n}b_j$，则取

$$x_{ij}=\frac{a_ib_j}{d},(i=1,2,\cdots,m;j=1,2,\cdots,n) \tag{4.4}$$

显然有 $x_{ij}\geqslant 0$，又

$$\sum_{j=1}^{n}x_{ij}=\sum_{j=1}^{n}\frac{a_ib_j}{d}=\frac{a_i}{d}\sum_{j=1}^{n}b_j=a_i(i=1,2,\cdots,m)$$

$$\sum_{i=1}^{m}x_{ij}=\sum_{i=1}^{m}\frac{a_ib_j}{d}=\frac{b_j}{d}\sum_{j=1}^{n}a_i=b_j(j=1,2,\cdots,n)$$

所以式(4.4)是式(4.1)的一个可行解。

又因为 $c_{ij}\geqslant 0,(i=1,2,\cdots,m;j=1,2,\cdots,n)$，故对于任一可行解 $\{x_{ij}\}$，模型式(4.1)的目标函数值都不会为负数，即目标函数值有下界零，对于求极小化问题，目标函数值有下界，则必有最优解。

证毕。

定理 4.1.2　产销平衡运输问题式(4.1)约束方程系数矩阵 **A** 的秩等于 $m+n-1$。

证明： 对于运输问题，我们显然要求 $m,n\geqslant 2$，所以当然有：$m+n\leqslant mn$。于是有：秩(**A**)$\leqslant m+n$。又由平衡条件 $\sum_{i=1}^{m}a_i=\sum_{j=1}^{n}b_j$ 可知，**A** 的前 m 行之和等于后 n 行之和，因此 **A** 的行是线性相关的，故必须有秩(**A**)$\leqslant m+n-1$，但 **A** 中有 $m+n-1$ 阶子式其行列式不为零，所以秩(**A**)$=m+n-1$。

证毕。

定理 4.1.3　运输问题式(4.1)的基可行解中应包含 $m+n-1$ 个基变量。

显然，因为平衡运输问题有一个约束条件多余，而其系数矩阵的秩为 $m+n-1$。

运输问题的解，经常用下面表 4.4 的形式来表示运输问题式(4.1)的一组可行解。

表 4.4　运输问题的调运表

销地 / 产地	B_1	B_2	…	B_n	产量
A_1	x_{11}	x_{12}	…	x_{1n}	a_1
A_2	x_{21}	x_{22}	…	x_{2n}	a_2
⋮	⋮	⋮	⋮	⋮	⋮
A_m	x_{m1}	x_{m2}	…	x_{mn}	a_m
销量	b_1	b_2	…	b_n	

§4.2 表上作业法

表上作业法(又称为运输单纯形法)是根据单纯形法的原理和运输问题的特征,设计出来的一种在表上运算的求解运输问题的简便而有效的方法,其实质仍然是单纯形算法,但具体计算和术语有所不同,其主要步骤是:

(1) 求初始的基可行解(也就是运输问题的一个初始调运方案);

(2) 根据最优性判别准则来检查这个基本可行解是不是最优的?若是则迭代停止,找到了最优解,否则转下一步;

(3) 确定换入变量和换出变量,找出新的基可行解,在表上用闭回路法调整。

(4) 再返回步骤(2)。

以上这些步骤都可以在表上完成,下面通过例子来说明表上作业法的计算步骤。

例 4.2 某通信公司需要将一批设备从 3 个设备提供商处运往 4 个分公司进行安装,3 个设备提供商所能提供的路由器数量分别为:A_1——7 台,A_2——4 台,A_3——9 台。4 个分公司需要的路由器数量为:B_1——3 台,B_2——6 台,B_3——5 台,B_4——6 台,已知从各设备提供商到各分公司的单位设备的运价如表 4.5 所示(单位为千元)。问该公司如何调运产品,在满足各分公司需要量的前提下,使总运费最小?

表 4.5 例 4.2 数据表

经销商 \ 分公司	B_1	B_2	B_3	B_4	供应量
A_1	3	11	3	10	7
A_2	1	9	2	8	4
A_3	7	4	10	5	9
需求量	3	6	5	6	20(产销平衡)

4.2.1 初始基本可行解的确定

确定初始基可行解的方法很多,一般希望的方法是既简便,又尽可能地接近最优解。这里我们介绍 3 种方法:西北角法、最小元素法、运费差额法。

1. 西北角法

用西北角法求一个形如式(4.1)的产销平衡运输问题的基可行解,只需要将其解 x_{ij} $(i=1,2,\cdots,m,j=1,2,\cdots,n)$填入形如表 4.4 的表格中相应位置即可。

对例 4.1,画出表 4.6,用(i,j)表示表 4.6 中 x_{ij} 所在的空格位置。

表 4.6　例 4.2 调运表(空表)

分公司 / 经销商	B_1	B_2	B_3	B_4	供应量
A_1					7
A_2					4
A_3					9
需求量	3	6	5	6	20(产销平衡)

首先在表 4.6 空格集的西北角(左上角)的空格位置(1,1)处填上 x_{11} 的值，填的原则是比较 a_1 与 b_1 的大小，取 $x_{11}=\min\{a_1, b_1\}=b_1=3$。这时 B_1 的需求量已得到满足(全部由 A_1 提供)，所以可划去空格集的第一列(即空格(2,1)，(3,1)不能再填上大于零的数)。而 A_1 的当前供应量只剩下 $a_1'=7-3=4$。在剩下的空格集中西北角空格(1,2)处，填上 x_{12} 的值，填的原则是仍取 $x_{12}=\min\{a_1', b_2\}=a_1'=4$。这时 A_1 的供应量已调运完毕，A_1 不可能再向其他分公司调运设备，所以第一行就全部划掉，表示空格(1,3)，(1,4)不能再填上大于零的数。而 B_2 的当前需求量只剩下 $b_2'=6-4=2$。如此进行下去，直至得到一个基本可行解(最后一步，恰好 $a_3'=b_4'=6$，在最后剩余的空格里填上 6，即可得到一个基可行解，这时被划掉的空格处位置都取值为 0)。详细过程见表 4.7。

表 4.7　例 4.2 西北角法得到初始基可行解的步骤

步骤	分公司 / 经销商	B_1	B_2	B_3	B_4	供应量
第一步	A_1	3				7−3=4
	A_2					4
	A_3					9
	需求量	3	6	5	6	
第二步	A_1	3	4			7−3=4
	A_2					4
	A_3					9
	需求量	3	6−4=2	5	6	

	分公司 / 经销商	B_1	B_2	B_3	B_4	供应量
第三步	A_1	3	4			7－3＝4
	A_2		2			4－2＝2
	A_3					9
	需求量	3	6－4＝2	5	6	

	分公司 / 经销商	B_1	B_2	B_3	B_4	供应量
第四步	A_1	3	4			7－3＝4
	A_2		2	2		4－2＝2
	A_3					9
	需求量	3	6－4＝2	5－2＝3	6	

	分公司 / 经销商	B_1	B_2	B_3	B_4	供应量
第五步	A_1	3	4			7－3＝4
	A_2		2	2		4－2＝2
	A_3					9－3＝6
	需求量	3	6－4＝2	5－2＝3	6	

	分公司 / 经销商	B_1	B_2	B_3	B_4	供应量
第六步	A_1	3	4			7－3＝4
	A_2		2	2		4－2＝2
	A_3				6	9－3＝6
	需求量	3	6－4＝2	5－2＝3	6	

第六步得到的就是初始的基可行解，也是一个初始的调运方案，如表 4.8 所示（其中空格表示所在位置的变量取值为 0）。

表 4.8　例 4.2 的初始基可行解

分公司 / 经销商	B_1	B_2	B_3	B_4	供应量
A_1	3	4			7
A_2		2	2		4
A_3				6	9
需求量	3	6	5	6	

这个初始的基可行解也可以表示为：

$$\boldsymbol{X}^{(0)}=[x_{11},x_{12},x_{13},x_{14},x_{21},x_{22},x_{23},x_{24},x_{31},x_{32},x_{33},x_{34}]^{\mathrm{T}}$$
$$=[3,4,0,0,0,2,2,0,0,0,3,6]^{\mathrm{T}}$$

其中 6 个($m+n-1=3+4-1=6$)非零变量就是基变量，其余 6 个取值为 0 的变量是非基变量。

此解对应的总运费为：

$$Z^{(0)}=3\times3+4\times11+2\times9+2\times2+3\times10+6\times5=133(\text{千元})$$

用西北角法初始基可行解的方法，虽然比较简单，但因为它没有考虑到运价，因此得到的初始方案一般离最优方案较远。

2. 最小元素法

最小元素法是一种考虑运价的求初始方案的方法，遵循如下规则：优先安排单位运价最小的产地与销地之间的运输业务，其思想是尽可能充分利用最小运费，将尽可能多的物资通过最小运费的运输路线运输。

一般来说，用这种方法制定的调运方案，其总运费会比用西北角法得到的调运方案节省，当然也不一定是最省的。

最小元素法也是求一个形如式(4.1)的产销平衡运输问题的基可行解，也是将其解 $x_{ij}(i=1,2,\cdots,m,j=1,2,\cdots,n)$ 填入形如表 4.4 中的相应位置，这里仍用(i,j)表示。具体做法也以例 4.1 作为参考。

首先从运价表(表 4.5)中选取最小的运价，$C_{21}=1$，因此在调运表 4.6 的空格(2,1)处，考虑将 B_1 所需的设备全部由 A_2 运给(因为 $a_2>b_1$)，所以取 $x_{21}=\min\{a_2,b_1\}=b_1=3$，即在空格(2,1)处填上 3，且这时 B_1 的需求量已得到满足(全部由 A_2 提供)，所以可划去空格集的第一列(即空格(2,1)，(3,1)不能再填上大于零的数)，同时也划掉运价表(表 4.5)中的第一列(因为这一列的运费后面不用再考虑了)。而 A_2 的当前供应量只剩下 $a_2'=4-3=1$。详见表 4.9(为方便起见，将运费表和调运表并排放上，一起考虑。)

在剩下的表格(运价表)中继续选取最小的运价，$C_{23}=2$，因此在调运表 4.6 的空格(2,3)处，考虑将 A_2 的剩余设备全部运给 B_1(因为 $a_2'<b_3$)，所以取 $x_{23}=\min\{a_2',b_3\}=a_2'=1$，即在空格(2,3)处填上 1，且这时 A_2 的供应量已全部分配完(分别提供给 B_1 和 B_3)，

A_2 不可能再向其他分公司调运设备，所以可划去空格集的第二行（即空格(2,2)，(2,4)不能再填上大于零的数），同时也划掉运价表（表 4.5）中的第二行（因为这一列的运费后面也不用再考虑了）。而 B_3 的当前需求量只剩下 $b_3'=5-1=4$。

如此进行下去，直至得到一个基可行解（最后一步，恰好 $a_1'=b_4'=3$，在最后剩余的空格里填上 3，即可得到一个基可行解，这时被划掉的空格处位置都取值为 0）。详细过程见表 4.9。

表 4.9　最小元素法得到初始基可行解的步骤（每一排表是一步，共六步）

分公司 / 经销商	B_1	B_2	B_3	B_4	供应量
A_1	3	11	3	10	7
A_2	1	9	2	8	4−3
A_3	7	4	10	5	9
需求量	3	6	5	6	20

分公司 / 经销商	B_1	B_2	B_3	B_4	供应量
A_1					7
A_2	3				4−3
A_3					9
需求量	3	6	5	6	20

分公司 / 经销商	B_1	B_2	B_3	B_4	供应量
A_1	3	11	3	10	7
A_2	1	9	2	8	4−3
A_3	7	4	10	5	9
需求量	3	6	5−1	6	20

分公司 / 经销商	B_1	B_2	B_3	B_4	供应量
A_1					7
A_2	3		1		4−3
A_3					9
需求量	3	6	5−1	6	20

分公司 / 经销商	B_1	B_2	B_3	B_4	供应量
A_1	3	11	3	10	7−4
A_2	1	9	2	8	4−3
A_3	7	4	10	5	9
需求量	3	6	5−1	6	20

分公司 / 经销商	B_1	B_2	B_3	B_4	供应量
A_1			4		7−4
A_2	3		1		4−3
A_3					9
需求量	3	6	5−1	6	20

分公司 / 经销商	B_1	B_2	B_3	B_4	供应量
A_1	3	11	3	10	7−4
A_2	1	9	2	8	4−3
A_3	7	4	10	5	9−6
需求量	3	6	5−1	6	20

分公司 / 经销商	B_1	B_2	B_3	B_4	供应量
A_1			4		7−4
A_2	3		1		4−3
A_3		6			9−6
需求量	3	6	5−1	6	20

分公司 经销商	B_1	B_2	B_3	B_4	供应量
A_1	3	11	3	10	7－4
~~A_2~~	1	9	2	8	4－3
A_3	7	4	10	5	9－6
需求量	3	6	5－1	6－3	20

分公司 经销商	B_1	B_2	B_3	B_4	供应量
A_1			4		7－4
~~A_2~~	3		1		4－3
A_3		6		3	9－6
需求量	3	6	5－1	6－3	20

分公司 经销商	B_1	B_2	B_3	B_4	供应量
A_1	3	11	3	10	7－4
~~A_2~~	1	9	2	8	4－3
A_3	7	4	10	5	9－6
需求量	3	6	5－1	6－3	20

分公司 经销商	B_1	B_2	B_3	B_4	供应量
A_1			4	3	7－4
~~A_2~~	3		1		4－3
A_3		6		3	9－6
需求量	3	6	5－1	6－3	20

第六步得到的也是基可行解(即一个调运方案),如表 4.10 所示(其中空格表示所在位置的变量取值为 0)。

表 4.10　例 4.2 的初始基可行解(最小元素法)

分公司 经销商	B_1	B_2	B_3	B_4	供应量
A_1			4	3	7
A_2	3		1		4
A_3		6		3	9
需求量	3	6	5	6	

这个初始的基可行解也可以表示为:

$$\begin{aligned}\boldsymbol{X}^{(0)}&=[x_{11},x_{12},x_{13},x_{14},x_{21},x_{22},x_{23},x_{24},x_{31},x_{32},x_{33},x_{34}]^{\mathrm{T}}\\&=[0,0,4,3,3,0,1,0,0,6,0,3]^{\mathrm{T}}\end{aligned}$$

其中 6 个($m+n-1=3+4-1=6$)非零变量仍然是基变量,其余 6 个取值为 0 的变量是非基变量。

此解对应的总运费为:

$$Z^{(0)}=4\times3+3\times10+3\times1+1\times2+6\times4+3\times5=86(\text{千元})$$

显然比西北角法求得的初始基可行解的效果更好,更接近最优解。

3. 运费差额法(伏格尔法)

最小元素法为了在最低费用的路线上充分运输物资,却可能造成在其他线路上多花几倍的运费。最小元素法实际上就是一种贪婪算法，每一步都取当前情况的最佳选择，但整体不一定最优。

运费差额法则是统筹考虑两步之内的情况，就像下棋一样，最小元素法就好像一个初级棋手，每下一步棋时，只考虑这一步取得最大的效益，但可能落入对手的陷阱内（对手故意送一个子，但后手可以取得更大的利益）。而如果一个棋手每下一步棋，都可以考虑后续的第二步棋，甚至是第三步棋，等等，显然水平就更高。运费差额法求初始基可行解时，每次都会考虑：如果一个供应地的设备不按最小运费的路线供应给某需求地，而考虑次小运费，这样最小运费和次小运费就有一个差额，供应地的差额越大，说明如不能按最小运费调运物资，会使运费增加得越多。因此，对差额最大的供应地，一定要按最小运费的路线调运物资；同样，对需求地，也是考虑对差额最大的需求地，一定要按最小运费的路线调运物资。

运费差额法同样求一个形如式(4.1)的运输问题的基可行解，同样是将其解 x_{ij} $(i=1,2,\cdots,m,j=1,2,\cdots,n)$ 填入形如表 4.4 中的相应位置，这里仍用 (i,j) 表示。具体做法也以例 4.1 作为参考。

第一步，在表 4.5 中分别计算出各行和各列的最小运费和次最小运费的差额，并填入该表的最右列和最下行，见表 4.11，然后从行或列差额中选出最大者，选择它所在行或列中的最小元素。如在表 4.11 中，B_2 列是最大差额所在列，B_2 列中最小元素为 4，可确定 A_3 的设备先优先供应 B_2 的需要，得到表 4.11 中右表。

第二步，将运价表中 B_2 列划去并分别计算未划去元素的各行各列的最小运费和次最小运费的差额，并填入该表的最右列和最下行，见表 4.11 的第二排表格。然后从行或列差额中选出最大者，选择它所在行或列中的最小元素。如在表 4.11 中第二排表中，B_4 列是最大差额所在列，B_4 列中最小元素为 5，可确定 A_3 的设备先优先供应 B_4 的需要，得到表 4.11 第二排表格中右表。

第三步，继续第二步中的步骤，直到给出初始解为止，用此方法给出的初始解的步骤如表 4.11 所示。

表 4.11　差额法得到初始基可行解的步骤(每一排表是一步，共六步)

分公司 / 经销商	B_1	B_2	B_3	B_4	行差额
A_1	3	11	3	10	0
A_2	1	9	2	8	1
A_3	7	4	10	5	1
列差额	2	5	1	3	

分公司 / 经销商	B_1	B_2	B_3	B_4	供应量
A_1					7
A_2					4
A_3		6			9－6
需求量	3	6	5	6	20

分公司 经销商	B_1	B_2	B_3	B_4	行差额
A_1	3	11	3	10	0
A_2	1	9	2	8	1
A_3	7	4	10	5	2
列差额	2	5	1	3	

分公司 经销商	B_1	B_2	B_3	B_4	供应量
A_1					7
A_2					4
A_3		6		3	9−6
需求量	3	6	5	6−3	20

分公司 经销商	B_1	B_2	B_3	B_4	行差额
A_1	3	11	3	10	0
A_2	1	9	2	8	1
A_3	7	4	10	5	
列差额	2	5	1	2	

分公司 经销商	B_1	B_2	B_3	B_4	供应量
A_1					7
A_2	3				4−3
A_3		6		3	9−6
需求量	3	6	5	6−3	20

分公司 经销商	B_1	B_2	B_3	B_4	行差额
A_1	3	11	3	10	7
A_2	1	9	2	8	6
A_3	7	4	10	5	2
列差额	2	5	1	2	

分公司 经销商	B_1	B_2	B_3	B_4	供应量
A_1			5		7−5
A_2	3				4−3
A_3		6		3	9−6
需求量	3	6	5	6−3	20

分公司 经销商	B_1	B_2	B_3	B_4	行差额
A_1	3	11	3	10	0
A_2	1	9	2	8	0
A_3	7	4	10	5	
列差额				2	

分公司 经销商	B_1	B_2	B_3	B_4	供应量
A_1			5		7−5
A_2	3			1	4−3
A_3		6		3	9−6
需求量	3	6	5	2	20

分公司 经销商	B_1	B_2	B_3	B_4	行差额
A_1	3	11	3	10	0
A_2	1	9	2	8	
A_3	7	4	10	5	
列差额				0	

分公司 经销商	B_1	B_2	B_3	B_4	供应量
A_1			5	2	7−5
A_2	3			1	4−3
A_3		6		3	9−6
需求量	3	6	5+1	2	20

第六步得到的也是基可行解(即一个调运方案),如表 4.12 所示(其中空格表示所在位置的变量取值为 0)。

表 4.12 例 4.2 的初始基可行解(最小元素法)

经销商 \ 分公司	B_1	B_2	B_3	B_4	供应量
A_1			5	2	7
A_2	3			1	4
A_3		6		3	9
需求量	3	6	5	6	

这个初始的基可行解也可以表示为:

$$\boldsymbol{X}^{(0)} = [x_{11}, x_{12}, x_{13}, x_{14}, x_{21}, x_{22}, x_{23}, x_{24}, x_{31}, x_{32}, x_{33}, x_{34}]^{\mathrm{T}}$$
$$= [0,0,5,2,3,0,0,1,0,6,0,3]^{\mathrm{T}}$$

其中 6 个($m+n-1=3+4-1=6$)非零变量仍然是基变量,其余 6 个取值为 0 的变量是非基变量。

此解对应的总运费为:

$$Z^{(0)} = 5\times3+2\times10+3\times1+1\times8+6\times4+3\times5=85(\text{千元})$$

显然比最小元素法求得的初始基可行解的效果更好,事实上,对例 4.2,此初始解就是最优解。

一般地说在用西北角法、最小元素法和差额法求初始方案时,应注意以下几点。

(1) 在填入一个数时,如果行和列同时饱和,规定同时划去这一行和这一列,但同时还必须取这时划去的行或列的任意空格处所对应的位置的变量为 0,并填入初始解相应的位置(此变量为基变量,虽然取值为 0,仍明确写出,以和其他取 0 值的非基变量区别开)。

(2) 选取最小值时,如有多个可同时选择,则任选其一。

(3) 在剩下最后一个空格时,只能填数(必要时可取 0),并划去所在行和列。

按照上述方法所产生的一组变量的取值将满足下面条件:

(1) 所得的变量均为非负,且变量总数恰好为 $m+n-1$ 个;

(2) 所有的约束条件均得到满足;

(3) 所得的解一定是运输问题的基本可行解。

定理 4.2.1 用西北角法、最小元素法以及运费差额法等规则给出的调运方案是产销平衡运输模型式(4.1)的一个基本可行解。

证明略(证明详见《运筹学基础》,何坚勇编著,清华大学出版社)。

4.2.2　基本可行解的最优性检验

最优性检验就是检查所得到的方案是不是最优方案。检查的方法与单纯形方法中的原理相同，即计算检验数。由于目标函数要求取得极小，因此，当所有的检验数都大于或等于零时该调运方案就是最优方案；否则就不是最优，需要进行调整。下面介绍两种求检验数的方法。

1. 闭回路法

定义 4.2.1　在运输问题的可行解(表 4.4)的决策变量格中，凡是能够排列形如 x_{ab}，x_{ad}，x_{dc}，x_{de}，…，x_{st}，x_{sb} 或 x_{ab}，x_{cb}，x_{cd}，x_{ed}，…，x_{st}，x_{at} 的变量序列，其中，a，d，…，s 各不相同；b，c，…，t 各不相同，我们称之为变量集合的一个闭回路，并将式中的变量称为这个闭回路的**顶点**。

例如，x_{13}，x_{16}，x_{36}，x_{34}，x_{24}，x_{23}； x_{23}，x_{53}，x_{55}，x_{45}，x_{41}，x_{21} 等都是闭回路。

若把闭回路的各变量格看成节点，在表中可以画出如图 4.1 形式的闭回路。

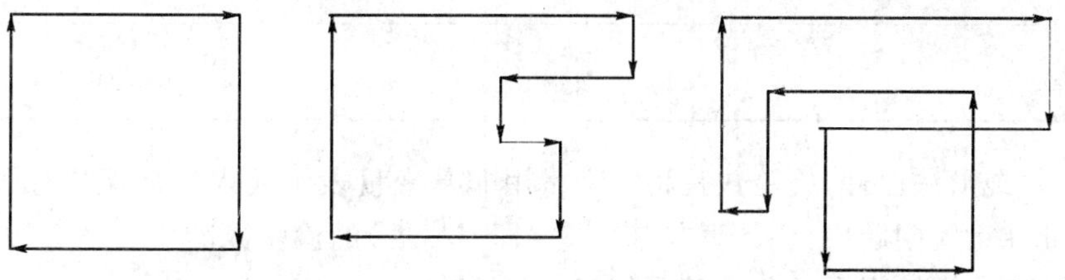

图 4.1

根据定义可以看出闭回路的一些明显特点，闭回路是一个具有如下条件的顶点的集合：

(1) 每一个顶点都是转角点；

(2) 每一行(或列)若有闭回路的顶点，则恰好有两个闭回路的顶点；

(3) 每两个顶点格子的连线都是水平的或垂直的；

(4) 闭回路中顶点的个数必为偶数。

根据运输问题的约束方程系数矩阵 $\boldsymbol{A}$ 中的列向量 $\boldsymbol{P}_{ij}$ 的特征，可以推出闭回路有如下代数性质。

定理 4.2.2　设 $x_{i_1j_1}$，$x_{i_2j_3}$，…，$x_{i_sj_s}$ $(s=m+n-1)$，是产销平衡运输问题式(4.1)的一组基变量，$x_{i_rj_r}$ 是非基变量，则在变量组 $x_{i_1j_1}$，$x_{i_2j_3}$，…，$x_{i_sj_s}$，$x_{i_rj_r}$ 中存在唯一的以 $x_{i_rj_r}$ 为顶点的闭回路。

证明略（证明详见《运筹学基础》，何坚勇编著，清华大学出版社）。

这样，如果对闭回路的方向不加区别(即只要起点及其他所有顶点完全相同，而不区别行进方向是顺时针还是逆时针)，那么以每一个非基量为起始顶点的闭回路就存在而且唯一。因此，当基变量确定后对每一个非基变量可以找到而且只能找到唯一的一个闭回路。

表 4.13 中用虚线画出以非基变量 x_{22} 为起始顶点的闭回路(此表为用最小元素法求得的初始基可行解对应的表 4.10 和单位运费表 4.5 合成的表格,其中单位运费写在单元格的左上角,基变量的值写在单元格的右下角,右下角为空的位置表示其对应变量为非基变量,取值为 0,闭回路法经常用这种表格表示运输问题的解)。

表 4.13

产地＼销地	B_1	B_2	B_3	B_4	产量 a_i
A_1	3	11	3 4	10 3	7
A_2	1 3	9	2 1	8	4
A_3	7	4 6	10	5 3	9
销量 b_j	3	6	5	6	20

根据单纯形法原理,检验数是将基变量用非基变量表示代入目标函数时非基变量的系数,因此在运输问题中,要计算非基变量(即空格处)的检验数。

表 4.13 为运输问题的一个基可行解,$x_{21}=x_{34}=x_{14}=3$,$x_{32}=6$,$x_{13}=4$,$x_{23}=1$,其余 $x_{ij}=0$,将运输问题作线性规划处理,在该基可行解下单纯形表的目标函数为

$$f=86+\sigma_{11}x_{11}+\sigma_{12}x_{12}+\sigma_{22}x_{22}+\sigma_{31}x_{31}+\sigma_{33}x_{33}+\sigma_{24}x_{24}$$

其中,σ_{ij} 为非基变量 x_{ij} 的检验数,现利用运量的变化及运输的单位费用可计算出该变量对目标函数的综合影响,进而求出检验数。

σ_{22} 为非基变量 x_{22} 对运费的影响,其经济意义表述为当其余非基变量 x_{ij} 保持不变,x_{22} 增加一个单位时,总运费的增加量。如果仅 x_{22} 变化,其余非基变量与基变量保持不变,约束条件将被破坏。所以当 x_{22} 增加时,部分基变量一定会发生变化。

在上例中,x_{22} 增加一个单位,由 B_2 的销量约束及其余非基变量保持不变,x_{32} 必减少一个单位,由 A_3 的产量约束 x_{34} 必增加一个单位,x_{14} 必减少一个单位,x_{13} 必增加一个单位,x_{23} 必减少一个单位。至此,从 x_{22} 出发,依次途经基变量 $x_{22}\to x_{32}\to x_{34}\to x_{14}\to x_{13}\to x_{23}$,又回到 x_{22}(也可选择沿相反的方向)。这就得到以 x_{22} 为顶点,其余顶点为基变量的闭回路。

运费增加的数目为 $\sigma_{22}=9-4+5-10+3-2=1$,这就是求检验数的闭回路法。

用闭回路法求检验数时,对于给定的调运方案(基可行解),从非基变量 x_{ij} 出发作一条闭回路,要求该闭回路上其余的顶点均为基变量,并从 x_{ij} 开始将该闭回路上的顶点顺序编号(顺时针或逆时针均可),起点为零,其余类推。称编号为奇数的点为奇点,编号为

偶数的点为偶点，则 x_{ij} 处对应的检验数 σ_{ij} 等于该闭回路上偶点处运价的总和与奇点处运价的总和之差，即

$$\sigma_{ij} = \text{偶点处运价的总和} - \text{奇点处运价的总和} \tag{4.5}$$

下面求 x_{24} 的检验数，以 x_{24} 为顶点的闭回路为 $x_{24} \to x_{14} \to x_{13} \to x_{23}$（也可选顺时针方向），检验数为

$$\sigma_{24} = 8 - 10 + 3 - 2 = -1 \qquad (\text{或 } \sigma_{24} = 8 - 2 + 3 - 10 = -1)$$

这就是求检验数的闭回路法，其原理就是通过寻找闭回路来计算非基变量的检验数。

按上述作法，可计算出表 4.13 中的所有非基变量的检验数，把它们填入相应位置的方括号内，如表 4.14 所示。

表 4.14

产地＼销地	B_1	B_2	B_3	B_4	产量 a_i
A_1	3　[1]	11　[2]	3　4	10　3	7
A_2	1　3	9　[1]	2　1	8　[−1]	4
A_3	7　[10]	4　6	10　[12]	5　3	9
销量 b_j	3	6	5	6	20

显然，当所有非基变量的检验数均大于或等于零时，现行的调运方案就是最优方案，因为此时对现行方案作任何调整都将导致总的运输费用增加。

这里表 4.14 中 A_2B_4 格的检验数为 −1，表示非基变量 x_{24} 的检验数为 −1，所以用最小元素法求得的初始基可行解（对应调运表 4.10）不是最优解。

当运输向量的产地与销地很多时，空格的数目很大，用闭回路法计算检验数，要找很多的闭回路，计算量很大，而用下面的位势法（也称对偶变量法）就要简便得多。

2. 位势法

对产销平衡运输问题，约束方程的系数矩阵的秩为 $m+n-1$，模型为式(4.1)，为方便分析，我们将式(4.1)写在下面：

$$\min z = \sum_{i=1}^{m}\sum_{j=1}^{n} c_{ij}x_{ij}$$

$$\text{s.t.} \begin{cases} \sum_{j=1}^{n} x_{ij} = a_i & (i = 1,2,\cdots,m) \\ \sum_{i=1}^{m} x_{ij} = b_j & (j = 1,2,\cdots,n) \\ x_{ij} \geqslant 0 & (i = 1,2,\cdots,m; j = 1,2,\cdots,n) \end{cases}$$

设 $u_1, u_2, \cdots, u_m$ 分别表示前 m 个约束等式相应的对偶变量，$v_1, v_2, \cdots, v_n$ 分别表示后 n 个等式约束相应的对偶变量，这时可将运输问题的对偶规划写成：

$$\max z = \sum_{i=1}^{m} a_i u_i + \sum_{j=1}^{n} b_j v_j$$

$$\begin{cases} u_i + v_j \leqslant c_{ij} \ (i = 1,2,\cdots,m; j = 1,2,\cdots,n) \\ u_i, v_j \text{ 为任意实数} \end{cases} \tag{4.6}$$

由互补松弛定量可知，若 $\{x_{ij}^*\}$ 与 $\{u_i^*, v_j^*\}$ 分别为原问题和对偶问题的可行解（$i=1,2,\cdots,m; j=1,2,\cdots,n$），它们同为最优解的充要条件是对一切 i 与 j，有

$$x_{ij}^* (u_i^* + v_j^* - c_{ij}) = 0 \tag{4.7}$$

对于原问题的任意基可行解 $\{x_{ij}^*\}$ 当 x_{ij}^* 为非基变量时，式(4.7)显然成立，当 x_{ij}^* 为基变量时可令

$$u_i^* + v_j^* - c_{ij} = 0 \tag{4.8}$$

先通过式(4.8)求出 u_i^* 与 v_j^*，然后代入式(4.6)检验 $u_i^* + v_j^* - c_{ij} \leqslant 0$ 是否对（$i=1,2,\cdots,m; j=1,2,\cdots,n$）成立，如果式(4.6)中条件 $u_i^* + v_j^* - c_{ij} \leqslant 0$ 都成立，说明 u_i^* 与 v_j^* 就是式(4.6)的一组可行解，同时也满足式(4.7)，所以原问题的基可行解 $\{x_{ij}^*\}$ 也就是原问题的最优解（$\{u_i^*, v_j^*\}$ 也是对偶问题式(4.6)的最优解）。

原问题式(4.1)的任意基可行解所对应的式(4.8)恰好有 $m+n-1$ 个方程，u_i^* 与 v_j^* 共 $m+n$ 个变量，可以令其中任意一个为 0，然后利用 $m+n-1$ 个方程式(4.8)中就可以求出唯一的一组解 u_i^* 与 v_j^*（方程组的系数矩阵是原问题式(4.1)系数矩阵的转置，它们的秩都是 $m+n-1$）。这样求得的 u_i^* 与 v_j^* 分别对应调运方案的第 i 行的“行位势”与第 j 列的“列位势”，而 $u_i^* + v_j^*$ 为变量 x_{ij}^* 的位势。

可以通过求位势求得非基变量的检验数：仍将例 4.1 中 σ_{22} 的计算过程进行分析，按闭回路法得

$$\sigma_{22} = c_{22} - c_{32} + c_{34} - c_{14} + c_{13} - c_{23}$$

由于闭回路上其余变量都为基变量：

$$\sigma_{22} = c_{22} - (u_3 + v_2) + (u_3 + v_4) - (u_1 + v_4) + (u_1 + v_3) - (u_2 + v_3) = c_{22} - u_2 - v_2$$

所以，一般的结论是

$$\sigma_{ij} = c_{ij} - u_i - v_j \tag{4.9}$$

式中，c_{ij} 为 x_{ij} 对应的运价，u_i, v_j 分别为 x_{ij} 对应的行位势和列位势。

如上所述，位势法的步骤可总结如下。

(1) 求出的运输问题的基可行解，设其基变量是：$x_{i_1 j_1}, x_{i_2 j_2}, \cdots, x_{i_s j_s}$，（$s=m+n-1$）。

(2) 解方程组：

$$u_{i_1} + v_{j_1} - c_{i_1 j_1} = 0$$

$$u_{i_2} + v_{j_2} - c_{i_2 j_2} = 0$$

$$\cdots$$

$$u_{i_s}+v_{j_s}-c_{i_sj_s}=0$$

求出一个特解(先令任一 u_{i_k} 或 u_{j_k} 为 0)。

(3) 求检验数:$\sigma_{ij}=c_{ij}-u_i-v_j$。

如果所有非基变量的检验数均大于或等于零时,现行的调运方案就是最优方案,否则就不是最优。

定理 4.2.3　检验数 σ_{ij} 的取值与任意 u_{j_k} 的取值无关。

证明略(证明可参考:《运筹学基础》,何坚勇编著,清华大学出版社)。

例 4.3　用位势法验证:用最小元素法求出的例 4.2 的初始基可行解(表 4.10)不是最优解。

解　用表 4.15 表示并得到表 4.10 对应的基可行解的位势和所有非基变量的检验数(此表为用最小元素法求得的初始基可行解对应的表 4.10 和单位运费表 4.5 合成的表格,其中单位运费写在单元格的左上角,基变量的值写在单元格的右下角,右下角为空的位置表示其对应变量为非基变量,取值为 0,u_i 列和 v_j 分别为 x_{ij} 对应的行位势和列位势)。

表 4.15

	v_j	−3	4	−2	5	
u_i		B_1	B_2	B_3	B_4	产量 a_i
5	A_1	3　[1]	11　[2]	3　4	10　3	7
4	A_2	1　3	9　[1]	2　1	8　[−1]	4
0	A_3	7　[10]	4　6	10　[12]	5　3	9
	销量 b_j	3	6	5	6	20

用位势法得到的检验数结果当然和用闭回路法得到的检验数结果是一致的(表 4.14)。

4.2.3　基本可行解的调整

当非基变量的检验数出现负值时,则表明当前的基本可行解不是最优解。在这种情况下,应该对基本可行解进行调整,即找到一个新的基本可行解使目标函数值下降,这一过程通常称为换基(或主元变换)过程。

在运输问题的表上作业法中,换基的过程按如下步骤进行。

(1) 选负检验数中最小者 σ_{ik},那么 x_{ik} 为主元,作为进基变量。

(2) 以 x_{ik} 为起点找一条闭回路，除 x_{ik} 外其余顶点必须为基变量格。

(3) 对闭回路的每一个顶点标号，x_{ik} 为 0，沿一个方向(顺时针或逆时针)依次给各顶点标号。

(4) 求 $\theta=\min\{x_{ij} \mid x_{ij}$ 对应闭回路上的奇数标号格$\}=x_{pq}$，那么确定 x_{pq}(当有若干个时任选其中一个)为出基变量，θ 为调整量。

(5) 对闭回路的各偶标号顶点调整后的结果为 $x_{ij}+\theta$，对各奇标号顶点调整后的结果为 $x_{ij}-\theta$，特别地，$x_{pq}-\theta=0$，x_{pq} 变为非基变量。

在例 4.1 中以表 4.14(表 4.15)或所示的基可行解以及检验数出发，x_{24} 是检验数为负数的非基变量，以 x_{24} 作为进基变量，以 x_{24} 为起点的闭回路为 $x_{24} \to x_{14} \to x_{13} \to x_{23}$，$\theta=\min\{x_{14}, x_{23}\}=1$，$x_{23}$ 出基并对闭回路的运量调整，调整后的基可行解为

$$x_{24}=1, x_{14}=2, x_{13}=5, x_{23}=0, \text{其余变量不变}$$

调整后再求检验数(位势法)，见表 4.16。

表 4.16

	v_j	−2	4	−2	5	
u_i		B_1	B_2	B_3	B_4	产量 a_i
5	A_1	3 [0]	11 [2]	3 5	10 2	7
3	A_2	1 3	9 [2]	2 [1]	8 1	4
0	A_3	7 [9]	4 6	10 [12]	5 3	9
	销量 b_j	3	6	5	6	20

$\sigma_{ij} \geqslant 0$，得到最优解

$$x_{13}=5, x_{14}=2, x_{21}=3, x_{24}=1, x_{32}=6, x_{34}=3, \text{其余 } x_{ij}=0$$

最优值：$f^*=3\times5+10\times2+1\times3+8\times1+4\times6+5\times3=85$。

4.2.4 表上作业法计算中的问题

1. 无穷多个最优解

当迭代到运输问题的最优解时，如果有某非基变量的检验数等于 0，则说明该运输问题有无穷多最优解(如 4.2.3 节表 4.16 中，为得到另一个最优解，只需让 $\sigma_{ij}=0$ 的非基变量进基，并进行基可行解的调整即可)。

2. 退化问题

在运输问题中，退化解是时常发生的，主要在下面两种情况中出现。

(1) 寻找初始的基可行解时，在填入一个数时，如果行和列同时饱和，规定同时划去这一行和这一列，但同时还必须取这时划去的这行或这列的任意空格处所对应的位置的变量为 0，并填入初始解相应的位置，这就是一种退化现象。这种填入数字 0 的做法，是为了使迭代过程中基可行解的分量恰好为 $m+n-1$ 个。

(2) 在用闭回路法调整当前基本可行解时，调整量 θ 的取值应为：

$$\theta=\min\{x_{ij}\mid x_{ij}\text{ 对应闭回路上的奇数标号格}\}$$

这时可能出现有两个(或以上)奇数号格点的 x_{ij} 都相等且都为最小值，只能取其中一个为离基格，其余的仍作为基格，而在作运输量调整时，运输量与 θ 相等的那些奇数号格点的 x_{ij} 都将调整为 0，因此得到的也是一个退化了的基可行解。

§4.3　不平衡的运输问题

前面讲述的解运输问题的算法，是以总产量等于总销量(产销平衡)为前提的。实际上，在很多运输问题中总产量不等于总销量。这时，为了使用前面的表上作业法求解，就需将产销不平衡运输问题化为产销平衡运输向量。

1. 总产量大于总销量的情形

如果总产量大于总销量，即

$$\sum_{i=1}^{m}a_i>\sum_{j=1}^{n}b_j$$

这时的数学模型是：

$$\min z=\sum_{i=1}^{m}\sum_{j=1}^{n}c_{ij}x_{ij}$$

$$\text{s. t.}\begin{cases}\sum\limits_{j=1}^{n}x_{ij}\leqslant a_i & (i=1,2,\cdots,m)\\ \sum\limits_{i=1}^{m}x_{ij}=b_j & (j=1,2,\cdots,n)\\ x_{ij}\geqslant 0 & (i=1,2,\cdots,m;j=1,2,\cdots,n)\end{cases}\tag{4.10}$$

为借助于产销平衡时的表上作业法，可增加一个假想的销地 $B_{(n+1)}$，由于实际上它不存在，因而由产地 $A_i(i=1,2,\cdots,m)$ 调运到这个假想销地的物品数量 $x_{i,(n+1)}$(相当于松弛变量)，实际上是就地存储在 A_i 的物品数量，就地存储的物品不经运输，故其单位运价 $C_{i,(n+1)}=0(i=1,2,\cdots,m)$。

令假想销地的销量为

$$b_{(n+1)}=\sum_{i=1}^{m}a_i-\sum_{j=1}^{n}b_j$$

则模型式(4.10)变为产销平衡的运输问题：

$$\min z = \sum_{i=1}^{m}\sum_{j=1}^{n+1} c_{ij}x_{ij}$$

$$\text{s.t.} \begin{cases} \sum_{j=1}^{n+1} x_{ij} = a_i & (i = 1,2,\cdots,m) \\ \sum_{i=1}^{m} x_{ij} = b_j & (j = 1,2,\cdots,n,n+1) \\ x_{ij} \geqslant 0 & (i = 1,2,\cdots,m; j = 1,2,\cdots,n,n+1) \end{cases} \tag{4.11}$$

例 4.4 某公司从两个产地 A_1、A_2 将物品运往 3 个销地 B_1、B_2、B_3，各产地的产量、各销地的销量和各产地运往各销地每件物品的运费如表 4.17 所示，问：应如何调运可使总运输费用最小？

表 4.17

销地 产地	B_1	B_2	B_3	产量
A_1	6	4	6	300
A_2	6	5	5	300
销量	150	150	200	

解 增加一个虚设的销地运输费用为 0，得表 4.18。

表 4.18

销地 产地	B_1	B_2	B_3	B_4（虚销地）	产量
A_1	6	4	6	0	300
A_2	6	5	5	0	300
销量	150	150	200	100	

此为产销平衡的运输问题，按照 4.2 节的表上作业法即可求解，求完后将 B_4 列去掉即得原问题的最优解。

2. 总产量小于总销量的情形

如果总产量小于总销量，即

$$\sum_{i=1}^{m} a_i < \sum_{j=1}^{n} b_j$$

这时的数学模型是：

$$\min z = \sum_{i=1}^{m}\sum_{j=1}^{n} c_{ij}x_{ij}$$

$$
\text{s.t.}\quad \begin{cases} \sum\limits_{j=1}^{n} x_{ij} = a_i & (i = 1,2,\cdots,m) \\ \sum\limits_{i=1}^{m} x_{ij} \leqslant b_j & (j = 1,2,\cdots,n) \\ x_{ij} \geqslant 0 & (i = 1,2,\cdots,m; j = 1,2,\cdots,n) \end{cases} \tag{4.12}
$$

可仿照上述类似方法处理，即增加一个假想的产地 $A_{(m+1)}$，它的产量等于

$$
a_{(m+1)} = \sum_{j=1}^{n} b_j - \sum_{i=1}^{m} a_i
$$

由于这个假想的产地并不存在，求出的由它发往各个销地的物品数量 $x_{(m+1)j}$ $(j=1,2,\cdots,n)$，实际上是各销地 B_j 所需物品的欠缺额，所以一般地有

$$
c_{(m+1)j} = 0 \quad (j=1,2,\cdots,n)
$$

但是当这种短缺有其他成本(违约赔偿或机会成本)时，$c_{(m+1)j}$ 不为零而是为其成本。

例 4.5　某公司从两个产地 A_1、A_2 将物品运往 3 个销地 B_1、B_2、B_3，各产地的产量、各销地的销量和各产地运往各销地每件物品的运费如表 4.19 所示，问：应如何调运可使总运输费用最小？

表 4.19

销地 / 产地	B_1	B_2	B_3	产量
A_1	6	4	6	200
A_2	6	5	5	300
销量	250	200	200	

增加虚拟产地后得到表 4.20。

表 4.20

销地 / 产地	B_1	B_2	B_3	产量
A_1	6	4	6	200
A_2	6	5	5	300
A_3(虚产地)	0	0	0	150
销量	250	200	200	

同样变为产销平衡的运输问题，按照 4.2 节的表上作业法即可求解，求完后将 A_3 行去掉即得原问题的最优解。

§4.4 运输问题的应用举例

由于在变量个数相等的情况下,表示作业法的计算远比单纯形算法简单得多,所以在解决实际问题时,人们常常尽可能地把某些线性规划问题化为运输问题的模型。在求解时,有些实际问题可以直接用运输问题的模型来求解,有些则需要进行适当的变化。下面看几个典型的例子。

例 4.6 某大学有一、二、三 3 个校区。每年分别需要用煤 3 000 吨、1 000 吨、2 000 吨,由 A、B 两处煤矿负责供应,价格、质量相同。供应能力分别为 1 500 吨、4 000 吨,单位运价如表4.21 所示。由于需大于供,经大学研究决定一区供应量可减少 0～300 吨,二区必须满足需求量,三区供应量不少于 1 700 吨,试求总费用为最低的调运方案。

表 4.21 (单位:元/吨)

产地 \ 销地	一区	二区	三区	产量
A	1 650	1 700	1 750	4 000
B	1 600	1 650	1 700	1 500
需要量	3 000	1 000	2 000	

解 根据题意,作出产销平衡问题的运价表 4.22:构造一个假想生产点,取 M 代表一个很大的正数,其作用是强迫相应的 x_{31},x_{33},x_{34} 取值为 0。

表 4.22 (单位:吨)

产地 \ 销地	一区	一区	二区	三区	三区	产量
A	1 650	1 650	1 700	1 750	1 750	4 000
B	1 600	1 600	1 650	1 700	1 700	1 500
假想生产点	M	0	M	M	0	500
需要量	2 700	300	1 000	1 700	300	

对表 4.22 所对应的产销平衡的运输问题,用表上作业法求解后将一区、三区分别合并,再将假想生产点行去掉,即可得到原问题总费用最低的调运方案。

例 4.7 设有 A、B、C 三个化肥厂供应 1、2、3、4 四个地区的农用化肥。假设效果相同,有关数据如表 4.23 所示。试求总费用为最低的化肥调拨方案。

表 4.23　　(单位:吨)

产地＼销地	1	2	3	4	产量
A	16	13	22	17	50
B	14	13	19	15	60
C	19	20	23	—	50
最低需求量	30	70	0	10	
最高需求量	50	70	30	不限	

解　根据题意,作出产销平衡问题及运价表 4.24:最低要求必须满足,因此把相应的虚设产地运费取为 M,而最高要求与最低要求的差允许按需要安排,因此把相应的虚设产地运费取为 0。对应 $4''$的销量 50 吨是考虑问题本身适当取的数据,根据产销平衡要求确定 D 的产量为 50 吨。

表 4.24　　(单位:吨)

产地＼销地	$1'$	$1''$	2	3	$4'$	$4''$	产量
A	16	16	13	22	17	17	50
B	14	14	13	19	15	15	60
C	19	19	20	23	M	M	50
D	M	0	M	0	M	0	50
最高需求量	30	20	70	30	10	50	

对表 4.24 所对应的产销平衡的运输问题,用表上作业法求解后将 1 区、3 区分别合并,再将假想生产点行取掉,即可得到原问题总费用最低的调运方案。

例 4.8(生产与储存问题)　某厂按合同规定须于当年每个季度末分别提供 10 台、15 台、25 台、20 台同一规格的柴油机。已知该厂各季度的生产能力及生产每台柴油机的成本如表 4.25。如果生产出来的柴油机当季不交货,每台每积压一个季度需储存、维护等费用共 0.15 万元。试求在完成合同的情况下,使该厂全年生产总费用为最小的决策方案。

表 4.25

时间＼生产情况	生产能力/台	单位成本/万元
一季度	25	10.8
二季度	35	11.1
三季度	30	11.0
四季度	10	11.3

解 设 x_{ij} 为第 i 季度生产的第 j 季度交货的柴油机数目，那么应满足如下方程。

交货：

$$\begin{cases} x_{11}=10 \\ x_{12}+x_{22}=15 \\ x_{13}+x_{23}+x_{33}=25 \\ x_{14}+x_{24}+x_{34}+x_{44}=20 \\ x_{ij}\geqslant 0 \end{cases}$$

生产：

$$\begin{cases} x_{11}+x_{12}+x_{13}+x_{14}\leqslant 25 \\ x_{22}+x_{23}+x_{24}\leqslant 35 \\ x_{33}+x_{34}\leqslant 30 \\ x_{44}\leqslant 10 \\ x_{ij}\geqslant 0 \end{cases}$$

把第 i 季度生产的柴油机数目看成第 i 个生产厂的产量；把第 j 季度交货的柴油机数目看成第 j 个销售点的销量；成本加储存、维护等费用看成运费。可构造下列产销平衡问题的目标函数：

$$\min f=10.8x_{11}+10.95x_{12}+11.1x_{13}+11.25x_{14}+11.1x_{22}+11.25x_{23}+11.4x_{24}+11.0x_{33}+11.15x_{34}+11.3x_{44}$$

因此可得决策方案见表 4.26。

表 4.26

时间 \ 方案	第一季度/万元	第二季度/万元	第三季度/万元	第四季度/万元	D	产量/台
第一季度	10.80	10.95	11.10	11.2	0	25
第二季度	M	11.10	11.25	11.40	0	35
第三季度	M	M	11.00	11.15	0	30
第四季度	M	M	M	11.30	0	10
销量	10	15	25	20	30	

例 4.9 光明仪器厂生产电脑绣花机是以产定销的。已知 1～6 月份各月的生产能力、合同销量和单台电脑绣花机平均生产费用见表 4.27。

表 4.27

时间 \ 产销情况	正常生产能力/台	加班生产能力/台	销量/台	单台费用/万元
1 月份	60	10	104	15
2 月份	50	10	75	14
3 月份	90	20	115	13.5
4 月份	100	40	160	13
5 月份	100	40	103	13
6 月份	80	40	70	13.5

已知上年末库存 103 台绣花机，如果当月生产出来的机器当月不交货，则需要运到分厂库房，每台增加运输成本 0.1 万元，每台机器每月的平均仓储费、维护费为 0.2 万元。在 7～8 月份销售淡季，全厂停产 1 个月，因此在 6 月份完成销售合同后还要留出库存 80 台。加班生产机器每台增加成本 1 万元。问应如何安排 1～6 月份的生产，可使总的生产费用（包括运输、仓储、维护）最少？

解　这个生产存储问题可化为运输问题来做。考虑：各月生产与交货分别视为产地和销地。

(1) 1～6 月份合计生产能力（包括上年末储存量）为 743 台，销量为 707 台。设一假想销地销量为 36；

(2) 上年末库存 103 台，只有仓储费和运输费，把它列为第 0 行；

(3) 6 月份的需求除 70 台销量外，还要 80 台库存，其需求应为 70＋80＝150 台；

(4) 1～6 表示 1～6 月份正常生产情况，$1'$～$6'$表示 1～6 月份加班生产情况。

产销平衡与运价表见表 4.28。

表 4.28

生产＼销售	1月	2月	3月	4月	5月	6月	虚销地	正常产量	加班产量
0	0.3	0.5	0.7	0.9	1.1	1.3	0	103	
1	15	15.3	15.5	15.7	15.9	16.1	0	60	
1	16	16.3	16.5	16.7	16.9	17.1	0		10
2	M	14	14.3	14.5	14.7	14.9	0	50	
2	M	15	15.3	15.5	15.7	15.9	0		10
3	M	M	13.5	13.8	14	14.2	0	90	
3	M	M	14.5	14.8	15	15.2	0		20
4	M	M	M	13.0	13.3	13.5	0	100	
4	M	M	M	14	14.3	14.5	0		40
5	M	M	M	M	13.0	13.3	0	100	
5	M	M	M	M	14.0	14.3	0		40
6	M	M	M	M	M	13.5	0	80	
6	M	M	M	M	M	14.5	0		40
销量	104	75	115	160	103	150	36	—	

§4.5　用优化软件解决运输问题的方法和举例

例 4.10　使用 Lingo 软件计算 6 个发点、8 个收点的最小费用运输问题。产销单位运价如表 4.29。

表 4.29

单位运价 销地 / 产地	B_1	B_2	B_3	B_4	B_5	B_6	B_7	B_8	产量
A_1	6	2	6	7	4	2	5	9	60
A_2	4	9	5	3	8	5	8	2	55
A_3	5	2	1	9	7	4	3	3	51
A_4	7	6	7	3	9	2	7	1	43
A_5	2	3	9	5	7	2	6	5	41
A_6	5	5	2	2	8	1	4	3	52
销量	35	37	22	32	41	32	43	38	

使用 Lingo 软件，编制程序如下：

```
model:
! 6 发点 8 收点运输问题;
sets:
  warehouses/wh1..wh6/: capacity;
  vendors/v1..v8/: demand;
  links(warehouses,vendors): cost, volume;
endsets
! 目标函数;
  min = @sum(links: cost * volume);
! 需求约束;
  @for(vendors(J):
    @sum(warehouses(I): volume(I,J)) = demand(J));
! 产量约束;
  @for(warehouses(I):
    @sum(vendors(J): volume(I,J))< = capacity(I));

! 这里是数据;
data:
  capacity = 60 55 51 43 41 52;
  demand = 35 37 22 32 41 32 43 38;
  cost = 6 2 6 7 4 2 9 5
         4 9 5 3 8 5 8 2
```

```
      5 2 1 9 7 4 3 3
      7 6 7 3 9 2 7 1
      2 3 9 5 7 2 6 5
      5 5 2 2 8 1 4 3;
enddata
end
```

然后单击工具条上的按钮即可。

注：@file 函数从外部文件中输入数据，可以放在模型中任何地方。该函数的语法格式为@file('filename')，这里 filename 是文件名，可以采用相对路径和绝对路径两种表示方式。@file 函数对同一文件的两种表示方式的处理和对两个不同的文件处理是一样的，这一点必须注意。

注意到在例 4.10 的编码中有两处涉及数据。第一处是集部分(sets)的 6 个 warehouses 集成员和 8 个 vendors 集成员；第二处是数据部分的 capacity、demand 和 cost 数据。

为了使数据和模型完全分开，我们把它们移到外部的文本文件中。修改模型代码以便于用@file 函数把数据从文本文件中拖到模型中来。修改后(修改处代码黑体加粗)的模型代码如下：

```
model:
! 6 发点 8 收点运输问题;
sets:
  warehouses/ @file('1_2.txt') /: capacity;
  vendors/ @file('1_2.txt')/: demand;
  links(warehouses,vendors): cost, volume;
endsets
! 目标函数;
  min = @sum(links: cost * volume);
! 需求约束;
  @for(vendors(J):
    @sum(warehouses(I): volume(I,J)) = demand(J));
! 产量约束;
  @for(warehouses(I):
    @sum(vendors(J): volume(I,J))< = capacity(I));

! 这里是数据;
```

```
data:
  capacity = @file('1_2.txt') ;
  demand = @file('1_2.txt') ;
  cost = @file('1_2.txt') ;
enddata
end
```

模型的所有数据来自于1_2.txt文件。其内容如下:

```
! warehouses 成员;
WH1 WH2 WH3 WH4 WH5 WH6 ~

! vendors 成员;
V1 V2 V3 V4 V5 V6 V7 V8 ~

! 产量;
60 55 51 43 41 52 ~

! 销量;
35 37 22 32 41 32 43 38 ~

! 单位运输费用矩阵;
6 2 6 7 4 2 5 9
4 9 5 3 8 5 8 2
5 2 1 9 7 4 3 3
7 6 7 3 9 2 7 1
2 3 9 5 7 2 6 5
5 5 2 2 8 1 4 3
```

把记录结束标记(~)之间的数据文件部分称为**记录**。如果数据文件中没有记录结束标记,那么整个文件被看成单个记录。注意到除了记录结束标记外,模型的文本和数据同它们直接放在模型里是一样的。

下面介绍在数据文件中的记录结束标记连同模型中@file函数调用是如何工作的。当在模型中第一次调用@file函数时,Lingo打开数据文件,然后读取第一个记录;第二次调用@file函数时,Lingo读取第二个记录,等等。文件的最后一条记录可以没有记录结束标记,当遇到文件结束标记时,Lingo会读取最后一条记录,然后关闭文件。如果最后一条记录也有记录结束标记,那么直到Lingo求解完当前模型后才关闭该文件。如果多个文件保持打开状态,可能就会导致一些问题,因为这会使同时打开的文件总数超过允许同时打开文件的上限 16。

当使用@file 函数时，可把记录的内容（除了一些记录结束标记外）看成是替代模型中@file('filename')位置的文本。这也就是说，一条记录可以是声明的一部分、整个声明或一系列声明，在数据文件中注释被忽略。注意在 Lingo 中不允许嵌套调用@file 函数。

第 5 章　整数规划

§5.1　整数规划问题的提出

前面讨论的线性规划问题中，有些最优解可能是分数或小数，但对于某些具体的实际问题，常常要求一部分或全部解变量必须取整数值，例如，变量表示的是机器的台数、完成工作的人数、实施的项目数或装货的车数等，再比如开与关、取与舍、真与假等逻辑现象都需要用取值仅为 0 或 1 的变量来进行数量化的描述，所以对这些实际问题，分数或小数的取值就不合要求。如果为了满足整数解的要求而将已得到的小数解经过“四舍五入”直接取整(或“上取整”、“下取整”等)，又常常会遇到取整的解不是可行解，或虽是可行解但不是最优解的情况。所以一般需要对求最优整数解的问题另行研究。

若在线性规划模型中，某些或全部变量限制为整数，则称为整数线性规划；若在非线性规划模型中，某些或全部变量限制为整数，则称为非线性整数规划；所以整数规划严格说来就是带有整数约束的规划问题，但是由于目前最常见的整数规划大都为整数线性规划，所以一般提到的整数规划，实际上就是指整数线性规划，本章除非特别说明，也都是将整数线性规划直接称为整数规划。对一个整数规划问题，如果变量全限制为整数，称为纯(完全)整数规划；如果部分变量限制为整数，则称为混合整数规划；如果变量只能取 0 或 1 时，称之为 0-1 整数规划。

考虑如下形式的整数规划问题(ILP)：

$$\max \ \boldsymbol{c}^{\mathrm{T}}\boldsymbol{x}$$

$$\text{s.t.}\begin{cases}\boldsymbol{A}\boldsymbol{x}\leqslant \boldsymbol{b}\\ \boldsymbol{x}\geqslant \boldsymbol{0}\\ \boldsymbol{x}\text{ 为整数向量}\end{cases}\tag{5.1}$$

其中，$\boldsymbol{A}=(a_{ij})_{m\times n}$，$\boldsymbol{c}=(c_1,c_2,\cdots,c_n)^{\mathrm{T}}$，$\boldsymbol{b}=(b_1,b_2,\cdots,b_m)^{\mathrm{T}}$ 以及 $\boldsymbol{x}=(x_1,x_2,\cdots,x_n)^{\mathrm{T}}$。在式(5.1)中除去 $\boldsymbol{x}$ 为整数向量这一约束后，就得到对应的标准线性规划问题(LP)：

$$\max \ \boldsymbol{c}^{\mathrm{T}}\boldsymbol{x}$$

$$\text{s.t.}\begin{cases}\boldsymbol{A}\boldsymbol{x}\leqslant \boldsymbol{b}\\ \boldsymbol{x}\geqslant \boldsymbol{0}\end{cases}\tag{5.2}$$

称式(5.2)是式(5.1)的松弛问题。

对于一个整数规划(比如式(5.1))和其对应的松弛问题(式(5.2)),我们容易看出:如果其松弛问题的最优解是整数,则松弛问题的最优解显然也是整数规划的最优解;如果整数规划(比如式(5.1))和其对应的松弛问题(式(5.2))都有最优解,整数规划(比如式(5.1))最优解值一定不会优于松弛问题(式(5.2))最优值。

例 5.1　整数规划和其松弛问题分别为:

$$\text{(ILP)}\quad \max z=x_1+x_2 \quad \text{s.t.}\begin{cases}x_1+2x_2\leqslant 4\\ x_1\geqslant 0, x_2\geqslant 0\\ x_1, x_2 \text{ 为整数}\end{cases}\qquad \text{(LP)}\quad \max z=x_1+x_2 \quad \text{s.t.}\begin{cases}x_1+2x_2\leqslant 4\\ x_1\geqslant 0, x_2\geqslant 0\end{cases}$$

ILP 和其松弛问题 LP 的最优解都为 $x_1=4, x_2=0$,最优值都为 4。

例 5.2　整数规划和其松弛问题分别为:

$$\text{(ILP)}\quad \max z=x_1+x_2 \quad \text{s.t.}\begin{cases}2x_1+3x_2\leqslant 3\\ x_1\geqslant 0, x_2\geqslant 0\\ x_1, x_2 \text{ 为整数}\end{cases}\qquad \text{(LP)}\quad \max z=x_1+x_2 \quad \text{s.t.}\begin{cases}2x_1+3x_2\leqslant 3\\ x_1\geqslant 0, x_2\geqslant 0\end{cases}$$

ILP 的最优解为 $x_1=0, x_2=1$,最优值为 1,其松弛问题 LP 的最优解为 $x_1=3/2, x_2=0$,最优值为 3/2。

例 5.3　整数规划和其松弛问题分别为:

$$\text{(ILP)}\quad \max z=x_1+x_2 \quad \text{s.t.}\begin{cases}2x_1+4x_2=5\\ x_1\geqslant 0, x_2\geqslant 0\\ x_1, x_2 \text{ 为整数}\end{cases}\qquad \text{(LP)}\quad \max z=x_1+x_2 \quad \text{s.t.}\begin{cases}2x_1+4x_2=5\\ x_1\geqslant 0, x_2\geqslant 0\end{cases}$$

ILP 的可行域为空集,所以没有最优解,其松弛问题 LP 的最优解为 $x_1=5/2, x_2=0$,最优值为 5/2。

对于标准线性规划问题,已有有效的算法。那么能否利用求解对应的线性规划问题来求解整数规划呢?是的,一般整数规划的求解方法往往正是利用对应的线性规划问题来求解的,但是整数规划的求解方法和线性规划问题的求解又有很大的区别,而且一般说来,整数规划的求解往往会比线性规划问题的求解困难得多(虽然直观看来整数规划是对应线性规划的一种限制情况,因为增加了一些整数约束,可行域是对应线性规划的可行域的子集)。

考察图 5.1 所示的情况,可以看出直接取整的方法是不可取的。

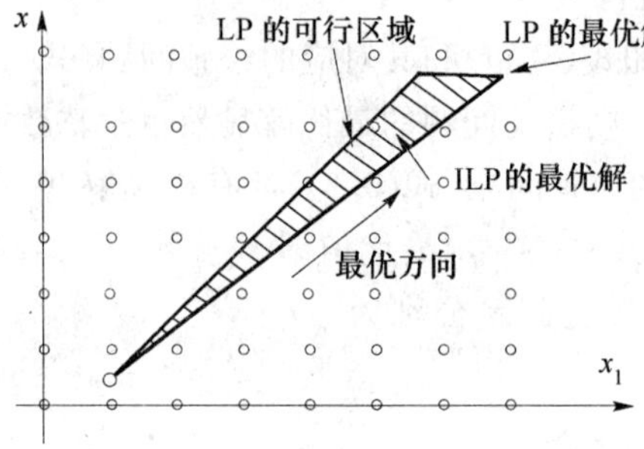

图 5.1

既然整数规划的可行域是一些离散的整数点(图 5.1),如果其可行域有界,那么所包含的整数点的数目就是有限的,可否用枚举法来解整数规划呢?对一般的整数规划问题,枚举法是无能为力的,比如 50 个城市的旅行售货员问题,所有可能的旅行路线个数为 (49)!/2,这是一个天文数字,枚举是不可能的。

由上大致可见,求解整数规划问题比求解对应的线性规划问题往往要困难得多。事实上,整数规划模型并不是线性模型。仅以 0-1 规划而言,决策变量取值为 0 或 1 这个约束是可以用一个等价的非线性约束:

$$x_j(1-x_j)=0 \quad (j=1,\cdots,n) \tag{5.3}$$

来代替的。因而变量的整数限制本质上是将一个线性规划变为了一个非线性约束的优化问题,从而破坏了单纯的线性规划问题的性质,也使得线性规划的求解方法不再适应整数规划。

目前,很多典型的“困难”问题(NP-C、NP-Hard 问题)都可以表示为整数规划问题,现实生活中的许多领域中也都有整数规划的实例,比如投资决策问题、设备购置问题、工厂选址问题、下料问题、旅行售货员问题、背包问题,以及 5.4 节将详细介绍的指派问题等。针对整数规划问题,人们研究得到了很多巧妙的方法进行求解(虽然有些方法并不是所谓的“好算法”,但也能有效而且相对快速地解决问题),常见的方法如:分枝定界法、割平面法、过滤隐枚举法、蒙特卡洛法(随机取样法)、匈牙利算法等。下面我们先看一些典型的整数规划的问题,再介绍分枝定界法和匈牙利算法。

§5.2 几个典型的整数规划问题

例 5.4(一维背包问题) 有一个人带一个背包上山,其可携带物品质量的限度为 b。设有 n 种不同的物品可供他选择装入背包中,已知第 j 种物品的质量为 $a_j>0$,单位价值为 $c_j>0(j=1,2,\cdots,n)$。问此人应如何选择携带物品的方案,使总价值最大?

分析: 设 x_j 为第 j 种物品的装入件数,则问题的数学模型是

$$\max z = \sum_{j=1}^{n} c_j x_j$$

$$\text{s. t.} \begin{cases} \sum_{j=1}^{n} a_j x_j \leqslant b \\ x_j \geqslant 0 \text{ 且为整数}, j = 1,2,\cdots,n \end{cases}$$

例 5.5(旅行售货员问题)　有一推销员，从城市 v_0 出发，要遍访城市 $v_1, v_2, \cdots, v_n$ 各一次，最后返回 v_0，已知从 v_i 到 v_j 的旅费为 c_{ij}，问他应该按怎样的次序访问这些城市，使得总旅费最少？(设 $c_{ii}=M$，M 为充分大的正数，$i=0,1,\cdots,n$)。

分析：对每一对城市 v_i 和 v_j，定义变量 x_{ij}，令

$$x_{ij} = \begin{cases} 1, \text{如果推销员决定从 } v_i \text{ 直接进入 } v_j \\ 0, \text{其他情况} \end{cases}$$

该问题的数学模型为

$$\min z = \sum_{i,j=0}^{n} c_{ij} x_{ij}$$

$$\text{s. t.} \begin{cases} \sum_{i=0}^{n} x_{ij} = 1 & (j = 0,\cdots,n) \\ \sum_{j=0}^{n} x_{ij} = 1 & (i = 0,\cdots,n) \\ u_i - u_j + n x_{ij} \leqslant n-1 & (1 \leqslant i \neq j \leqslant n) \\ x_{ij} = 0 \text{ 或 } 1 & (i,j = 0,\cdots,n) \\ u_i = 0,1,2,\cdots,n-2 & (i = 1,\cdots,n) \end{cases}$$

例 5.6(最短路问题)　设给定了一个有 m 个节点、n 条弧的网络 $N(V,E)$，每条弧 (i,j) 的长度为 c_{ij}。对给定的两个节点，设为 v_1 和 v_m，找出从 v_1 到 v_m 的总长度最短的路。

分析：若用 x_{ij} 表示弧 (i,j) 是否在这条路上，因此显然有 $x_{ij}=0$ 或 1，则问题的数学模型是

$$\min \sum_{(i,j)\in E} c_{ij} x_{ij}$$

$$\text{s. t.} \begin{cases} \sum_{(i,j)\in E} x_{ij} - \sum_{(k,i)\in E} x_{ki} = \begin{cases} 1 & (i = 1) \\ 0 & (i = 2,\cdots,m-1) \\ -1 & (i = m) \end{cases} \\ x_{ij} = 0 \text{ 或 } 1, (i,j) \in E \end{cases}$$

例 5.7(选址问题)　某公司拟在市东、西、南三区建立分公司，准备从 7 个位置(点) $A_i(i=1,2,\cdots,7)$ 中选择，规定：在东区由 A_1、A_2、A_3 三个点中至多选两个；在西区由 A_4、A_5 两个点中至少选一个；在南区由 A_6、A_7 两个点中至少选一个。如选用 A_i 点，设备投

资估计为 b_i 元,每年可获利润估计为 c_i 元,但投资总额不能超过 B 元。问应选择哪几个点可使年利润为最大?

分析:引入 0-1 变量 $x_i(i=1,2,\cdots,7)$,令:$x_i=\begin{cases}1, A_i\text{ 点被选中}\\0, A_i\text{ 点没被选中}\end{cases}$,$i=1,2,\cdots,7$。于是问题可列写成:

$$\max z=\sum_{i=1}^{7}c_ix_i$$

$$\text{s.t.}\begin{cases}\sum_{i=1}^{7}b_ix_i\leqslant B\\x_1+x_2+x_3\leqslant 2\\x_4+x_5\geqslant 1\\x_6+x_7\geqslant 1\\x_i=0\text{ 或 }1\end{cases}$$

例 5.8 一个非线性整数规划为:

$$\max z=x_1^2+x_2^2+3x_3^2+4x_4^2+2x_5^2-8x_1-2x_2-3x_3-x_4-2x_5$$

$$\text{s.t.}\begin{cases}0\leqslant x_i\leqslant 99(i=1,\cdots,5)\\x_1+x_2+x_3+x_4+x_5\leqslant 400\\x_1+2x_2+2x_3+x_4+6x_5\leqslant 800\\2x_1+x_2+6x_3\leqslant 200\\x_3+x_4+5x_5\leqslant 200\end{cases}$$

§5.3 分枝定界法

分枝定界法(Branch and Bound)也称分支定界法,是在 20 世纪 60 年代初由 Land Doig 和 Dakin 等人提出,由于这种方法灵活且便于用计算机求解,所以现在它已是解整数规划的一种重要而且常用的方法。目前,分枝定界法是一种用途十分广泛的求解问题的一种方法,可以用来求一般的优化问题(非整数规划问题),但更常见的是经常用来求解整数线性规划问题。实际上分枝定界法是考虑问题的一种途径,而不是一种特殊算法(如线性规划是一种算法),也不像线性规划那样有一个标准的数学表达式和明确定义的一组规则,用分枝定界法解决问题必须对具体问题进行具体分析处理,技巧性很强,不同类型的问题解法也不尽相同,但解整数线性规划问题的方法相对较为规范。下面我们只介绍用分枝定界法求解整数线性规划(下面都简称为整数规划)问题的内容。另外,分枝定界法不但可以求解纯整数规划,还可以求解混合整数规划。

设有最大化的整数规划问题 A(注:①本章只考虑 A 的可行域是有限域的情形,虽然有时 A 的可行域是无限域时也有可能可以用分枝定界法求解;②对于最小化的整数规划问题的求解方法是类似的，只是作相应的考虑即可)，与它相应的线性规划(松弛问题)为问题 B(其可行域也为有限域)，分枝定界法的思路就是将 B 的可行域分割为越来越小的子集(相应地得到 B 的子问题，都是线性规划问题)，称为分枝；对 B 和 B 的每个子问题分别进行求解，并从解中分析得到 A 的最优值的下界$\underline{z}$和上界$\overline{z}$，这称为定界；在每次分枝后，凡是最优值小于$\underline{z}$(对于最小化的整数规划问题则考虑大于$\overline{z}$)的那些子集不再进一步分枝，这样，许多子集可不予考虑，这称剪枝；逐步对每个子集继续分割，并通过分析对$\overline{z}$和$\underline{z}$逐步减小和增大，最终分析出 A 的最优值 z^* 。具体可用下面的分枝定界法步骤来表示(最大化的整数规划)。

分枝定界法步骤如下。

第 1 步：从解问题 B 开始(用任何有效的求解线性规划问题的方法均可，比如单纯形法)，如果 B 没有可行解，这时 A 也没有可行解，则停止；如果 B 的最优解是原问题 A 的可行解，那么这个解就是原问题 A 的最优解，计算结束，否则如果 B 的最优解不符合 A 的整数条件，那么 B 的最优目标函数必是 A 的最优目标函数 z^* 的上界，记作$\overline{z}$；而 A 的任意可行解的目标函数值作为 z^* 的一个下界$\underline{z}$。

第 2 步：将 B(或加了某些约束条件的替代问题 B')分成若干子问题(分枝)，要求各子问题的可行域的并集要包含 A 的可行域，但一般要包含于 B 的可行域，然后对每个子问题求最优解。这些子问题的最优解中的最优者若是 A 的可行解，则它就是 A 的最优解，计算结束；否则，它的目标函数值就是 A 的一个新的上界，仍记更新了的上界为$\overline{z}$。如果各子问题的最优解中有 A 的可行解的，选这些可行解的最大目标函数值作为 A 的最优解的一个下界，仍记更新了的下界为$\underline{z}$。

第 3 步：对最优解的目标函数值已小于下界$\underline{z}$的子问题，其可行域中必无 A 的最优解，可以放弃(剪枝)；对最优解的目标函数值大于下界$\underline{z}$的子问题，都先保留下来，进入第 4 步。

第 4 步：在保留下的所有子问题中，继续分枝和前枝(重复第 2 步和第 3 步，但不再是将 B 或 B'分枝了，而是将保留下的所有子问题分别分枝)，并且逐步更新 A 的上界$\overline{z}$和下界$\underline{z}$，直到求出最优解。(对每一子问题，如果已经找到该子问题的最优解是 A 的可行解，而且优于$\underline{z}$，则更新为新的$\underline{z}$；而所有子问题的最优解中目标函数值最大的为新的上界$\overline{z}$。由于在分枝时，所有子问题的可行域的并集随着分枝的进行越来越趋近于 A 的可行域，所以$\overline{z}$会越来越小。这样 A 的最优值 z^* 在$\overline{z}$的减小和$\underline{z}$的增大中逐步被“逼”着分析出来。)

下面用具体的例子来说明。

例 5.9　求解下述整数规划：

$$\max z=40x_1+90x_2$$

$$\text{s.t.}\begin{cases}9x_1+7x_2\leqslant 56\\7x_1+20x_2\leqslant 70\\x_1,x_2\geqslant 0\text{ 且为整数}\end{cases}$$

解 ① 设此问题为 A，其松弛问题为 B，解 B（比如用单纯形法）得 B 的最优解为 $x_1=4.8092$，$x_2=1.8168$，最优值为 $z=355.8779$。可见 $x_1=4.8092$，$x_2=1.8168$ 不符合 A 的整数约束条件。这时 $z=355.8779$ 可作为问题 A 的最优值 z^* 的上界，记作 $\bar{z}=355.8779$。而 $x_1=0$，$x_2=0$ 显然是问题 A 的一个整数可行解，这时 $z=0$，可作为 z^* 的一个下界，记作 $\underline{z}=0$，即 $0\leqslant z^*\leqslant 356$。

② 因为 x_1、x_2 当前均为非整数，不满足 A 的整数要求，任选一个对 B 进行分枝。设选 x_1 对 B 进行分枝，把 B 的可行集分成 2 个子集：

$$x_1\leqslant[4.8092]=4, x_1\geqslant[4.8092]+1=5$$

这一步称为分枝。因为 4 与 5 之间无整数，故这两个子集内的整数解必与 A 的可行域一致，所以 A 的最优解一定属于这两个子集的并集。这两个子问题及最优解、最优值（仍用单纯形法求解）分别如下：

$$B_1:\quad \max z_1=40x_1+90x_2$$
$$\text{s.t.}\begin{cases}9x_1+7x_2\leqslant 56\\7x_1+20x_2\leqslant 70\\0\leqslant x_1\leqslant 4, x_2\geqslant 0\end{cases}$$

（最优解 $x_1=4.0$，$x_2=2.1$，最优值 $z_1=349$）

$$B_2:\quad \max z_2=40x_1+90x_2$$
$$\text{s.t.}\begin{cases}9x_1+7x_2\leqslant 56\\7x_1+20x_2\leqslant 70\\x_1\geqslant 5, x_2\geqslant 0\end{cases}$$

（最优解 $x_1=5.0$，$x_2=1.57$，最优值 $z_2=341.4$）

由于这两个子集内的整数解与 A 的可行域一致，而：

$$\max\{349,341.4\}=349<\bar{z}=355.8779$$

所以可以得到 A 的最优值 z^* 的新的上界：$\bar{z}=349$，而 $\underline{z}=0$ 没有发生变化。

③ 对问题 B_1 再进行分枝得子问题 B_{11} 和 B_{12}，B_{11} 和 B_{12} 及其最优解、最优值分别为：

$$B_{11}:\quad \max z_{11}=40x_1+90x_2$$
$$\text{s.t.}\begin{cases}9x_1+7x_2\leqslant 56\\7x_1+20x_2\leqslant 70\\0\leqslant x_1\leqslant 4\\0\leqslant x_2\leqslant 2\end{cases}$$

（最优解 $x_1=4$，$x_2=2$，最优值 $z_{11}=340$）

$$B_{12}:\quad \max z_{12}=40x_1+90x_2$$
$$\text{s.t.}\begin{cases}9x_1+7x_2\leqslant 56\\7x_1+20x_2\leqslant 70\\0\leqslant x_1\leqslant 4\\x_2\geqslant 3\end{cases}$$

（最优解 $x_1=1.43$，$x_2=3.00$，最优值 $z_{12}=327.14$）

可得 A 的最优值 z^* 的新的下界：$\underline{z}=340$，并且由于 $z_{12}=327.14<\underline{z}$，所以将 B_{12}

剪枝。

同样对问题 B_2 再进行分枝得子问题 B_{21} 和 B_{22}，B_{21} 和 B_{22} 及其最优解、最优值分别为：

$$B_{21}:\quad \max z_{11}=40x_1+90x_2$$
$$\text{s. t.}\begin{cases}9x_1+7x_2\leqslant 56\\7x_1+20x_2\leqslant 70\\x_1\geqslant 5\\0\leqslant x_2\leqslant 1\end{cases}\quad (\text{最优解 } x_1=5.44, x_2=1.00, \text{最优值 } z_{22}=308)$$

$$B_{22}:\quad \max z_{11}=40x_1+90x_2$$
$$\text{s. t.}\begin{cases}9x_1+7x_2\leqslant 56\\7x_1+20x_2\leqslant 70\\x_1\geqslant 5\\x_2\geqslant 2\end{cases}\quad (\text{无可行解，无最优解})$$

由于当前$\underline{z}=340$，所以将 B_{21} 和 B_{22} 剪枝。

于是可以断定原问题 A 的最优解为：$x_1=4$，$x_2=2$，最优值 $z^*=340$。这是因为 A 的最优解显然属于剪枝后剩下的所有子问题的可行域的并集（这里剩下的子问题只有 B_{11} 了），所以剩下的所有子问题的最优解的最优者，如果是 A 的可行解，则一定是 A 的最优解。

§5.4　指派问题和匈牙利算法

在现实生活中，有各种性质的指派问题。例如，有若干项工作需要分配给若干人（或部门、机器等）来完成，每人完成同样的工作所需费用（效率等）不同；类似的，有若干项合同需要选择若干个投标者来承包，每个投标者承包同样的合同投标额不同；有若干班级需要安排在各教室上课；或若干条航线指定若干条航班，等等。诸如此类的问题，它们的基本要求是在满足特定的指派要求条件下，使指派方案的总体效果最佳。

由于指派问题的多样性，有必要定义指派问题的标准形式。

5.4.1　指派问题的标准形式及数学模型

设有 n 个人被分配去做 n 件工作，规定每个人只做一件工作，每件工作只能由一个人去做。已知第 i 个人去做第 j 件工作的费用为 c_{ij}（$i=1,2,\cdots,n$；$j=1,2,\cdots,n$），并假设 $c_{ij}\geqslant 0$。问应如何分配才能使总费用最少？

引入决策变量：

$$x_{ij}=\begin{cases}1, \text{若分配第 } i \text{ 个人去做第 } j \text{ 件工作}\\0, \text{否则}\end{cases}\qquad i,j=1,2,\cdots,n$$

那么第 i 个人去做第 j 件工作的费用为 $c_{ij}x_{ij}$，从而 $\sum_{i=1}^{n}\sum_{j=1}^{n}c_{ij}x_{ij}$ 即为总费用，$\sum_{i=1}^{n}x_{ij}=1$ $(j=1,2,\cdots,n)$ 表示每件工作都有人去做，$\sum_{j=1}^{n}x_{ij}=1(i=1,2,\cdots,n)$ 表示每个人都有工作做。

于是指派问题的数学模型为

$$\min z=\sum_{i=1}^{n}\sum_{j=1}^{n}c_{ij}x_{ij}$$

$$\text{s.t.}\begin{cases}\sum_{j=1}^{n}x_{ij}=1 & (i=1,2,\cdots,n)\\ \sum_{i=1}^{n}x_{ij}=1 & (j=1,2,\cdots,n)\\ x_{ij}=0\text{ 或 }1 & (i,j=1,2,\cdots,n)\end{cases} \tag{5.4}$$

可以看出：

(1) 指派问题是产量(a_i)、销量(b_j)相等，且 $a_i=b_j=1(i,j=1,2,\cdots,n)$ 的运输问题；

(2) 指派问题是 0-1 型整数线性规划问题。

虽然指派问题是一类特殊的整数规划问题，又是特殊的 0-1 规划问题和特殊的运输问题，因此，它可以用多种相应的解法来求解。但是，这些解法都没有充分利用指派问题的特殊性质，从而有效地减少计算量。下面介绍专门求解指派问题的匈牙利算法的思想。

称 c_{ij} 为第 i 个人完成第 j 件工作所需的费用数，称之为费用系数(或资源系数、价值系数、效率系数等)；称矩阵

$$\boldsymbol{C}=(c_{ij})_{n\times n}=\begin{pmatrix}c_{11} & c_{12} & \cdots & c_{1n}\\ c_{21} & c_{22} & \cdots & c_{2n}\\ \cdots & \cdots & \cdots & \cdots\\ c_{n1} & c_{n2} & \cdots & c_{nn}\end{pmatrix} \tag{5.5}$$

为费用矩阵(或资源矩阵、价值矩阵、效率矩阵等)；并称决策变量 x_{ij} 排成的 $n\times n$ 矩阵

$$\boldsymbol{X}=(x_{ij})_{n\times n}=\begin{pmatrix}x_{11} & x_{12} & \cdots & x_{1n}\\ x_{21} & x_{22} & \cdots & x_{2n}\\ \cdots & \cdots & \cdots & \cdots\\ x_{n1} & x_{n2} & \cdots & x_{nn}\end{pmatrix} \tag{5.6}$$

为决策变量矩阵。其中决策变量矩阵式(5.6)的特征是它有 n 个 1，其他都是 0。这 n 个 1 不同行、不同列。每一种情况为指派问题的一个可行解。所以指派问题共 $n!$ 个可行解。对每一个决策变量矩阵 $\boldsymbol{X}$，其总费用可表示为 $z=C\odot X$，这里的 $\odot$ 表示两矩阵对应元素的积，然后相加。

问题是：把这 n 个不同行、不同列的 1 放到 $\boldsymbol{X}$ 的 n^2 个位置的什么地方可使耗费的总

费用最少(或资源最少、价值最高、效率最大等,统称为解最优)?

例 5.10　已知费用矩阵 $\boldsymbol{C}=\begin{pmatrix}5 & 0 & 2 & 0\\2 & 3 & 0 & 0\\0 & 5 & 6 & 7\\4 & 8 & 0 & 0\end{pmatrix}$,则容易验证:

$$\boldsymbol{X}(1)=\begin{pmatrix}0 & 1 & 0 & 0\\0 & 0 & 0 & 1\\1 & 0 & 0 & 0\\0 & 0 & 1 & 0\end{pmatrix},\quad \boldsymbol{X}(2)=\begin{pmatrix}0 & 1 & 0 & 0\\0 & 0 & 1 & 0\\1 & 0 & 0 & 0\\0 & 0 & 0 & 1\end{pmatrix}$$

都是指派问题的最优解。

定义 5.1　在费用矩阵 $\boldsymbol{C}$ 中,有一组在不同行不同列的零元素,称为**独立零元素组**,此时每个元素称为**独立零元素**。

例 5.10 中 $\{c_{12}=0,c_{24}=0,c_{31}=0,c_{43}=0\}$ 是一个独立零元素组,$c_{12}=0,c_{24}=0,c_{31}=0,c_{43}=0$ 分别称为独立零元素。$\{c_{12}=0,c_{23}=0,c_{31}=0,c_{44}=0\}$ 也是一个独立零元素组,而 $\{c_{14}=0,c_{23}=0,c_{31}=0,c_{44}=0\}$ 就不是一个独立零元素组,因为 $c_{14}=0$ 与 $c_{44}=0$ 这两个零元素位于同一列中。

从例 5.10 可以看出,如果一个费用矩阵 $\boldsymbol{C}$ 中能找到一个独立零元素组,则在决策变量矩阵中令与 $\boldsymbol{C}$ 中零元素所处的位置相应的变量 $x_{ij}=1$,其余的 $x_{ij}=0$,这时总费用显然是 0。就可找到指派问题的一个最优解。

但是在有的问题中发现费用矩阵 $\boldsymbol{C}$ 中独立零元素的个数不够 n 个,这样就无法直接求出最优指派方案。1955 年,库恩(W. W. Kuhn)在此基础上提出了指派问题的解法,他引用了匈牙利数学家康尼格(D. Konig)一个关于矩阵中 0 元素的定理:系数矩阵上独立 0 元素的最多个数等于能覆盖所有 0 元素的最少直线数,该解法称为匈牙利法。以后在方法上虽有不断改进,但仍沿用此名称。

5.4.2　标准指派问题的匈牙利解法

定理 5.4.1　设指派问题的费用矩阵为 $\boldsymbol{C}=(c_{ij})_{n\times n}$,若将该矩阵的某一行(或某一列)的各个元素都减去统一常数 T(T 可正可负),得到新的费用矩阵 $\boldsymbol{C}'=(c'_{ij})_{n\times n}$,则以 $\boldsymbol{C}'$ 为费用矩阵的新的指派问题与原指派问题的最优解相同。但其最优值比原最优值减少 T。

证明　设式(5.4)为原指派问题。现在 $\boldsymbol{C}$ 矩阵的第 k 行元素都减去同一常数 T,记新的指派问题的目标函数为 z',则有:

$$z' = \sum_{i=1}^{n}\sum_{j=1}^{n} c'_{ij}x_{ij} = \sum_{\substack{i=1\\i\neq k}}^{n}\sum_{j=1}^{n} c'_{ij}x_{ij} + \sum_{j=1}^{n} c'_{kj}x_{kj} = \sum_{\substack{i=1\\i\neq k}}^{n}\sum_{j=1}^{n} c_{ij}x_{ij} + \sum_{j=1}^{n}(c_{kj} - T)x_{kj}$$

$$= \sum_{\substack{i=1\\i\neq k}}^{n}\sum_{j=1}^{n} c_{ij}x_{ij} + \sum_{j=1}^{n} c_{kj}x_{kj} - T\sum_{j=1}^{n} x_{kj} = \sum_{i=1}^{n}\sum_{j=1}^{n} c_{ij}x_{ij} - T = z - T$$

因此有 $\min z' = \min z - T$，而新问题的约束方程同原指派问题。

证毕。

推论 5.4.1 若将指派问题的费用矩阵每一行及每一列分别减去各行及各列的最小元素，则得到新指派问题与原指派问题有相同的最优解。

当将费用矩阵的每一行都减去各行的最小元素，将所得的矩阵的每一列再减去当前列中最小元素，则最后得到新费用矩阵 $\boldsymbol{C}'$ 中必然出现一些零元素。设 $c'_{ij}=0$，从第 i 行来看，它表示第 i 个人去干第 j 项工作所需费用(相对)最小。而从第 j 列来看，这个 0 表示第 j 项工作以第 i 个人来干所需费用(相对)最小。

定理 5.4.2 费用矩阵 $\boldsymbol{C}$ 中独立零元素的最多个数等于能覆盖所有零元素的最少直线数。(证明略，具体能覆盖所有零元素的最少直线数将于例 5.12 中说明。)

下面以例题来说明指派问题如何求解。

例 5.11 给定费用矩阵：

$$\boldsymbol{C}=\begin{pmatrix} 2 & 15 & 13 & 4 \\ 10 & 4 & 14 & 15 \\ 9 & 14 & 16 & 13 \\ 7 & 8 & 11 & 9 \end{pmatrix}$$

求解此费用矩阵对应的标准指派问题。

解 (1) 变换费用矩阵，将各行各列都减去当前各行各列中最小元素，得到新矩阵 $\boldsymbol{C}'$。

$$\boldsymbol{C}=\begin{pmatrix} 2 & 15 & 13 & 4 \\ 10 & 4 & 14 & 15 \\ 9 & 14 & 16 & 13 \\ 7 & 8 & 11 & 9 \end{pmatrix} \xrightarrow{\text{行变换}} \begin{pmatrix} 0 & 13 & 11 & 2 \\ 6 & 0 & 10 & 11 \\ 0 & 5 & 7 & 4 \\ 0 & 1 & 4 & 2 \end{pmatrix} \xrightarrow{\text{列变换}} \begin{pmatrix} 0 & 13 & 7 & 0 \\ 6 & 0 & 6 & 9 \\ 0 & 5 & 3 & 2 \\ 0 & 1 & 0 & 0 \end{pmatrix} = \boldsymbol{C}'$$

$\boldsymbol{C}'$ 中每行每列都必然出现零元素。

(2) 用括 0 法求出新矩阵 $\boldsymbol{C}'$ 中独立零元素。

先对 $\boldsymbol{C}'$ 进行逐行检验，对每行只有一个未标记的零元素时，用“()”将该零元素括起。然后将被括起的零元素所在的列的其他未标记的零元素用记号“×”划去。如 C' 中第 2 行、第 3 行都只有一个未标记的零元素，用“()”分别将它们括起。然后用“×”划去第 1 列其他未被标记的零元素(第 2 列没有)，见 $\boldsymbol{C}''$：

$$C' \longrightarrow \begin{pmatrix} \not{0} & 13 & 7 & 0 \\ 6 & (0) & 6 & 9 \\ (0) & 5 & 3 & 2 \\ \not{0} & 1 & 0 & 0 \end{pmatrix} = C''$$

重复行检验，直到每一行都没有未被标记的零元素或至少有两个未被标记的零元素时为止。

本题 C'' 中第 1 行此时也只有 1 个未被标记的零元素。因此括起 C'' 中第 1 行第 4 列的零元素 c_{14}，然后用“×”划去第 4 列中未被标记的零元素。这时第 4 行也只有一个未被标记的零元素 c_{43}，再用“()”括起，见 C'''：

$$C'' \longrightarrow \begin{pmatrix} \not{0} & 13 & 7 & (0) \\ 6 & (0) & 6 & 9 \\ (0) & 5 & 3 & 2 \\ \not{0} & 1 & (0) & \not{0} \end{pmatrix} = C'''$$

然后进行列检验，与进行行检验相似，对进行了行检验的矩阵逐列进行检验，对每列只有一个未被标记的零元素，用记号“()”将该元素括起，然后在该零元素所在行的其他未被标记的零元素打×。重复上述列检验，直到每一列都没有未被标记的零元素或有两个未被标记的零元素为止。

这时可能出现以下三种情况：

(a) 每一行均有被括的 0 出现，被括 0 的个数 m 恰好等于 n，即 $m=n$。

(b) 存在未标记的零元素，但它们所在的行和列中，未标记过的零元素均至少有两个(表示对这人可以从两项任务中指派其一)。

(c) 不存在未被标记过的零元素，但括 0 的个数 $m<n$。

若情况(a)出现，则令被括 0 元素对应的决策变量取值为 1，其他决策变量取值均为零，得到一个最优指派方案，停止计算。如上例中得到 C''' 后，出现了情况(a)，可令 $x_{14}=1$，$x_{22}=1$，$x_{31}=1$，$x_{43}=1$，其余 $x_{ij}=0$，即为最优指派。

若情况(b)出现，可用不同的方案去试探，比如从剩有 0 元素最少的行(列)开始，选择 0 元素少的那行(列)的某个 0 元素加“()”(表示选择性多的要“礼让”选择性少的)。然后用“×”划去同行同列的其他 0 元素。再进行行、列检验，反复进行，直到出现情况(a)或(c)，出现情况(a)则由上述得到一最优指派，停止计算。若出现情况(c)，则要转入下一步。

(3) 做最少直线覆盖当前所有零元素。

下面以例 5.12 来说明过程。

例 5.12　某商业公司计划开办 5 家新商店。为了尽早建成营业，商业公司决定由 5 家建筑公司分别承建。已知建筑公司 $A_i(i=1,2,\cdots,5)$ 对新商店 $B_j(j=1,2,\cdots,5)$ 的建造费用的报价(万元)为 $c_{ij}(i,j=1,2,\cdots,5)$，见表 5.1。商业公司应当对 5 家建筑公司怎样分派建筑任务，才能使总的建筑费用最少？

表 5.1

c_{ij}	B_1	B_2	B_3	B_4	B_5
A_1	4	8	7	15	12
A_2	7	9	17	14	10
A_3	6	9	12	8	7
A_4	6	7	14	6	10
A_5	6	9	12	10	6

已知例 5.12 指派问题的系数矩阵为：

$$\boldsymbol{C}=\begin{pmatrix} 4 & 8 & 7 & 15 & 12 \\ 7 & 9 & 17 & 14 & 10 \\ 6 & 9 & 12 & 8 & 7 \\ 6 & 7 & 14 & 6 & 10 \\ 6 & 9 & 12 & 10 & 6 \end{pmatrix}$$

先对各行元素分别减去本行的最小元素，然后对各列也如此，即：

$$\boldsymbol{C}\xrightarrow{\text{行变换}}\begin{pmatrix} 0 & 4 & 3 & 11 & 8 \\ 0 & 2 & 10 & 7 & 3 \\ 0 & 3 & 6 & 2 & 1 \\ 0 & 1 & 8 & 0 & 4 \\ 0 & 3 & 6 & 4 & 0 \end{pmatrix}\xrightarrow{\text{列变换}}\begin{pmatrix} 0 & 3 & 0 & 11 & 8 \\ 0 & 1 & 7 & 7 & 3 \\ 0 & 2 & 3 & 2 & 1 \\ 0 & 0 & 5 & 0 & 4 \\ 0 & 2 & 3 & 4 & 0 \end{pmatrix}=\boldsymbol{C}'$$

此时，$\boldsymbol{C}'$ 中各行各列都已出现零元素。为了确定 $\boldsymbol{C}'$ 中的独立零元素，对 $\boldsymbol{C}'$ 加“()”，即

$$\boldsymbol{C}'=\begin{pmatrix} \not{0} & 3 & (0) & 11 & 8 \\ (0) & 1 & 7 & 7 & 3 \\ \not{0} & 2 & 3 & 2 & 1 \\ \not{0} & (0) & 5 & \not{0} & 4 \\ \not{0} & 2 & 3 & 4 & (0) \end{pmatrix}$$

有 4 个独立零元素，少于系数矩阵阶数，出现情况(c)，则要转入下一步。

(4) 做最少直线覆盖当前所有零元素步骤如下：

① 对 $\boldsymbol{C}'$ 中所有不含被括 0 元素的行打√，如第 3 行。

② 对打√的行中，所有零元素所在的列打√，如第 1 列。

③ 对所有打√列中被括 0 元素所在行打√，如第 2 行。

④ 重复上述②、③步，直到不能进一步打√为止。

⑤ 对未打√的每一行划一直线，如第 1、4、5 行。对已打√的每一列划一纵线，如第 1 列，即得到覆盖当前 0 元素的最少直线数，见 $\boldsymbol{C}''$：

$$C''=\begin{pmatrix} \varnothing & 3 & (0) & 11 & 8 \\ (0) & 1 & 7 & 7 & 3 \\ \varnothing & 2 & 3 & 2 & 1 \\ \varnothing & (0) & 5 & \varnothing & 4 \\ \varnothing & 2 & 3 & 4 & (0) \end{pmatrix}\begin{matrix} \\ \checkmark \\ \checkmark \\ \\ \\ \end{matrix}$$

$$\checkmark$$

(5) 对矩阵 C'' 作进一步变换，以增加 0 元素。

在未被直线覆盖过的元素中找最小元素，将打√行的各元素减去这个最小元素，将打√列的各元素加上这个最小元素(以避免打√行中出现负元素)，这样就增加了零元素的个数。

如 C'' 中未被直线覆盖过的元素中，最小元素为 $c_{21}=c_{35}=1$，对打√的第 2、3 行各元素都减去 1，对打√的第 1 列各元素都加上 1，得到矩阵 C'''：

$$C'''=\begin{pmatrix} 1 & 3 & 0 & 11 & 8 \\ 0 & 0 & 6 & 6 & 2 \\ 0 & 1 & 2 & 1 & 0 \\ 1 & 0 & 5 & 0 & 4 \\ 1 & 2 & 3 & 4 & 0 \end{pmatrix}$$

再回到步骤(2)对已增加了零元素的矩阵，再用括 0 法找出独立零元素组。

$$C'''=\begin{pmatrix} 1 & 3 & (0) & 11 & 8 \\ \varnothing & (0) & 6 & 6 & 2 \\ (0) & 1 & 2 & 1 & \varnothing \\ 1 & \varnothing & 5 & (0) & 4 \\ 1 & 2 & 3 & 4 & (0) \end{pmatrix}$$

C''' 中已有 5 个独立零元素，故可确定指派问题的最优方案。本例的最优解为：

$$X^*=\begin{pmatrix} 0 & 0 & 1 & 0 & 0 \\ 0 & 1 & 0 & 0 & 0 \\ 1 & 0 & 0 & 0 & 0 \\ 0 & 0 & 0 & 1 & 0 \\ 0 & 0 & 0 & 0 & 1 \end{pmatrix}$$

也就是说，最优指派方案是：A_1 承建 B_3，A_2 承建 B_2，A_3 承建 B_1，A_4 承建 B_4，A_5 承建 B_5，这样安排能使总的建造费最少，为 $z=7+9+6+6+6=34$(万元)。

5.4.3　一般指派问题的匈牙利解法

在实际应用中，常会遇到非标准形式，解决的思路是：先化成标准形式，然后再用匈牙利法求解。

1. 最大化的指派问题

其一般形式为：

$$\max z = \sum_{i=1}^{n}\sum_{j=1}^{n} c_{ij}x_{ij}$$

$$\text{s. t.}\begin{cases} \sum_{i=1}^{n} x_{ij} = 1 \quad (j=1,2,\cdots,n) \\ \sum_{j=1}^{n} x_{ij} = 1 \quad (i=1,2,\cdots,n) \\ x_{ij} = 0,1 \quad (i,j=1,2,\cdots,n) \end{cases}$$

处理办法：设最大化的指派问题的系数矩阵为 $\boldsymbol{C}=(c_{ij})_{n\times n}$，令：

$$m=\max_{i,j=1,2,\cdots,n}\{c_{ij}\},\boldsymbol{B}=(b_{ij})_{n\times n}=(m-c_{ij})_{n\times n}$$

则以 $\boldsymbol{B}$ 为系数矩阵的最小化指派问题和以 $\boldsymbol{C}$ 为系数矩阵的原最大化指派问题有相同的最优解。

例 5.13 某工厂有 4 名工人 A_1,A_2,A_3,A_4，分别操作 4 台车床 B_1,B_2,B_3,B_4，每小时单产量如表 5.2 所示，求产值最大的分配方案。

表 5.2

工人＼车床	B_1	B_2	B_3	B_4
A_1	10	9	8	7
A_2	3	4	5	6
A_3	2	1	1	2
A_4	4	3	5	6

解

$$\boldsymbol{C}=(c_{ij})_{n\times n}=\begin{pmatrix} 10 & 9 & 8 & 7 \\ 3 & 4 & 5 & 6 \\ 2 & 1 & 1 & 2 \\ 4 & 3 & 5 & 6 \end{pmatrix}$$

$$m=\max\{10,9,8,7,3,4,5,6,2,1,1,2,4,3,5,6\}=10$$

$$\boldsymbol{B}=(B_{ij})_{n\times n}=(10-c_{ij})_{n\times n}=\begin{pmatrix} 0 & 1 & 2 & 3 \\ 7 & 6 & 5 & 4 \\ 8 & 9 & 9 & 8 \\ 6 & 7 & 5 & 4 \end{pmatrix}$$

$$
B \xrightarrow{\text{行变换}} \begin{pmatrix} 0 & 1 & 2 & 3 \\ 3 & 2 & 1 & 0 \\ 0 & 1 & 1 & 0 \\ 2 & 3 & 1 & 0 \end{pmatrix} \xrightarrow{\text{列变换}} \begin{pmatrix} 0 & 0 & 1 & 3 \\ 3 & 1 & 0 & 0 \\ 0 & 0 & 0 & 0 \\ 2 & 2 & 0 & 0 \end{pmatrix} = B'
$$

由 $\boldsymbol{B}'$就可以得到最优解：

$$
\boldsymbol{X}^* = \begin{pmatrix} 1 & 0 & 0 & 0 \\ 0 & 0 & 0 & 1 \\ 0 & 1 & 0 & 0 \\ 0 & 0 & 1 & 0 \end{pmatrix}
$$

从而产值最大的分配方案也为 $\boldsymbol{X}^*$，最大产值为 $z=10+6+1+5=22$。

2. 人数和事数不等的指派问题

若人数<事数，添一些虚拟的“人”，此时这些虚拟的“人”做各件事的费用系数取为 0，理解为这些费用实际上不会发生。

若人数>事数，添一些虚拟的“事”，此时这些虚拟的“事”被各个人做的费用系数同样也取为 0。

例 5.14　现有 4 个人，5 件工作。每人做每件工作所耗时间如表 5.3 所示。

表 5.3

车床 / 工人	B_1	B_2	B_3	B_4	B_5
A_1	10	11	4	2	8
A_2	7	11	10	14	12
A_3	5	6	9	12	14
A_4	13	15	11	10	7

问指派哪个人去完成哪项工作，可使总消耗最小？

解　添加虚拟人 A_5，构造标准耗时矩阵：

$$
C = \begin{pmatrix} 10 & 11 & 4 & 2 & 8 \\ 7 & 11 & 10 & 14 & 12 \\ 5 & 6 & 9 & 12 & 14 \\ 13 & 15 & 11 & 10 & 7 \\ 0 & 0 & 0 & 0 & 0 \end{pmatrix} \xrightarrow{\text{行变换}} \begin{pmatrix} 8 & 9 & 2 & 0 & 6 \\ 0 & 4 & 3 & 7 & 5 \\ 0 & 1 & 4 & 7 & 9 \\ 6 & 8 & 4 & 3 & 0 \\ 0 & 0 & 0 & 0 & 0 \end{pmatrix} = C'
$$

可验证 $\boldsymbol{C}'$中被括 0 数为 4，需要找出最少覆盖 0 的直线。最少覆盖 0 的直线如下所示：

$$
\boldsymbol{C}'=\begin{pmatrix} 8 & 9 & 2 & 0 & 6 \\ 0 & 4 & 3 & 7 & 5 \\ 0 & 1 & 4 & 7 & 9 \\ 6 & 8 & 4 & 3 & 0 \\ 0 & 0 & 0 & 0 & 0 \end{pmatrix}
$$

需要增加零元素，从未划去的元素中找最小者：$\min\{4,3,7,5,1,4,7,9\}=1$，未划去的行减去此最小者 1，划去的列加上此最小者 1，得 $\boldsymbol{C}''$。

$$
\boldsymbol{C}''=\begin{pmatrix} 9 & 9 & 2 & 0 & 6 \\ 0 & 3 & 2 & 6 & 4 \\ 0 & 0 & 3 & 6 & 8 \\ 7 & 8 & 4 & 3 & 0 \\ 1 & 0 & 0 & 0 & 0 \end{pmatrix}
$$

此时可得最优指派：

$$
\boldsymbol{X}^*=\begin{pmatrix} 0 & 0 & 0 & 1 & 0 \\ 1 & 0 & 0 & 0 & 0 \\ 0 & 1 & 0 & 0 & 0 \\ 0 & 0 & 0 & 0 & 1 \\ 0 & 0 & 1 & 0 & 0 \end{pmatrix}
$$

从而最少耗时为 $z=2+7+6+7=22$。

3. 一个人可做几件事的指派问题

若某人可做几件事，则可将该人化作相同的几个“人”来接受指派。这几个“人”做同一件事的费用系数当然一样。

例 5.15 对例 5.12 的指派问题，为了保证工程质量，经研究决定，舍弃建筑公司 A_4 和 A_5，让技术力量较强的建筑公司 A_1，A_4，A_3 来承建。根据实际情况，可以允许每家建筑公司承建一家或两家商店。求使总费用最少的指派方案。

解 此时反映投标费用的系数矩阵为：

$$
\begin{pmatrix} 4 & 8 & 7 & 15 & 12 \\ 7 & 9 & 17 & 14 & 10 \\ 6 & 9 & 12 & 8 & 7 \end{pmatrix}
$$

由于每家建筑公司最多可承建两家新商店，因此，把每家建筑公司化作相同的两家建筑公司（A_i 和 A_i'，$i=1,2,3$）。这样，系数矩阵变为：

$$\begin{pmatrix} 4 & 8 & 7 & 15 & 12 \\ 4 & 8 & 7 & 15 & 12 \\ 7 & 9 & 17 & 14 & 10 \\ 7 & 9 & 17 & 14 & 10 \\ 6 & 9 & 12 & 12 & 7 \\ 6 & 9 & 12 & 12 & 7 \end{pmatrix}$$

而上面的系数矩阵有 6 行 5 列，为了使“人”和“事”的数目相同，再引入一件虚拟事，使之成为标准的指派问题，其系数矩阵为：

$$\boldsymbol{C}=\begin{pmatrix} 4 & 8 & 7 & 15 & 12 & 0 \\ 4 & 8 & 7 & 15 & 12 & 0 \\ 7 & 9 & 17 & 14 & 10 & 0 \\ 7 & 9 & 17 & 14 & 10 & 0 \\ 6 & 9 & 12 & 8 & 7 & 0 \\ 6 & 9 & 12 & 8 & 7 & 0 \end{pmatrix}$$

$$\boldsymbol{C}\xrightarrow{\text{列变换}}\begin{pmatrix} 0 & 0 & 0 & 7 & 5 & 0 \\ 0 & 0 & 0 & 7 & 5 & 0 \\ 3 & 1 & 10 & 6 & 3 & 0 \\ 3 & 1 & 10 & 6 & 3 & 0 \\ 2 & 1 & 5 & 0 & 0 & 0 \\ 2 & 1 & 5 & 0 & 0 & 0 \end{pmatrix}=\boldsymbol{C}'$$

$\boldsymbol{C}'$的被括 0 数为 5，小于 6，找覆盖 0 元素的最少直线数，并增加 0 元素，结果如下：

$$\boldsymbol{C}'=\begin{pmatrix} 0 & 0 & 0 & 7 & 5 & 0 \\ 0 & 0 & 0 & 7 & 5 & 0 \\ 3 & 1 & 10 & 6 & 3 & 0 \\ 3 & 1 & 10 & 6 & 3 & 0 \\ 2 & 1 & 5 & 0 & 0 & 0 \\ 2 & 1 & 5 & 0 & 0 & 0 \end{pmatrix}\longrightarrow\begin{pmatrix} 0 & 0 & 0 & 7 & 5 & 1 \\ 0 & 0 & 0 & 7 & 5 & 1 \\ 2 & 0 & 9 & 5 & 2 & 0 \\ 2 & 0 & 9 & 5 & 2 & 0 \\ 2 & 1 & 5 & 0 & 0 & 1 \\ 2 & 1 & 5 & 0 & 0 & 1 \end{pmatrix}=\boldsymbol{C}''$$

从而得一最优指派：

$$\boldsymbol{X}^*=\begin{pmatrix} 0 & 0 & 1 & 0 & 0 & 0 \\ 1 & 0 & 0 & 0 & 0 & 0 \\ 0 & 1 & 0 & 0 & 0 & 0 \\ 0 & 0 & 0 & 0 & 0 & 1 \\ 0 & 0 & 0 & 0 & 1 & 0 \\ 0 & 0 & 0 & 1 & 0 & 0 \end{pmatrix}$$

得到总费用最少的指派方案为：公司 A_1 承建商店 B_1 和 B_3；公司 A_2 承建商店 B_2（其中 B_6 为虚拟工程）；公司 A_3 承建商店 B_4 和 B_5。总费用为 $z=7+4+9+7+8=35$（万元）。

4. 某事不能由某人去做的指派问题

某事不能由某人去做，可将此人做此事的费用取作足够大的 M。

例 5.16 分配甲、乙、丙、丁 4 个人去完成 A、B、C、D、E 5 项任务，每人完成各项任务的时间如表 5.4 所示。由于任务重，人数少，考虑：

(a) 任务 E 必须完成，其他 4 项任务可选 3 项完成。但甲不能做 A 项工作。

(b) 其中有一人完成两项，其他人每人完成一项。

试分别确定最优分配方案，使完成任务的总时间最少。

表 5.4

人 \ 任务	A	B	C	D	E
甲	25	29	31	42	37
乙	39	38	26	20	33
丙	34	27	28	40	32
丁	24	42	36	23	45

解 这是一个人数与工作不等的指派问题，若用匈牙利法求解，需作一下处理。

对于(a)，首先，由于任务数大于人数，所以需要有一个虚拟的人，设为戊；其次，因为工作 E 必须完成，故设戊完成 E 的时间为 M（M 为非常大的数），即戊不能做工作 E，其余的假想时间为 0，由于甲不能做 A 项工作，所以再将甲完成工作 A 的时间由 25 修改为 M，建立表 5.5。

表 5.5

人 \ 任务	A	B	C	D	E
甲	M	29	31	42	37
乙	39	38	26	20	33
丙	34	27	28	40	32
丁	24	42	36	23	45
戊	0	0	0	0	M

用匈牙利法求解过程如下：

$$\begin{pmatrix} M & 29 & 31 & 42 & 37 \\ 39 & 38 & 26 & 20 & 33 \\ 34 & 27 & 28 & 40 & 32 \\ 24 & 42 & 36 & 23 & 45 \\ 0 & 0 & 0 & 0 & M \end{pmatrix} \xrightarrow{\text{行、列变换}} \begin{pmatrix} M & 0 & 2 & 13 & 3 \\ 19 & 18 & 6 & 0 & 8 \\ 7 & 0 & 1 & 13 & 0 \\ 1 & 19 & 13 & 0 & 17 \\ 0 & 0 & 0 & 0 & M \end{pmatrix}$$

被括 0 数为 4 小于 5，找最少覆盖 0 的直线，增加 0 元素，$\boldsymbol{C}''$为：

$$\boldsymbol{C}' = \begin{pmatrix} M & 0 & 2 & 13 & 3 \\ 19 & 18 & 6 & 0 & 8 \\ 7 & 0 & 1 & 13 & 0 \\ 1 & 19 & 13 & 0 & 17 \\ 0 & 0 & 0 & 0 & M \end{pmatrix} \quad \boldsymbol{C}'' = \begin{pmatrix} M & 0 & 2 & 13 & 3 \\ 18 & 17 & 5 & 0 & 7 \\ 7 & 0 & 1 & 14 & 0 \\ 0 & 18 & 12 & 0 & 16 \\ 0 & 0 & 0 & 1 & M \end{pmatrix}$$

从而得最优指派：

$$\boldsymbol{X}^* = \begin{pmatrix} 0 & 1 & 0 & 0 & 0 \\ 0 & 0 & 0 & 1 & 0 \\ 0 & 0 & 0 & 0 & 1 \\ 1 & 0 & 0 & 0 & 0 \\ 0 & 0 & 1 & 0 & 0 \end{pmatrix}$$

即甲做工作 B，乙做工作 D，丙做工作 E，丁做工作 A（戊为虚拟人做工作 C，实际上工作 C 没有人做）。最少的耗时数 $z=29+20+32+24=105$。

对于(b)：设虚拟人戊，它集五人优势于一身，即戊做每项工作的费用是每人所做的此项工作的最低费用，见表 5.6。

表 5.6

任务 人	A	B	C	D	E
甲	25	29	31	42	37
乙	39	38	26	20	33
丙	34	27	28	40	32
丁	24	42	36	23	45
戊	24	27	26	20	32

以下用匈牙利法求解：

$$\boldsymbol{C}=\begin{pmatrix}25 & 29 & 31 & 42 & 37\\ 39 & 38 & 26 & 20 & 33\\ 34 & 27 & 28 & 40 & 32\\ 24 & 42 & 36 & 23 & 45\\ 24 & 27 & 26 & 20 & 32\end{pmatrix}\xrightarrow{\text{行、列变换}}\begin{pmatrix}0 & 4 & 5 & 17 & 7\\ 19 & 18 & 5 & 0 & 8\\ 7 & 0 & 0 & 13 & 0\\ 1 & 9 & 12 & 0 & 17\\ 4 & 7 & 5 & 0 & 7\end{pmatrix}=\boldsymbol{C}'$$

对 $\boldsymbol{C}'$ 被括 0 元素为 3 小于 5，作 0 元素的最少直线覆盖：

$$\boldsymbol{C}'=\begin{pmatrix}0 & 4 & 5 & 17 & 7\\ 19 & 18 & 5 & 0 & 8\\ 7 & 0 & 0 & 13 & 0\\ 1 & 9 & 12 & 0 & 17\\ 4 & 7 & 5 & 0 & 7\end{pmatrix}$$

增加 0 元素得：

$$\boldsymbol{C}''=\begin{pmatrix}0 & 4 & 5 & 18 & 7\\ 18 & 17 & 4 & 0 & 7\\ 7 & 0 & 0 & 14 & 0\\ 0 & 8 & 11 & 0 & 16\\ 3 & 6 & 4 & 0 & 6\end{pmatrix}$$

再括 0 且试指派：被括 0 元素为 3 仍小于 5，作 0 元素的最少直线覆盖，并增加 0 元素得 $\boldsymbol{C}'''$：

$$\boldsymbol{C}'''=\begin{pmatrix}0 & 0 & 1 & 18 & 3\\ 18 & 13 & 1 & 0 & 3\\ 11 & 0 & 0 & 18 & 0\\ 0 & 4 & 7 & 0 & 12\\ 3 & 2 & 0 & 0 & 2\end{pmatrix}$$

得最优指派：

$$\boldsymbol{X}^{*}=\begin{pmatrix}0 & 1 & 0 & 0 & 0\\ 0 & 0 & 0 & 1 & 0\\ 0 & 0 & 0 & 0 & 1\\ 1 & 0 & 0 & 0 & 0\\ 0 & 0 & 1 & 0 & 0\end{pmatrix}$$

甲做工作 B，乙做工作 D，丙做工作 E，丁做工作 A，戊做工作 C。但其中戊是虚拟人，不能真做工作，它指派的 C 工作是借乙的（此列最小时数 26 是 C 所创业绩）优势，应由乙来做。即乙做两件工作：D 和 C。故，最终结果为：甲做工作 B，乙做工作 C、D，丙做工作 E，丁做工作 A。

§5.5 用优化软件解决整数规划问题的方法和例子

5.5.1 用 Lingo 软件包解决整数规划问题的方法和例子

用 Lingo 软件包求解整数规划问题非常方便，就像求解线性规划问题一样，只要把整数规划的数学模型输入进页面后，注明变量的取值是整数或只能取 0 或 1。然后求解就可以了，系统会自动识别是整数规划问题，并用求解整数规划问题的方法求解（一般是系统内置的分枝定界法。）。

其中 Lingo 对变量的界定函数就是对变量取值范围的附加限制，共 4 种：

- @bin(x)　　　限制 x 为 0 或 1；
- @bnd(L,x,U)　限制 $L\leqslant x\leqslant U$；
- @free(x)　　　取消对变量 x 的默认下界为 0 的限制，即 x 可以取任意实数；
- @gin(x)　　　限制 x 为整数。

在默认情况下，Lingo 规定变量是非负的，也就是说下界为 0，上界为 $+\infty$。@free 取消了默认的下界为 0 的限制，使变量也可以取负值。@bnd 用于设定一个变量的上下界，它也可以取消默认下界为 0 的约束。

例 5.17　用 Lingo 求解例 5.5 中的旅行售货员问题（又称货郎担问题，Traveling Salesman Problem）。

```
! 旅行售货员问题；
model：
sets：
  city / 1.. 5/：u;
  link( city, city)：
      dist， ！距离矩阵；
          x;
endsets
  n = @size(city)；
data： ！距离矩阵，它并不需要是对称的；
  dist = @qrand(1)； ！随机产生，这里可改为你要解决的问题的数据；
enddata
  ！目标函数；
  min = @sum(link：dist * x)；

  @FOR(city(K)：
```

```
    ! 进入城市 K;
    @sum(city(I)| I #ne# K: x(I, K)) = 1;

    ! 离开城市 K;
    @sum(city( J)| J #ne# K: x(K, J)) = 1;
);

  ! 保证不出现子圈;
  @for(city(I)|I #gt# 1:
    @for(city(J)| J#gt#1 #and# I #ne# J:
      u(I) - u(J) + n * x(I,J)<= n - 1);
  );

  ! 限制 u 的范围以加速模型的求解,保证所加限制并不排除掉 TSP 问题的最优解;
  @for(city(I) | I #gt# 1: u(I)<= n - 2);
  ! 定义 X 为 0\1 变量;
  @for(link: @bin(x));
  @for(link: @gin(u));
end
```

计算的部分结果如图 5.2 所示。

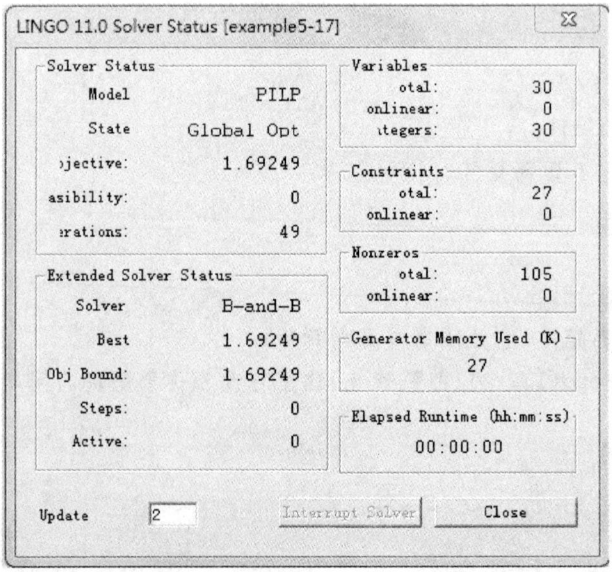

图 5.2

以下是详细结果,图 5.2 是解的状态报告窗口。

```
Global optimal solution found.
Objective value:                         1.692489
Objective bound:                         1.692489
Infeasibilities:                         0.000000
Extended solver steps:                          0
Total solver iterations:                       49

          Variable           Value        Reduced Cost
                 N        5.000000            0.000000
             U( 1)        0.000000            0.000000
             U( 2)        1.000000            0.000000
             U( 3)        3.000000            0.000000
             U( 4)        2.000000            0.000000
             U( 5)        0.000000            0.000000
        DIST( 1, 1)      0.4491774            0.000000
        DIST( 1, 2)      0.2724506            0.000000
        DIST( 1, 3)      0.1240430            0.000000
        DIST( 1, 4)      0.9246848            0.000000
        DIST( 1, 5)      0.4021706            0.000000
        DIST( 2, 1)      0.7091469            0.000000
        DIST( 2, 2)      0.1685199            0.000000
        DIST( 2, 3)      0.8989646            0.000000
        DIST( 2, 4)      0.2502747            0.000000
        DIST( 2, 5)      0.8947571            0.000000
        DIST( 3, 1)      0.8648940E-01        0.000000
        DIST( 3, 2)      0.6020591            0.000000
        DIST( 3, 3)      0.3380884            0.000000
        DIST( 3, 4)      0.6813164            0.000000
        DIST( 3, 5)      0.2236271            0.000000
        DIST( 4, 1)      0.9762987            0.000000
        DIST( 4, 2)      0.8866343            0.000000
        DIST( 4, 3)      0.7139008            0.000000
        DIST( 4, 4)      0.2288770            0.000000
        DIST( 4, 5)      0.7134250            0.000000
```

```
DIST( 5, 1)     0.8524679       0.000000
DIST( 5, 2)     0.2396538       0.000000
DIST( 5, 3)     0.5735525       0.000000
DIST( 5, 4)     0.1403314       0.000000
DIST( 5, 5)     0.6919708       0.000000
   X( 1, 1)      0.000000      0.4491774
   X( 1, 2)      0.000000      0.2724506
   X( 1, 3)      0.000000      0.1240430
   X( 1, 4)      0.000000      0.9246848
   X( 1, 5)      1.000000      0.4021706
   X( 2, 1)      0.000000      0.7091469
   X( 2, 2)      0.000000      0.1685199
   X( 2, 3)      0.000000      0.8989646
   X( 2, 4)      1.000000      0.2502747
   X( 2, 5)      0.000000      0.8947571
   X( 3, 1)      1.000000      0.8648940E-01
   X( 3, 2)      0.000000      0.6020591
   X( 3, 3)      0.000000      0.3380884
   X( 3, 4)      0.000000      0.6813164
   X( 3, 5)      0.000000      0.2236271
   X( 4, 1)      0.000000      0.9762987
   X( 4, 2)      0.000000      0.8866343
   X( 4, 3)      1.000000      0.7139008
   X( 4, 4)      0.000000      0.2288770
   X( 4, 5)      0.000000      0.7134250
   X( 5, 1)      0.000000      0.8524679
   X( 5, 2)      1.000000      0.2396538
   X( 5, 3)      0.000000      0.5735525
   X( 5, 4)      0.000000      0.1403314
   X( 5, 5)      0.000000      0.6919708

        Row    Slack or Surplus      Dual Price
          1        0.000000           0.000000
          2        1.692489          -1.000000
          3        0.000000           0.000000
```

```
         4      0.000000          0.000000
         5      0.000000          0.000000
         6      0.000000          0.000000
         7      0.000000          0.000000
         8      0.000000          0.000000
         9      0.000000          0.000000
        10      0.000000          0.000000
        11      0.000000          0.000000
        12      0.000000          0.000000
        13      6.000000          0.000000
        14      0.000000          0.000000
        15      3.000000          0.000000
        16      2.000000          0.000000
        17      3.000000          0.000000
        18      1.000000          0.000000
        19      3.000000          0.000000
        20      0.000000          0.000000
        21      2.000000          0.000000
        22      0.000000          0.000000
        23      7.000000          0.000000
        24      6.000000          0.000000
        25      2.000000          0.000000
        26      0.000000          0.000000
        27      1.000000          0.000000
        28      3.000000          0.000000
```

注①：对于 TSP，显然，当城市个数较大(大于 50)时，该整数线性规划问题的规模会很大，从而给求解带来很大问题。TSP 已被证明是 NP-Hard 问题，目前还没有发现多项式时间的算法。对于小规模问题，求解这个整数线性规划问题的方式还是有效的。

②：可以尝试用此程序求解城市个数为 50 时，该问题仍然可以在 6 秒内(ThinkPadX220i 笔记本计算机)得到全局最优解，如图 5.3 所示。另外，从图 5.3 中可以看出，算法用的是分枝定界算法，变量个数为 $50\times50(X(i,j))+50(U(i))=2\,550$。

例 5.18　用 Lingo 软件求解 5.4 节所介绍的指派问题(也称任务分配问题，Assignment Problem)。

```
model:
  ! 7 个工人,7 个工作的分配问题;
```

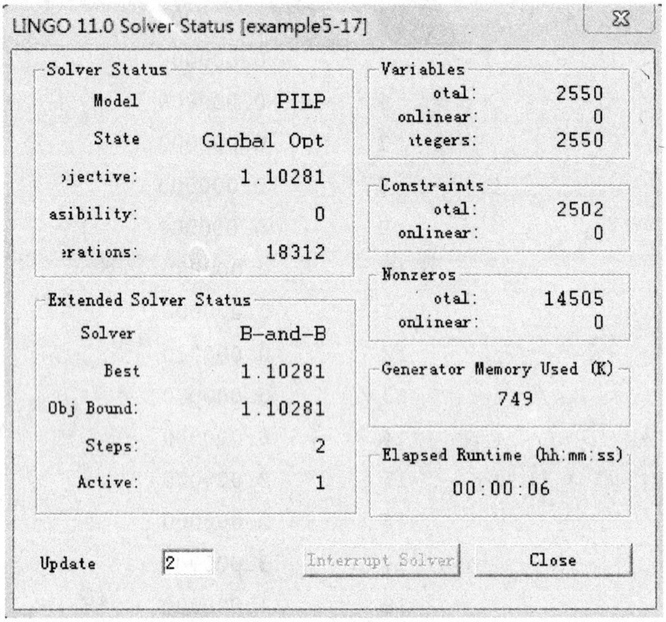

图 5.3

```
sets:
  workers/w1..w7/;
  jobs/j1..j7/;
  links(workers,jobs): cost,volume;
endsets
  ! 目标函数;
  min = @sum(links: cost * volume);
  ! 每个工人只能有一份工作;
  @for(workers(I):
    @sum(jobs(J): volume(I,J)) = 1;
  );
  ! 每份工作只能有一个工人;
  @for(jobs(J):
    @sum(workers(I): volume(I,J)) = 1;
  );
data:
  cost = 6  2  6  7  4  2  5
         4  9  5  3  8  5  8
         5  2  1  9  7  4  3
```

```
        7  6  7  3  9  2  7
        2  3  9  5  7  2  6
        5  5  2  2  8  11  4
        9  2  3  12 4  5  10;
enddata
end
```

计算的部分结果为：

```
  Global optimal solution found.
  Objective value:                                18.00000
  Infeasibilities:                                0.000000
  Total solver iterations:                               9

                  Variable           Value        Reduced Cost
            VOLUME( W1, J1)       0.000000            4.000000
            VOLUME( W1, J2)       1.000000            0.000000
            VOLUME( W1, J3)       0.000000            4.000000
            VOLUME( W1, J4)       0.000000            5.000000
            VOLUME( W1, J5)       0.000000            0.000000
            VOLUME( W1, J6)       0.000000            0.000000
            VOLUME( W1, J7)       0.000000            1.000000
            VOLUME( W2, J1)       0.000000            1.000000
            VOLUME( W2, J2)       0.000000            6.000000
            VOLUME( W2, J3)       0.000000            2.000000
            VOLUME( W2, J4)       1.000000            0.000000
            VOLUME( W2, J5)       0.000000            3.000000
            VOLUME( W2, J6)       0.000000            2.000000
            VOLUME( W2, J7)       0.000000            3.000000
            VOLUME( W3, J1)       0.000000            4.000000
            VOLUME( W3, J2)       0.000000            1.000000
            VOLUME( W3, J3)       1.000000            0.000000
            VOLUME( W3, J4)       0.000000            8.000000
            VOLUME( W3, J5)       0.000000            4.000000
            VOLUME( W3, J6)       0.000000            3.000000
```

```
VOLUME( W3, J7)        0.000000        0.000000
VOLUME( W4, J1)        0.000000        5.000000
VOLUME( W4, J2)        0.000000        4.000000
VOLUME( W4, J3)        0.000000        5.000000
VOLUME( W4, J4)        0.000000        1.000000
VOLUME( W4, J5)        0.000000        5.000000
VOLUME( W4, J6)        1.000000        0.000000
VOLUME( W4, J7)        0.000000        3.000000
VOLUME( W5, J1)        1.000000        0.000000
VOLUME( W5, J2)        0.000000        1.000000
VOLUME( W5, J3)        0.000000        7.000000
VOLUME( W5, J4)        0.000000        3.000000
VOLUME( W5, J5)        0.000000        3.000000
VOLUME( W5, J6)        0.000000        0.000000
VOLUME( W5, J7)        0.000000        2.000000
VOLUME( W6, J1)        0.000000        3.000000
VOLUME( W6, J2)        0.000000        3.000000
VOLUME( W6, J3)        0.000000        0.000000
VOLUME( W6, J4)        0.000000        0.000000
VOLUME( W6, J5)        0.000000        4.000000
VOLUME( W6, J6)        0.000000        9.000000
VOLUME( W6, J7)        1.000000        0.000000
VOLUME( W7, J1)        0.000000        7.000000
VOLUME( W7, J2)        0.000000        0.000000
VOLUME( W7, J3)        0.000000        1.000000
VOLUME( W7, J4)        0.000000        10.00000
VOLUME( W7, J5)        1.000000        0.000000
VOLUME( W7, J6)        0.000000        3.000000
VOLUME( W7, J7)        0.000000        6.000000
```

注：此例中用 Lingo 求解指派问题时直接将指派问题看成了一个特殊的运输问题，从而当成一个线性规划来求解的，而没有用匈牙利算法进行求解（Lingo 软件并没有将匈牙利算法作为一个内置的程序）。

例 5.19（飞船装载问题） 设有 4 种不同类型的科学仪器希望装在登月飞船上，4 件科学仪器的质量和预期科学价值分别为 20 kg，30 kg，30 kg，40 kg；1 亿元，1.2 亿元，0.9 亿元，1.1 亿元，每类仪器件数不限，但是飞船装载件数只能是整数，飞船总载荷不得超过

60 kg，设计一种方案，使得被装载仪器的科学价值之和最大。

解　这实际上就是例 5.4 中叙述的一维背包问题。用 Lingo 求解过程如下：记 x_j 为第 j 类仪器的装载数，$a_j>0$ 表示每件第 j 类仪器的重量，则求目标函数 $f=x_1+1.2x_2+0.9x_3+1.1x_4$ 在约束条件 $2x_1+3x_2+3x_3+4x_4\leqslant 6$（其中 x_1,x_2,x_3,x_4 取 0 或正整数）下的最大值即可。

用 Lingo 软件求解此整数规划：

```
Model:
Max = x1 + 1.2 * x2 + 0.9 * x3 + 1.1 * x4;
2 * x1 + 3 * x2 + 3 * x3 + 4 * x4 <= 6;
@gin(x1);
@gin(x2);
@gin(x3);
@gin(x4);
End
```

最优解：

```
Global optimal solution found.
Objective value:                        3.000000
Objective bound:                        3.000000
Infeasibilities:                        0.000000
Extended solver steps:                         0
Total solver iterations:                       0

             Variable         Value        Reduced Cost
                   X1      3.000000         - 1.000000
                   X2      0.000000         - 1.200000
                   X3      0.000000        - 0.9000000
                   X4      0.000000         - 1.100000
```

若每件仪器最多只能装 1 件，则问题变为 0-1 规划问题，只需在上面的程序中将“@gin(x1)；@gin(x2)；@gin(x3)；@gin(x4)；”变为“@bin(x1)；@bin(x2)；@bin(x3)；@bin(x4)；”，最优解变为：

```
Global optimal solution found.
Objective value:                        2.200000
Objective bound:                        2.200000
Infeasibilities:                        0.000000
Extended solver steps:                         0
```

```
Total solver iterations:                          0


                 Variable          Value        Reduced Cost
                       X1       1.000000           -1.000000
                       X2       1.000000           -1.200000
                       X3       0.000000          -0.9000000
                       X4       0.000000           -1.100000
```

5.5.2 用 Matlab 解决整数规划问题的方法和例子

对于一般的整数规划规划问题,无法直接利用 Matlab 的函数,必须利用 Matlab 编程实现分枝定界解法和割平面解法。但对于指派问题等特殊的 0-1 整数规划问题有时可以直接利用 Matlab 的函数 linprog。

例 5.20 求解下列指派问题,已知指派矩阵为:

$$\begin{pmatrix} 3 & 8 & 2 & 10 & 3 \\ 8 & 7 & 2 & 9 & 7 \\ 6 & 4 & 2 & 7 & 5 \\ 8 & 4 & 2 & 3 & 5 \\ 9 & 10 & 6 & 9 & 10 \end{pmatrix}$$

解 编写 Matlab 程序如下:

```
c=[3 8 2 10 3;8 7 2 9 7;6 4 2 7 5
  8 4 2 3 5;9 10 6 9 10];
c=c(:);
a=zeros(10,25);
for i=1:5
  a(i,(i-1)*5+1:5*i)=1;
  a(5+i,i:5:25)=1;
end
b=ones(10,1);
[x,y]=linprog(c,[],[],a,b,zeros(25,1),ones(25,1))
```

求得最优指派方案为 $x_{15}=x_{23}=x_{32}=x_{44}=x_{51}=1$,最优值为 21。

注:①此例中用 Matlab 求解指派问题时也是将指派问题看成了一个特殊的运输问题,从而当成一个线性规划来求解的,而没有用匈牙利算法进行求解(同样也是因为 Matlab 软件有内置函数 linprog,却并没有将匈牙利算法作为一个内置的程序)。

②可以用 Matlab 编程(Lingo 也可以编程)来用匈牙利算法求解指派问题。

第6章　动态规划

§6.1　动态规划的发展及研究内容

动态规划(dynamic programming)是运筹学的一个分支,是求解多阶段决策问题的一种常见的最优化方法。

20世纪50年代初,R. E. Bellman等人在研究多阶段决策过程(multistep decision process)的优化问题时,提出了著名的最优性原理(principle of optimality),把多阶段过程转化为一系列单阶段问题,逐个求解,创立了解决这类过程优化问题的新方法——动态规划。1957年出版了他的名著《Dynamic Programming》,这是该领域的第一本著作。

动态规划问世以来,在经济管理、生产调度、工程技术、最优控制以及工农业生产和军事等部门都有广泛的应用,并且取得了显著的成果。例如,最短路线、库存管理、资源分配、设备更新、生产调度、排序、装载等问题,用动态规划方法比用其他方法求解常常更为方便和有效。

根据过程的时间变量是离散的还是连续的,决策问题可以分为离散时间决策过程(discrete-time decision process)和连续时间决策过程(continuous-time decision process);根据过程的演变是确定的还是随机的,分为确定性决策过程(deterministic decision process)和随机性决策过程(stochastic decision process),其中应用最广也最基本的是离散确定性决策过程,本章内容主要介绍离散确定决策过程。

虽然动态规划主要用于求解以时间划分阶段的动态过程的优化问题,但是一些与时间无关的静态规划(如线性规划、非线性规划),只要人为地引进时间因素,把它视为多阶段决策过程,也可以用动态规划方法方便地求解。

应指出,动态规划是求解某类问题的一种方法,是考察问题的一种途径,而不是一种特殊算法(如线性规划是一种算法)。因而,它不像线性规划那样有一个标准的数学表达式和明确定义的一组规则,而必须对具体问题进行具体分析处理。因此,在学习时,除了要对基本概念和方法正确理解外,应以丰富的想象力去建立模型,用创造性的技巧去求解。

§6.2 动态规划的基本概念、基本方程、最优性原理和基本步骤

一个多阶段决策过程最优化问题的动态规划模型通常包含以下要素。

(1) 阶段(step)

阶段是对整个过程的自然划分。通常根据时间顺序或空间顺序特征来划分阶段,以便按阶段的次序解优化问题。阶段变量一般用 $k=1,2,\cdots,n$ 表示。

(2) 状态(state)

状态表示每个阶段开始时过程所处的自然状况或客观条件。它描述了过程的特征并且无后效性,即当某阶段的状态变量给定时,这个阶段以后过程的演变与该阶段以前各阶段的状态无关。通常还要求状态是直接或间接可以观测的。

描述状态的变量称状态变量(state variable)。变量允许取值的范围称允许状态集合(set of admissible states)。用 x_k 表示第 k 阶段的状态变量,它可以是一个数或一个向量。用 $\boldsymbol{X}_k$ 表示第 k 阶段的允许状态集合。n 个阶段的决策过程有 $n+1$ 个状态变量,x_{n+1} 表示 x_n 演变的结果。

根据过程演变的具体情况,状态变量可以是离散的或连续的。为了计算的方便有时将连续变量离散化;为了分析的方便有时又将离散变量视为连续的。

状态变量简称为状态。

(3) 决策(decision)

当一个阶段的状态确定后,可以做出各种选择从而演变到下一阶段的某个状态,这种选择手段称为决策,在最优控制问题中也称为控制(control)。

描述决策的变量称决策变量(decision variable),变量允许取值的范围称允许决策集合(set of admissible decisions)。用 $u_k(x_k)$ 表示第 k 阶段处于状态 x_k 时的决策变量,它是 x_k 的函数,用 $\boldsymbol{U}_k(x_k)$ 表示 x_k 的允许决策集合。

决策变量简称决策。

(4) 策略(policy)

决策组成的序列称为策略。由初始状态 x_1 开始的全过程的策略记作 $\boldsymbol{p}_{1n}(x_1)$,即

$$\boldsymbol{p}_{1n}(x_1)=\{u_1(x_1),u_2(x_2),\cdots,u_n(x_n)\}$$

由第 k 阶段的状态 x_k 开始到终止状态的后部子过程的策略记作 $\boldsymbol{p}_{kn}(x_k)$,即

$$\boldsymbol{p}_{kn}(x_k)=\{u_k(x_k),\cdots,u_n(x_n)\}(k=1,2,\cdots,n-1)$$

类似地,由第 k 到第 j 阶段的子过程的策略记作

$$\boldsymbol{p}_{kj}(x_k)=\{u_k(x_k),\cdots,u_j(x_j)\}$$

可供选择的策略有一定的范围,称为允许策略集合(set of admissible policies),用 $\boldsymbol{P}_{1n}(x_1),\boldsymbol{P}_{kn}(x_k),\boldsymbol{P}_{kj}(x_k)$ 表示。

(5) 状态转移方程(equation of state transition)

在确定性过程中,一旦某阶段的状态和决策为已知,下阶段的状态便完全确定。用状态转移方程表示这种演变规律,写作

$$x_{k+1}=T_k(x_k,u_k)\quad(k=1,2,\cdots,n)\tag{6.1}$$

(6) 指标函数(objective function)和最优值函数(optimal value function)

指标函数是衡量过程优劣的数量指标,它是定义在全过程和所有后部子过程上的数量函数,用 $\boldsymbol{V}_{kn}(x_k,u_k,x_{k+1},\cdots,x_{n+1})$ 表示,$k=1,2,\cdots,n$。指标函数应具有可分离性,并满足递推关系。即 $\boldsymbol{V}_{kn}$ 可表为 x_k,u_k,V_{k+1n} 的函数,记为

$$\boldsymbol{V}_{kn}(x_k,u_k,x_{k+1},\cdots,x_{n+1})=\boldsymbol{\varphi}_k(x_k,u_k,V_{(k+1)n}(x_{k+1},u_{k+1},x_{k+2},\cdots,x_{n+1}))$$

并且函数 φ_k 对于变量 V_{k+1n} 是严格单调的。

过程在第 j 阶段的阶段指标取决于状态 x_j 和决策 u_j,用 $v_j(x_j,u_j)$ 表示。指标函数由 $\boldsymbol{v}_j(j=1,2,\cdots,n)$ 组成,常见的形式如下。

① 阶段指标之和,即

$$\boldsymbol{V}_{kn}(x_k,u_k,x_{k+1},\cdots,x_{n+1})=\sum_{j=k}^{n}v_j(x_j,u_j)$$

② 阶段指标之积,即

$$\boldsymbol{V}_{kn}(x_k,u_k,x_{k+1},\cdots,x_{n+1})=\prod_{j=k}^{n}v_j(x_j,u_j)$$

③ 阶段指标之极大(或极小),即

$$\boldsymbol{V}_{kn}(x_k,u_k,x_{k+1},\cdots,x_{n+1})=\max_{k\leqslant j\leqslant n}(\min)\boldsymbol{v}_j(x_j,u_j)$$

这些形式下第 k 到第 j 阶段子过程的指标函数为 $\boldsymbol{V}_{kj}(x_k,u_k,x_{k+1},\cdots,x_{j+1})$。

根据状态转移方程指标函数 $\boldsymbol{V}_{kn}$ 还可以表示为状态 x_k 和策略 p_{kn} 的函数,即 $\boldsymbol{V}_{kn}(x_k,p_{kn})$。在 x_k 给定时指标函数 $\boldsymbol{V}_{kn}$ 对 p_{kn} 的最优值称为最优值函数,记为 $\boldsymbol{f}_k(x_k)$,即

$$\boldsymbol{f}_k(x_k)=\underset{p_{kn}\in P_{kn}(x_k)}{\mathrm{opt}}\boldsymbol{V}_{kn}(x_k,p_{kn})$$

其中 opt 可根据具体情况取 max 或 min。

在不同的问题中,指标函数的含义是不同的,它可能是距离、利润、成本、产品的产量或资源消耗等。

(7) 最优策略(optimal policy)和最优轨线(optimal trajectory)

使指标函数 $\boldsymbol{V}_{kn}$ 达到最优值的策略是从 k 开始的后部子过程的最优策略,记作 $p_{kn}^*=\{u_k^*,\cdots,u_n^*\}$。$p_{1n}^*$ 是全过程的最优策略,简称最优策略。从初始状态 $x_1(=x_1^*)$ 出发,过程按照 p_{1n}^* 和状态转移方程演变所经历的状态序列 $\{x_1^*,x_2^*,\cdots,x_{n+1}^*\}$ 称最优轨线。

(8) 递归方程(recursion equation)或基本方程(fundamental equation)

在求解的过程中,各个阶段到下个阶段的最优值函数会有一种递推关系,这种递推关系和边际条件就被称作递归方程(recursion equation)或基本方程。

一般如下方程即被称为基本方程:

$$\begin{cases} f_{n+1}(x_{n+1})=0 \text{ 或 } 1 \\ f_k(x_k)=\underset{u_k\in U_k(x_k)}{\text{opt}}\{v_k(x_k,u_k)\otimes f_{k+1}(x_{k+1})\},k=n,\cdots,1 \end{cases} \tag{6.2}$$

在上述方程中，当$\otimes$为加法时取 $f_{n+1}(x_{k+1})=0$；当$\otimes$为乘法时，取 $f_{n+1}(x_{k+1})=1$（边际条件）。动态规划递归方程是动态规划的最优性原理的基础，即最优策略的子策略，构成最优子策略。用状态转移方程式(6.1)和递归方程式(6.2)求解动态规划的过程，是由 $k=n+1$ 逆推至 $k=1$，故这种解法称为逆序解法。当然，对某些动态规划问题，也可采用顺序解法。这时，状态转移方程和递归方程分别为：

$$x_k=T_{k+1}(x_{k+1},u_{k+1}),k=1,\cdots,n$$

$$\begin{cases} f_1(x_1)=0 \text{ 或 } 1 \\ f_{k+1}(x_{k+1})=\underset{u_{k+1}\in U_{k+1}(x_{k+1})}{\text{opt}}\{v_{k+1}(x_{k+1},u_{k+1})\otimes f_k(x_k)\},k=1,\cdots,n \end{cases}$$

(9) 最优化原理(principle optimality)

1951 年，R. E. Bellman 提出了最优化原理：作为整个过程的最优策略具有这样的性质，即无论其初始状态和初始决策如何，其以后决策对以第一个决策所形成的状态作为初始状态的过程而言，必须构成最优策略。简而言之，一个最优策略的任一子策略总是最优的。

综上所述，如果一个问题能用动态规划方法求解，那么，我们可以按下列步骤，首先建立起动态规划的数学模型。

① 将过程划分成恰当的阶段。

② 正确选择状态变量 x_k，使它既能描述过程的状态，又满足无后效性，同时确定允许状态集合 X_k。

③ 选择决策变量 u_k，确定允许决策集合 $U_k(x_k)$。

④ 写出状态转移方程。

⑤ 确定阶段指标 $v_k(x_k,u_k)$及指标函数 V_{kn} 的形式（阶段指标之和、阶段指标之积、阶段指标之极大或极小等）。

⑥ 写出基本方程即最优值函数满足的递归方程，以及边际条件。

§6.3 动态规划的应用举例

例 6.1 最短路线问题(Shortest Path Problem)。图 6.1 是一个路由网络图，连线上的数字表示两点之间的距离（或花费）。试寻求一条由 A 到 J 发送文件包距离最短（或花费最小）的路由路线。

对此类最短路线问题，距离或花费所需考虑的过程完全一样，我们不妨假设都是考虑距离的情况。阶段按过程的演变划分，可由前向后分为 1,2,3,4 四个阶段；也可以理解为从 A 节点文件包可以在一秒钟到达 B、C、D 中的某个节点，两秒钟后到达 E、F、G 中的某

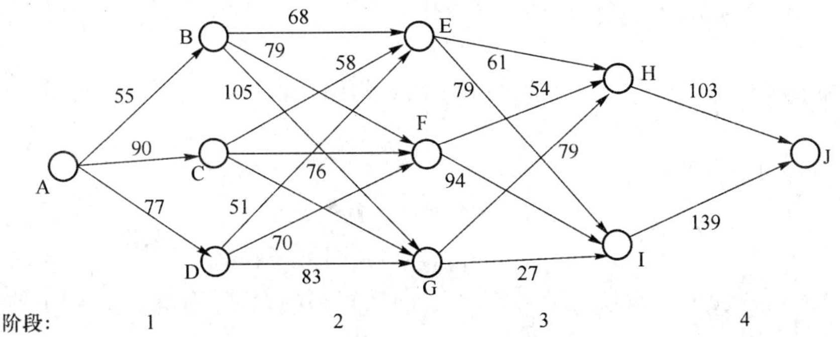

图 6.1

个节点，三秒钟后到达 H、I 中的某个节点，四秒钟后到达 J 节点。这样可以自然地按照时间划分为 1,2,3,4 四个阶段。状态由各段的初始位置确定，决策为从各个状态出发的走向，即有 $x_{k+1}=u_k(x_k)$，阶段指标为相邻两段状态间的距离 $\boldsymbol{d}_k(x_k,u_k(x_k))$，指标函数为阶段指标之和，最优值函数 $\boldsymbol{f}_k(x_k)$是由 x_k 出发到终点的最短距离，基本方程为：

$$\boldsymbol{f}_k(x_k)=\min_{u_k(x_k)}[\boldsymbol{d}_k(x_k,u_k(x_k))+\boldsymbol{f}_{k+1}(x_{k+1})],k=n,\cdots,1$$

$$\boldsymbol{f}_{n+1}(x_{n+1})=0$$

具体分析的过程如下。

① 第 4 阶段

两个节点 H、I，对应着两个状态，每个状态的决策很显然就是直接从各自的节点到终点 J 的唯一选择，即(H→J)，(I→J)，各自的最优值函数为：

$$\boldsymbol{f}_4(\mathrm{H})=\boldsymbol{d}_k(\mathrm{H},\mathrm{J})+\boldsymbol{f}_{k+1}(\mathrm{J})=103$$

$$\boldsymbol{f}_4(\mathrm{I})=\boldsymbol{d}_k(\mathrm{I},\mathrm{J})+\boldsymbol{f}_{k+1}(\mathrm{J})=139$$

② 第 3 阶段

三个节点 E、F、G，对应着三个状态，每个状态的决策就是直接从各自的节点经过 H 或 I 两种选择，而不管是到 H 或 I，之后的状态就可以由第 4 阶段确定。例如，考虑从节点 E 到 J 的最短路(即 $\boldsymbol{f}_3(\mathrm{E})$)，由于 E 到 J 一定是下面两个决策中的最短路：

- 决策 1，从 E 到 H，再利用从 H 到 J 的最短路线；
- 决策 2，从 E 到 I，再利用从 I 到 J 的最短路线。

所以从节点 E 到 J 的最短路为：

$$\boldsymbol{f}_3(\mathrm{E})=\min\begin{cases}d_{\mathrm{EH}}+\boldsymbol{f}_4(\mathrm{H})=61+103=164^*\\ d_{\mathrm{EI}}+\boldsymbol{f}_4(\mathrm{I})=79+139=218\end{cases}=164$$

其中，标有 * 所对应的决策就是节点 E 到 J 的最短路的取值，而节点 E 到 J 的最短路线为 E→H→J。注意这里我们利用了第 4 阶段的结果 $\boldsymbol{f}_4(\mathrm{H})$和 $\boldsymbol{f}_4(\mathrm{I})$，进行了递推。

类似地，从 F 到 J 的最短路为：

$$f_3(\mathrm{F})=\min\begin{cases}d_{\mathrm{FH}}+f_4(\mathrm{H})=54+103=157^*\\d_{\mathrm{FI}}+f_4(\mathrm{I})=94+139=233\end{cases}=157$$

其中,标有*所对应的决策就是节点F到J的最短路的取值,而节点F到J的最短路线为F→H→J。

从G到J的最短路为:

$$f_3(\mathrm{G})=\min\begin{cases}d_{\mathrm{GH}}+f_4(\mathrm{H})=79+103=182\\d_{\mathrm{GI}}+f_4(\mathrm{I})=27+139=166^*\end{cases}=166$$

其中,标有*所对应的决策就是节点G到J的最短路的取值,而节点G到J的最短路线为G→I→J。

③ 第2阶段

三个节点B、C、D,对应着三个状态,每个状态的决策就是直接从各自的节点经过E、F或G三种选择,而到E、F或G之后的状态就可以由第3阶段确定。例如,考虑从节点B到J的最短路(即 $f_2(\mathrm{B})$),由于B到J一定是下面三个决策中的最短路:

- 决策1,从B到E,再利用从E到J的最短路线(第3阶段已求出);
- 决策2,从B到F,再利用从F到J的最短路线(第3阶段已求出);
- 决策3,从B到G,再利用从G到J的最短路线(第3阶段已求出)。

所以从节点B到J的最短路为:

$$f_2(\mathrm{B})=\min\begin{cases}d_{\mathrm{BE}}+f_3(\mathrm{E})=68+164=232^*\\d_{\mathrm{BF}}+f_3(\mathrm{F})=79+157=236\\d_{\mathrm{BG}}+f_3(\mathrm{G})=105+166=271\end{cases}=232$$

其中,标有*所对应的决策就是节点B到J的最短路的取值,而节点B到J的最短路线为B→E→H→J。这里我们利用了第3阶段的结果 $f_3(\mathrm{E})$、$f_3(\mathrm{F})$和 $f_3(\mathrm{G})$。

类似地,从C到J的最短路为:

$$f_2(\mathrm{C})=\min\begin{cases}d_{\mathrm{CE}}+f_3(\mathrm{E})=58+164=222^*\\d_{\mathrm{CF}}+f_3(\mathrm{F})=76+157=233\\d_{\mathrm{CG}}+f_3(\mathrm{G})=66+166=232\end{cases}=222$$

其中,标有*所对应的决策就是节点C到J的最短路的取值,而节点C到J的最短路线为C→E→H→J。

从D到J的最短路为:

$$f_2(\mathrm{D})=\min\begin{cases}d_{\mathrm{DE}}+f_3(\mathrm{E})=51+164=215^*\\d_{\mathrm{DF}}+f_3(\mathrm{F})=70+157=227\\d_{\mathrm{DG}}+f_3(\mathrm{G})=83+166=249\end{cases}=215$$

其中,标有*所对应的决策就是节点D到J的最短路的取值,而节点D到J的最短路线为D→E→H→J。

④ 第1阶段

节点 A 是本阶段唯一的状态，这个状态的决策是从 A 经过 B、C 或 D 三种选择，而到 B、C 或 D 后的状态就可以由第 2 阶段确定。所以从节点 A 到 J 的最短路(即 $\boldsymbol{f}_1(\mathrm{A})$，也是我们要求的整体最优解)，一定是下面三个决策中的最短路：

- 决策 1，从 A 到 B，再利用从 B 到 J 的最短路线(第 2 阶段已求出)；
- 决策 2，从 A 到 C，再利用从 C 到 J 的最短路线(第 2 阶段已求出)；
- 决策 3，从 A 到 D，再利用从 D 到 J 的最短路线(第 2 阶段已求出)。

所以从节点 A 到 J 的最短路为：

$$\boldsymbol{f}_1(\mathrm{A})=\min\begin{cases} d_{\mathrm{AB}}+\boldsymbol{f}_2(\mathrm{B})=55+232=287^{*} \\ d_{\mathrm{AC}}+\boldsymbol{f}_2(\mathrm{C})=90+222=312 \\ d_{\mathrm{AD}}+\boldsymbol{f}_3(\mathrm{D})=77+215=292 \end{cases}=287$$

其中，标有 * 所对应的决策就是节点 A 到 J 的最短路的取值，而节点 A 到 J 的最短路线为 A→B→E→H→J，最短路为 287。

注：①在用动态规化的方法求解本例的过程中，所有的计算量为：20 次加法，11 次比较(n 个数求最小值需 $n-1$ 次比较)。

②对本例中的问题如果用枚举法，也可以很容易得到最短路，因为这个网络较为简单，可以“枚举”出所有的路线：ABEHJ，ABEIJ，…，共 18(3×3×2)条线路，每条线路上的距离和求出后，在 18 个和中取最小值，即得最短路的距离，当然也可以得到最短路线。所有的计算量为 18×4=64 次加法，17 次比较。所需计算量虽然不多，但和动态规划的方法相比还是更多一些。而当网络的规模变大(节点个数更多，相应的链路数也更多)之后，枚举法中的总链路数就会快速地变得“非常”大，所需计算量当然也变得“非常”大；但是如果用动态规划的方法求解同样的问题，计算量增加的程度会相对“慢”得多。

如图 6.2 所示的路由网络图，求节点 1 到节点 27 的最短距离。用枚举法所需的计算量为 $5\times5^5=15\,625$ 次加法，$5^5-1=3\,124$ 次比较；而用动态规划的方法所需的计算量为 $4\times25+5=105$ 次加法，$20\times(5-1)+4=84$ 次比较。

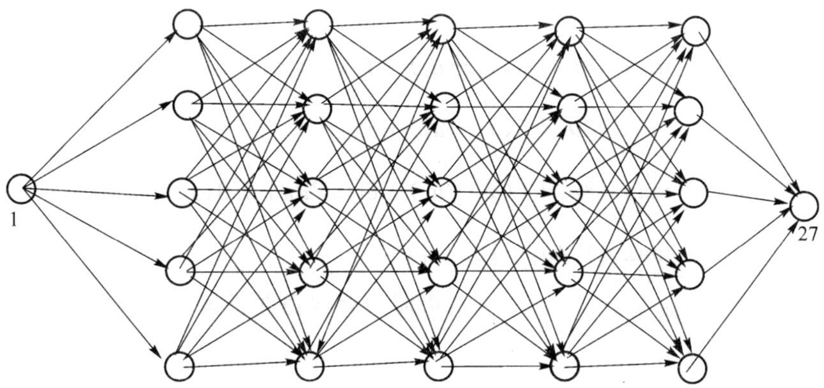

图 6.2

例 6.2 机器负荷分配问题(Machine Scheduling Problem)。某种机器可以在高、低两种负荷下生产。高负荷生产条件下机器完好率为 0.7,即如果年初有 d 台完好机器投入生产,则年末完好的机器数量为 $0.7d$ 台,系数 0.7 称为完好率。年初投入高负荷运行的 d 台机器的年产量为 $8d$ 吨,系数 8 称为单台产量。低负荷运行时,机器完好率为 0.9,单台产量为 5 吨。设开始时有 1 000 台完好机器,要制订五年计划,每年年初将完好的机器一部分分配到高负荷生产,剩下的机器分配到低负荷生产,使五年的总产量为最高。

构造动态规划模型如下。

阶段 k:运行年份($k=1,2,3,4,5,6$),其中 $k=1$ 表示第一年初,…,依次类推;$k=6$ 表示第五年末(即第六年初)。

状态变量 x_k:第 k 年初完好的机器数($k=1,2,3,4,5,6$),其中 x_6 表示第五年末(即第六年初)的完好机器数。

决策变量 u_k:第 k 年投入高负荷运行的机器数。

状态转移方程:$x_{k+1}=0.7u_k+0.9(x_k-u_k)$。

决策允许集合:$\boldsymbol{U}_k(x_k)=\{u_k \mid 0\leqslant u_k\leqslant x_k\}$。

阶段指标:$\boldsymbol{V}_k(x_k,u_k)=8u_k+5(x_k-u_k)$。

递归方程:

$$
\begin{aligned}
\boldsymbol{f}_k(x_k) &= \max_{u_k\in \boldsymbol{U}_k(x_k)}\{v_k(x_k,u_k)+\boldsymbol{f}_{k+1}(x_{k+1})\}\\
&= \max_{0\leqslant u_k\leqslant x_k}\{8u_k+5(x_k-u_k)+\boldsymbol{f}_{k+1}(0.7u_k+0.9(x_k-u_k))\}
\end{aligned}
$$

$$\boldsymbol{f}_6(x_6)=0(\text{边际条件})$$

根据题意,本题的决策允许集合应该是一个整数集合,但由于决策允许集合中可取的决策数量很大,一一列举计算量很大,不妨认为状态变量和决策变量都是连续的,得到最优解后,再作取整处理。

$$\boldsymbol{f}_5(x_5)=\max_{0\leqslant u_5\leqslant x_5}\{8u_5+5(x_5-u_5)+\boldsymbol{f}_6(x_6)\}=\max_{0\leqslant u_5\leqslant x_5}\{3u_5+5x_5\}=8x_5$$

$$u_5^*=x_5$$

$$
\begin{aligned}
\boldsymbol{f}_4(x_4) &= \max_{0\leqslant u_4\leqslant x_4}\{8u_4+5(x_4-u_4)+\boldsymbol{f}_5(x_5)\}\\
&= \max_{0\leqslant u_4\leqslant x_4}\{8u_4+5(x_4-u_4)+8x_5\}\\
&= \max_{0\leqslant u_4\leqslant x_4}\{8u_4+5(x_4-u_4)+8[0.7u_4+0.9(x_4-u_4)]\}\\
&= \max_{0\leqslant u_4\leqslant x_4}\{1.4u_4+12.2x_4\}\\
&=13.6x_4
\end{aligned}
$$

$$u_4^*=x_4$$

$$
\begin{aligned}
\boldsymbol{f}_3(x_3) &= \max_{0\leqslant u_3\leqslant x_3}\{8u_3+5(x_3-u_3)+\boldsymbol{f}_4(x_4)\}\\
&= \max_{0\leqslant u_3\leqslant x_3}\{8u_3+5(x_3-u_3)+13.6x_4\}\\
&= \max_{0\leqslant u_3\leqslant x_3}\{8u_3+5(x_3-u_3)+13.6[0.7u_3+0.9(x_3-u_3)]\}\\
&= \max_{0\leqslant u_3\leqslant x_3}\{0.28u_3+17.24x_3\}\\
&=17.52x_3
\end{aligned}
$$

$u_3^*=x_3$

$$
\begin{aligned}
\boldsymbol{f}_2(x_2) &= \max_{0\leqslant u_2\leqslant x_2}\{8u_2+5(x_2-u_2)+\boldsymbol{f}_3(x_3)\}\\
&= \max_{0\leqslant u_2\leqslant x_2}\{8u_2+5(x_2-u_2)+17.52x_3\}\\
&= \max_{0\leqslant u_2\leqslant x_2}\{8u_2+5(x_2-u_2)+17.52[0.7u_2+0.9(x_2-u_2)]\}\\
&= \max_{0\leqslant u_2\leqslant x_2}\{-0.504u_2+20.77x_2\}\\
&=20.77x_2
\end{aligned}
$$

$u_2^*=0$

$$
\begin{aligned}
\boldsymbol{f}_1(x_1) &= \max_{0\leqslant u_1\leqslant x_1}\{8u_1+5(x_1-u_1)+\boldsymbol{f}_2(x_2)\}\\
&= \max_{0\leqslant u_1\leqslant x_1}\{8u_1+5(x_1-u_1)+20.77x_2\}\\
&= \max_{0\leqslant u_1\leqslant x_1}\{8u_1+5(x_1-u_1)+20.77[0.7u_1+0.9(x_1-u_1)]\}\\
&= \max_{0\leqslant u_1\leqslant x_1}\{-1.154u_1+23.69x_1\}\\
&=23.69x_1
\end{aligned}
$$

$u_1^*=0$

由此可以得到：

$$
\begin{aligned}
&\boldsymbol{f}_1(x_1)=23.69x_1,u_1^*=0\\
&\boldsymbol{f}_2(x_2)=20.77x_2,u_2^*=0\\
&\boldsymbol{f}_3(x_3)=17.52x_3,u_3^*=x_3\\
&\boldsymbol{f}_4(x_4)=13.60x_4,u_4^*=x_4\\
&\boldsymbol{f}_5(x_5)=8x_5,u_5^*=x_5
\end{aligned}
$$

用 $x_1=1\,000$ 代入，得到五年最大产量为 $\boldsymbol{f}_1(x_1)=\boldsymbol{f}_1(1\,000)=23\,690$。每年初完好的机器数以及每年投入高负荷运行的机器数分别为：

$$x_1=1\,000, u_1^*=0$$
$$x_2=0.7u_1+0.9(x_1-u_1)=900, u_2^*=0$$
$$x_3=0.7u_2+0.9(x_2-u_2)=810, u_3^*=x_3=810$$
$$x_4=0.7u_3+0.9(x_3-u_3)=567, u_4^*=x_4=567$$
$$x_5=0.7u_4+0.9(x_4-u_4)=397, u_5^*=x_5=397$$
$$x_6=0.7u_5+0.9(x_5-u_5)=278$$

在这个例子中，状态变量的边际值 x_6 是未加约束的，如果要求在第五年末(即第六年初)完好的机器数不少于 500 台，这时决策变量 u_5 的决策允许集合将成为：

$$\boldsymbol{U}_5(x_5)=\{u_5\,|\,0.7u_5+0.9(x_5-u_5)\geqslant 500, u_5\geqslant 0\}$$

即

$$0.9x_5-0.2u_5\geqslant 500, u_5\geqslant 0$$

或

$$0\leqslant u_5\leqslant 4.5x_5-2\,500$$

容易想象，这时的最大产量将比 x_6 是自由的情况下小。

这个例子还可以推广到一般情况。设高负荷生产时机器的完好率为 k_1，单台产量为 p_1；低负荷完好率为 k_2，单台产量为 p_2。若有 t 满足：

$$\sum_{i=0}^{n-(t+1)} k_1^i \leqslant \frac{p_1-p_2}{p_1(k_1-k_2)} \leqslant \sum_{i=0}^{n-t} k_1^i$$

则从 $1\sim t-1$ 年，年初将全部完好机器投入低负荷运行，从 $t\sim n$ 年，年初将全部完好机器投入高负荷运行，这样的决策，将使总产量达到最大。

例 6.3 资源分配问题(Resource Allocation Problem)。有资金 4 万元，投资 A、B、C 三个项目，每个项目的投资效益与投入该项目的资金有关。三个项目 A、B、C 的投资效益(万吨)和投入资金(万元)的关系见表 6.1。

表 6.1

投入资金 \ 项目	A	B	C
1 万元	15 万吨	13 万吨	11 万吨
2 万元	28 万吨	29 万吨	30 万吨
3 万元	40 万吨	43 万吨	45 万吨
4 万元	51 万吨	55 万吨	58 万吨

求对三个项目的最优投资分配，使总投资效益最大(假设不考虑重复投资，即不考虑对同一个项目同样的投入资金进行两次以上的投资)。

阶段 k：对 A、B、C 三个投资项目依次考虑，每投资一个项目作为一个阶段。具体地，$k=1$，表示第一个阶段，考虑对 A 项目是否投资的阶段；$k=2$，表示第二个阶段，考虑对 B

项目是否投资的阶段；$k=3$，表示第三个阶段，考虑对 C 项目是否投资的阶段。$k=4$，则表示投资结束的阶段。

状态变量 x_k：投资第 k 个项目前的剩余资金数。

决策变量 u_k：第 k 个项目的投资资金数。

决策允许集合：$\boldsymbol{U}_k(x_k)=\{u_k \mid 0\leqslant u_k\leqslant x_k\}$。

状态转移方程：$x_{k+1}=x_k-u_k$。

阶段指标：$\boldsymbol{V}_k(x_k,u_k)$如表 6.1 所示。

递归方程：$\boldsymbol{f}_k(x_k)=\max\{v_k(x_k,u_k)+\boldsymbol{f}_{k+1}(x_{k+1})\}$。

边际条件：$\boldsymbol{f}_4(x_4)=0$。

下面从第四阶段开始进行分析：

$k=4$ 时，$\boldsymbol{f}_4(x_4)=0$；

$k=3$ 时，$0\leqslant u_3\leqslant x_3$，$x_4=x_3-u_3$；用表 6.2 来进行分析。

表 6.2

x_3	$\boldsymbol{U}_3(x_3)$	x_4	$\boldsymbol{V}_3(x_3,u_3)$	$v_3(x_3,u_3)+\boldsymbol{f}_4(x_4)$	$\boldsymbol{f}_3(x_3)$	u_3^*
0	0	0	0	0+0=0	0	0
1	0	1	0	0+0=0	11	1
	1	0	11	11+0=11*		
2	0	2	0	0+0=0	30	2
	1	1	11	11+0=11		
	2	0	30	30+0=30*		
3	0	3	0	0+0=0	45	3
	1	2	11	11+0=11		
	2	1	30	30+0=30		
	3	0	45	45+0=45*		
4	0	4	0	0+0=0	58	4
	1	3	11	11+0=11		
	2	2	30	30+0=30		
	3	1	45	45+0=45		
	4	0	58	58+0=58*		

$k=2$ 时，$0\leqslant u_2\leqslant x_2$，$x_3=x_2-u_2$；用表 6.3 来进行分析。

表 6.3

x_2	$U_2(x_2)$	x_3	$V_2(x_2,u_2)$	$v_2(x_2,u_2)+f_3(x_3)$	$f_2(x_2)$	u_2^*
0	0	0	0	0+0=0	0	0
1	0	1	0	0+11=11	13	1
	1	0	13	13+0=13 *		
2	0	2	0	0+30=30 *	30	0
	1	1	13	13+11=24		
	2	0	29	29+0=29		
3	0	3	0	0+45=45 *	45	0
	1	2	13	13+30=43		
	2	1	29	29+11=40		
	3	0	43	43+0=43		
4	0	4	0	0+58=58	59	2
	1	3	13	13+45=58		
	2	2	29	29+30=59 *		
	3	1	43	43+11=54		
	4	0	55	55+0=55		

$k=1$ 时，$0\leqslant u_1\leqslant x_1$，$x_2=x_1-u_1$；用表 6.4 来进行分析。

表 6.4

x_1	$U_1(x_1)$	x_2	$V_1(x_1,u_1)$	$v_1(x_1,u_1)+f_2(x_2)$	$f_1(x_1)$	u_1^*
4	0	4	0	0+59=59	60	1
	1	3	15	15+45=60 *		
	2	2	28	28+30=58		
	3	1	40	40+13=53		
	4	0	51	51+0=51		

所以，最后得到结果和最优解为：

$$x_1=4(\text{当然}),u_1^*=1$$

$$x_2=x_1-u_1=4-1=3,u_2^*=0$$

$$x_3=x_2-u_2=3-0=3,u_3^*=3$$

$$x_4=x_3-u_3=3-3=0$$

即项目 A 投资 1 万元，项目 B 投资 0 万元，项目 C 投资 3 万元，最大效益为 60 万吨。

例 6.4 生产库存问题(Production and Inventory Problem)。一个工厂生产某种产

品，1～7 月份生产成本和产品需求量的变化情况如表 6.5 所示。

表 6.5

月份(k)	1	2	3	4	5	6	7
生产成本(c_k)	11	18	13	17	20	10	15
需求量(r_k)	0	8	5	3	2	7	4

为了调节生产和需求，工厂设有一个产品仓库，库容量 $H=9$。已知初期库存量为 2，要求期末(7 月低)库存量为 0。每个月生产的产品在月末入库，月初根据当月需求发货。求 7 个月的生产量，能满足各月的需求，并使生产成本最低。

阶段 k：月份，$k=1,2,\cdots,7,8$。

状态变量 x_k：第 k 个月初(发货以前)的库存量。

决策变量 u_k：第 k 个月的生产量。

状态转移方程：$x_{k+1}=x_k-r_k+u_k$。

决策允许集合：

$$\begin{aligned}\boldsymbol{U}_k(x_k)&=\{u_k\mid u_k\geqslant 0,r_{k+1}\leqslant x_{k+1}\leqslant H\}\\&=\{u_k\mid u_k\geqslant 0,r_{k+1}\leqslant x_k-r_k+u_k\leqslant H\}\end{aligned}$$

阶段指标：$\boldsymbol{v}_k(x_k,u_k)=c_ku_k$。

递归方程：

$$\begin{aligned}\boldsymbol{f}_k(x_k)&=\min_{u_k\in\boldsymbol{U}_k(x_k)}\{v_k(x_k,u_k)+\boldsymbol{f}_{k+1}(x_{k+1})\}\\&=\min_{u_k\in\boldsymbol{U}_k(x_k)}\{c_kx_k+\boldsymbol{f}_{k+1}(x_k-r_k+u_k)\}\end{aligned}$$

边际条件：$\boldsymbol{f}_8(x_8)=0$；$x_8=0$。

① $k=7$

因为 $x_8=0$，所以 $u_7=0$(7 月初将 7 月所需产品已发出，所以 7 月不用生产)，从 $x_8=x_7-r_7+u_7$ 中解出 $x_7=r_7=4$，所以：

$$\boldsymbol{f}_7(x_7)=\min_{u_7\in\boldsymbol{U}_7(x_7)}\{v_7(x_7,u_7)+\boldsymbol{f}_8(x_8)\}=\min\{c_7u_7+\boldsymbol{f}_8(x_8)\}=0$$

② $k=6$

因为 $x_7=4$，所以从 $x_7=x_6-r_6+u_6$ 中得到 $u_6=11-x_6$，这是唯一的决策，当然也是最优决策。递推方程为

$$\boldsymbol{f}_6(x_6)=\min_{u_6=11-x}\{c_6u_6+\boldsymbol{f}_7(x_7)\}=c_6u_6=10(11-x_6)=110-10x_6$$

③ $k=5$

$$\begin{aligned} f_5(x_5) &= \min_{u_5 \in U_5(x_5)} \{c_5 u_5 + f_6(x_6)\} \\ &= \min_{u_5 \in U_5(x_5)} \{20u_5 + 110 - 10x_6\} \\ &= \min_{u_5 \in U_5(x_5)} \{20u_5 + 110 - 10(x_5 - r_5 + u_5)\} \\ &= \min_{u_5 \in U_5(x_5)} \{20u_5 + 110 - 10(x_5 - 2 + u_5)\} \\ &= \min_{u_5 \in U_5(x_5)} \{10u_5 - 10x_5 + 130\} \end{aligned}$$

其中：

$$\begin{aligned} U_5(x_5) &= \{u_5 \mid u_5 \geqslant 0, r_6 \leqslant x_5 - r_5 + u_5 \leqslant H\} \\ &= \{u_5 \mid u_5 \geqslant 0, r_6 + r_5 - x_5 \leqslant u_5 \leqslant H + r_5 - x_5\} \\ &= \{u_5 \mid u_5 \geqslant 0, 9 - x_5 \leqslant u_5 \leqslant 11 - x_5\} \end{aligned}$$

因为 $x_5 \leqslant H=9$,所以 $9-x_5 \geqslant 0$,因此决策允许集合可以简化为

$$U_5(x_5) = \{u_5 \mid 9 - x_5 \leqslant u_5 \leqslant 11 - x_5\}$$

所以递推方程为

$$\begin{aligned} f_5(x_5) &= \min_{9 - x_5 \leqslant u_5 \leqslant 11 - x_5} \{10u_5 - 10x_5 + 130\} \\ &= 10(9 - x_5) - 10x_5 + 130 \\ &= 220 - 20x_5 \\ u_5^* &= 9 - x_5 \end{aligned}$$

④ $k=4$

$$\begin{aligned} f_4(x_4) &= \min_{u_4 \in U_4(x_4)} \{c_4 u_4 + f_5(x_5)\} \\ &= \min_{u_4 \in U_4(x_4)} \{17u_4 + 220 - 20x_5\} \\ &= \min_{u_4 \in U_4(x_4)} \{17u_4 + 220 - 20(x_4 - r_4 + u_4)\} \\ &= \min_{u_4 \in U_4(x_4)} \{17u_4 + 220 - 20(x_4 - 3 + u_4)\} \\ &= \min_{u_4 \in U_4(x_4)} \{-3u_4 - 20x_4 + 280\} \end{aligned}$$

其中：

$$\begin{aligned} U_4(x_4) &= \{u_4 \mid u_4 \geqslant 0, r_5 \leqslant x_4 - r_4 + u_4 \leqslant H\} \\ &= \{u_4 \mid u_4 \geqslant 0, r_5 + r_4 - x_4 \leqslant u_4 \leqslant H + r_4 - x_4\} \\ &= \{u_4 \mid u_4 \geqslant 0, 5 - x_4 \leqslant u_4 \leqslant 12 - x_4\} \\ &= \{u_4 \mid \max[0, 5 - x_4] \leqslant u_4 \leqslant 12 - x_4\} \end{aligned}$$

由于在 $f_4(x_4)$的表达式中 u_4 的系数为-3,因此：

$$
\begin{aligned}
f_4(x_4) &= \min_{\max[0,5-x_4]\leqslant u_4\leqslant 12-x_4}\{-3u_4-20x_4+280\} \\
&= -3(12-x_4)-20x_4+280 \\
&= -17x_4+244
\end{aligned}
$$

$$u_5^* = 12-x_4$$

⑤ $k=3$

$$
\begin{aligned}
f_3(x_3) &= \min_{u_3\in U_3(x_3)}\{c_3u_3+f_4(x_4)\} \\
&= \min_{u_3\in U_3(x_3)}\{13u_3+244-17x_4\} \\
&= \min_{u_3\in U_3(x_3)}\{13u_3+244-17(x_3-r_3+u_3)\} \\
&= \min_{u_3\in U_3(x_3)}\{-4u_3-17x_3+329\}
\end{aligned}
$$

其中：

$$
\begin{aligned}
U_3(x_3) &= \{u_3\,|\,u_3\geqslant 0, r_4\leqslant x_3-r_3+u_3\leqslant H\} \\
&= \{u_3\,|\,u_3\geqslant 0, r_4+r_3-x_3\leqslant u_3\leqslant H+r_3-x_3\} \\
&= \{u_3\,|\,u_3\geqslant 0, 8-x_3\leqslant u_3\leqslant 14-x_3\} \\
&= \{u_3\,|\,\max[0,8-x_3]\leqslant u_3\leqslant 14-x_3\}
\end{aligned}
$$

因此：

$$
\begin{aligned}
f_3(x_3) &= \min_{\max[0,8-x_3]\leqslant u_3\leqslant 14-x_3}\{-4u_3-17x_3+329\} \\
&= -4(14-x_3)-17x_3+329 \\
&= -13x_3+273
\end{aligned}
$$

$$u_5^* = 14-x_3$$

⑥ $k=2$

$$
\begin{aligned}
f_2(x_2) &= \min_{u_2\in U_2(x_2)}\{c_2u_2+f_3(x_3)\} \\
&= \min_{u_2\in U_2(x_2)}\{18u_2-13x_3+273\} \\
&= \min_{u_2\in U_2(x_2)}\{18u_2-13(x_2-r_2+u_2)+273\} \\
&= \min_{u_2\in U_2(x_2)}\{18u_2-13(x_2-8+u_2)+273\} \\
&= \min_{u_2\in U_2(x_2)}\{5u_2-13x_2+377\}
\end{aligned}
$$

其中：

$$
\begin{aligned}
U_2(x_2) &= \{u_2\,|\,u_2\geqslant 0, r_3\leqslant x_2-r_2+u_2\leqslant H\} \\
&= \{u_2\,|\,u_2\geqslant 0, r_3+r_2-x_2\leqslant u_2\leqslant H+r_2-x_2\} \\
&= \{u_2\,|\,u_2\geqslant 0, 13-x_2\leqslant u_2\leqslant 17-x_2\}
\end{aligned}
$$

因为 $13-x_2\geqslant 0$,所以：

$$U_2(x_2)=\{u_2\mid 13-x_2\leqslant u_2\leqslant 17-x_2\}$$

所以：

$$\begin{aligned}f_2(x_2)&=\min_{13-x_2\leqslant u_2\leqslant 17-x_2}\{5u_2-13x_2+377\}\\&=5(13-x_2)-13x_2+377\\&=-18x_2+442\end{aligned}$$

$$u_2^*=13-x_2$$

⑦ $k=1$

$$\begin{aligned}f_1(x_1)&=\min_{u_1\in U_1(x_1)}\{c_1u_1+f_2(x_2)\}\\&=\min_{u_1\in U_1(x_1)}\{11u_1-18x_2+442\}\\&=\min_{u_1\in U_1(x_1)}\{11u_1-18(x_1-r_1+u_1)+442\}\\&=\min_{u_1\in U_1(x_1)}\{11u_1-18(x_1-0+u_1)+442\}\\&=\min_{u_1\in U_1(x_1)}\{-7u_1-18x_1+442\}\end{aligned}$$

其中：

$$\begin{aligned}U_1(x_1)&=\{u_1\mid u_1\geqslant 0,r_2\leqslant x_1-r_1+u_1\leqslant H\}\\&=\{u_1\mid u_1\geqslant 0,r_2+r_1-x_1\leqslant u_1\leqslant H+r_1-x_1\}\\&=\{u_1\mid u_1\geqslant 0,8-x_1\leqslant u_1\leqslant 9-x_1\}\end{aligned}$$

根据题意,因为 $x_1=2$,所以：

$$U_1(x_1)=\{u_1\mid 6\leqslant u_1\leqslant 7\}$$

所以：

$$\begin{aligned}f_2(x_2)&=\min_{6\leqslant u_1\leqslant 7}\{-7u_1-18x_1+442\}\\&=-7\times 7-18\times 2+442\\&=357\end{aligned}$$

$$u_1^*=7$$

将以上结果总结成表 6.6。

表 6.6

k	1	2	3	4	5	6	7
c_k	11	18	13	17	20	10	15
r_k	0	8	5	3	2	7	4
x_k	2	9	5	9	9	7	4
d_k	7	$13-x_2=4$	$14-x_3=9$	$12-x_4=3$	$9-x_5=0$	$11-x_6=4$	0

例 6.5　设备更新问题(Equipment Renewal Problem)。一台设备的价格为 P，运行寿命为 n 年，每年的维修费用是设备役龄的函数，记为 $C(t)$，新设备的役龄为 $t=0$。旧设备出售的价格是设备役龄的函数，记为 $S(t)$。在 n 年末，役龄为 t 的设备残值为 $R(t)$。现有一台役龄为 T 的设备，在使用过程中，使用者每年都面临"继续使用"或"更新"的策略。

阶段 k：运行年份。

状态变量 x_k：设备的役龄 t。

决策变量 u_k：

$$u_k=\begin{cases} R & \text{(Replace)更新} \\ K & \text{(Keep)继续使用} \end{cases}$$

状态转移方程

$$x_{k+1}=\begin{cases} 1 & u_k=R \\ x_k+1 & u_k=K \end{cases}$$

阶段指标：

$$\begin{aligned} v_k &=\begin{cases} P+C(0)-S(x_k) & u_k=R \\ C(x_k) & u_k=K \end{cases} \\ &=\begin{cases} P+C(0)-S(t) & u_k=R \\ C(t) & u_k=K \end{cases} \end{aligned}$$

递归方程：

$$\begin{aligned} \boldsymbol{f}_k(x_k) &=\min\begin{cases} P+C(0)-S(x_k)+\boldsymbol{f}_{k+1}(x_{k+1}) & u_k=R \\ C(x_k)+\boldsymbol{f}_{k+1}(x_{k+1}) & u_k=K \end{cases} \\ &=\min\begin{cases} P+C(0)-S(t)+\boldsymbol{f}_{k+1}(1) & u_k=R \\ C(t)+\boldsymbol{f}_{k+1}(t+1) & u_k=K \end{cases} \end{aligned}$$

边际条件：$\boldsymbol{f}_n(t)=-R(t)$。

设具体数据如表 6.7 所示。

表 6.7

t	0	1	2	3	4	5	6	7
$C(t)$	10	13	20	40	70	100	100	—
$S(t)$	—	32	21	11	5	0	0	0
$R(t)$	—	25	17	8	0	0	0	0

且 $n=5$，$T=2$，$P=50$。由表 6.7 开始，边际条件为：

$$\boldsymbol{f}_6(1)=-25, \boldsymbol{f}_6(2)=-17, \boldsymbol{f}_6(3)=-8, \boldsymbol{f}_6(4)=\boldsymbol{f}_6(5)=\boldsymbol{f}_6(6)=\boldsymbol{f}_6(7)=0$$

① $k=5$

$$f_5(t)=\min\begin{cases}P+C(0)-S(t)+f_6(1), & u_5=R\\ C(t)+f_6(t+1), & u_5=K\end{cases}$$

$$f_5(1)=\min\begin{cases}P+C(0)-S(1)+f_6(1), & u_5=R\\ C(1)+f_6(2), & u_5=K\end{cases}$$

$$=\min\begin{cases}50+10-32+(-25), & u_5=R\\ 13+(-17), & u_5=K\end{cases}$$

$$=\min\begin{cases}3, & u_5=R\\ -4, & u_5=K\end{cases}=-4$$

$$u_5^*=K$$

$$f_5(2)=\min\begin{cases}P+C(0)-S(2)+f_6(1), & u_5=R\\ C(2)+f_6(3), & u_5=K\end{cases}$$

$$=\min\begin{cases}50+10-21+(-25), & u_5=R\\ 20+(-8), & u_5=K\end{cases}$$

$$=\min\begin{cases}14, & u_5=R\\ 12, & u_5=K\end{cases}=12$$

$$u_5^*=K$$

$$f_5(3)=\min\begin{cases}P+C(0)-S(3)+f_6(1), & u_5=R\\ C(3)+f_6(4), & u_5=K\end{cases}$$

$$=\min\begin{cases}50+10-11+(-25), & u_5=R\\ 40+0, & u_5=K\end{cases}$$

$$=\min\begin{cases}24, & u_5=R\\ 40, & u_5=K\end{cases}=24$$

$$u_5^*=R$$

$$f_5(4)=\min\begin{cases}P+C(0)-S(4)+f_6(1), & u_5=R\\ C(4)+f_6(5), & u_5=K\end{cases}$$

$$=\min\begin{cases}50+10-5+(-25), & u_5=R\\ 70+0, & u_5=K\end{cases}$$

$$=\min\begin{cases}30, & u_5=R\\ 70, & u_5=K\end{cases}=30$$

$$u_5^*=R$$

$$f_5(5)=\min\begin{cases}P+C(0)-S(5)+f_6(1), & u_5=R\\ C(5)+f_6(6), & u_5=K\end{cases}$$

$$=\min\begin{cases}50+10-0+(-25), & u_5=R\\ 100+0, & u_5=K\end{cases}$$

$$=\min\begin{cases}35, & u_5=R\\ 100, & u_5=K\end{cases}=35$$

$$u_5^*=R$$

$$f_5(6)=\min\begin{cases}P+C(0)-S(6)+f_6(1), & u_5=R\\ C(6)+f_6(7), & u_5=K\end{cases}$$

$$=\min\begin{cases}50+10-0+(-25), & u_5=R\\ 100+0, & u_5=K\end{cases}$$

$$=\min\begin{cases}35, & u_5=R\\ 100, & u_5=K\end{cases}=35$$

$$u_5^*=R$$

② $k=4$

$$f_4(t)=\min\begin{cases}P+C(0)-S(t)+f_5(1), & u_4=R\\ C(t)+f_5(t+1), & u_4=K\end{cases}$$

$$f_4(1)=\min\begin{cases}P+C(0)-S(1)+f_5(1), & u_4=R\\ C(1)+f_5(2), & u_4=K\end{cases}$$

$$=\min\begin{cases}50+10-32+(-4), & u_4=R\\ 13+12, & u_4=K\end{cases}$$

$$=\min\begin{cases}24, & u_4=R\\ 25, & u_4=K\end{cases}=24$$

$$u_4^*=R$$

$$f_4(2)=\min\begin{cases}P+C(0)-S(2)+f_5(1), & u_4=R\\ C(2)+f_5(3), & u_4=K\end{cases}$$

$$=\min\begin{cases}50+10-21+(-4), & u_4=R\\ 20+24, & u_4=K\end{cases}$$

$$=\min\begin{cases}24, & u_4=R\\ 25, & u_4=K\end{cases}=24$$

$$d_4^*=R$$

$$f_4(3)=\min\begin{cases}P+C(0)-S(3)+f_5(1), & u_4=R\\ C(3)+f_5(2), & u_4=K\end{cases}$$

$$=\min\begin{cases}50+10-11+(-4), & u_4=R\\ 40+30, & u_4=K\end{cases}$$

$$=\min\begin{cases}45, & u_4=R\\ 70, & u_4=K\end{cases}=45$$

$$u_4^*=R$$

$$f_4(4)=\min\begin{cases}P+C(0)-S(4)+f_5(1), & u_4=R\\ C(4)+f_5(5), & u_4=K\end{cases}$$

$$=\min\begin{cases}50+10-5+(-4), & u_4=R\\ 70+35, & u_4=K\end{cases}$$

$$=\min\begin{cases}51, & u_4=R\\ 105, & u_4=K\end{cases}=51$$

$$u_4*=R$$

$$f_4(5)=\min\begin{cases}P+C(0)-S(5)+f_5(1), & u_4=R\\ C(5)+f_5(6), & u_4=K\end{cases}$$

$$=\min\begin{cases}50+10-0+(-4), & u_4=R\\ 100+35, & u_4=K\end{cases}$$

$$=\min\begin{cases}56, & u_4=R\\ 135, & u_4=K\end{cases}=56$$

$$u_4^*=R$$

③ $k=3$

$$f_3(t)=\min\begin{cases}P+C(0)-S(t)+f_4(1), & u_3=R\\ C(t)+f_4(t+1), & u_3=K\end{cases}$$

$$f_3(1)=\min\begin{cases}P+C(0)-S(1)+f_4(1), & u_3=R\\ C(1)+f_4(2), & u_3=K\end{cases}$$

$$=\min\begin{cases}50+10-32+24, & u_3=R\\ 13+35, & u_3=K\end{cases}$$

$$=\min\begin{cases}52, & u_3=R\\ 48, & u_3=K\end{cases}=48$$

$$u_3^*=K$$

$$f_3(2)=\min\begin{cases}P+C(0)-S(2)+f_4(1), & u_3=R\\ C(2)+f_4(3), & u_3=K\end{cases}$$

$$=\min\begin{cases}50+10-21+24, & u_3=R\\ 20+45, & u_3=K\end{cases}$$

$$=\min\begin{cases}63, & u_3=R\\ 65, & u_3=K\end{cases}=63$$

$$u_3^*=R$$

$$f_3(3)=\min\begin{cases}P+C(0)-S(3)+f_4(1), & u_3=R\\ C(3)+f_4(4), & u_3=K\end{cases}$$

$$=\min\begin{cases}50+10-11+24, & u_3=R\\ 40+51, & u_3=K\end{cases}$$

$$=\min\begin{cases}73, & u_3=R\\ 91, & u_3=K\end{cases}=73$$

$$u_3^*=R$$

$$f_3(4)=\min\begin{cases}P+C(0)-S(4)+f_4(1), & u_3=R\\ C(4)+f_4(5), & u_3=K\end{cases}$$

$$=\min\begin{cases}50+10-5+24, & u_3=R\\ 70+56, & u_3=K\end{cases}$$

$$=\min\begin{cases}79, & u_3=R\\ 126, & u_3=K\end{cases}=79$$

$$u_3^*=R$$

④ $k=2$

$$f_2(t)=\min\begin{cases}P+C(0)-S(t)+f_3(1), & u_2=R\\ C(t)+f_3(t+1), & u_2=K\end{cases}$$

$$f_2(1)=\min\begin{cases}P+C(0)-S(1)+f_3(1), & u_2=R\\ C(1)+f_3(2), & u_2=K\end{cases}$$

$$=\min\begin{cases}50+10-32+48, & u_2=R\\ 13+63, & u_2=K\end{cases}$$

$$=\min\begin{cases}76, & u_2=R\\ 76, & u_2=K\end{cases}=76$$

$u_2^*=K$ 或 $u_2^*=R$

$$f_2(2)=\min\begin{cases}P+C(0)-S(2)+f_3(1), & u_2=R\\ C(2)+f_3(3), & u_2=K\end{cases}$$

$$=\min\begin{cases}50+10-21+48, & u_2=R\\ 20+73, & u_2=K\end{cases}$$

$$=\min\begin{cases}87, & u_2=R\\ 93, & u_2=K\end{cases}=87$$

$$u_2^*=R$$

$$f_2(3)=\min\begin{cases}P+C(0)-S(3)+f_3(1), & u_2=R\\ C(3)+f_3(4), & u_2=K\end{cases}$$

$$=\min\begin{cases}50+10-11+48, & u_2=R\\ 40+79, & u_2=K\end{cases}$$

$$=\min\begin{cases}97, & u_2=R\\ 119, & u_2=K\end{cases}=97$$

$$u_2^*=R$$

⑤ $k=1$

$$f_1(t)=\min\begin{cases}P+C(0)-S(t)+f_2(1), & u_1=R\\ C(t)+f_2(t+1), & u_1=K\end{cases}$$

$$f_1(2)=\min\begin{cases}P+C(0)-S(2)+f_2(1), & u_1=R\\ C(2)+f_3(3), & u_1=K\end{cases}$$

$$=\min\begin{cases}50+10-21+76, & u_1=R\\ 20+97, & u_1=K\end{cases}$$

$$=\min\begin{cases}115, & u_1=R\\ 117, & u_1=K\end{cases}=115$$

$$u_1^*=R$$

由以上计算可知,本问题有两个决策,它们对应的最小费用都是 115。这两个决策见表 6.8。

表 6.8

年份	1	2	3	4	5
决策 1	更新	更新	继续	更新	继续
决策 2	更新	继续	更新	更新	继续

例 6.6 具有转向费用的最短路径问题(Shortest Path Problem With Turn Expenses)。设城市的道路结构如图 6.3 所示。两个路口之间标的数字表示通过这一段道路所需的费用(单位:元),该城市有一项奇怪的交通规则:车辆经过每个路口时,向左或向右转

弯一次，要收取“转弯费”3 元。现有一辆汽车从 A 点出发到 P 点，求包括转弯费用在内，费用最小的行驶路线。

与本章前面介绍的最短路线问题不同，由于考虑转弯费用，从任一路口出发到达终点的最优路线不仅取决于当前的位置，而且与如何到达当前位置有关。如果仍旧用当前所在位置作为状态变量，用行进的方向作为决策变量，这样，从某一状态出发的最优决策，不仅与当前状态有关，还与这一状态以前的决策有关。这样就不满足动态规划“状态的无后效性”的要求。

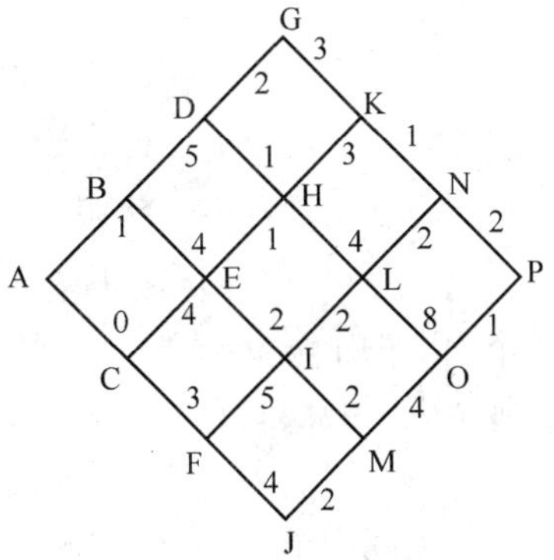

图 6.3

为了满足动态规划的这一要求，必须重新构造状态变量。现将这个问题的动态规划模型构造如下。

阶段 k：设起点 A 为第一阶段，到达 B 或 C 为第二阶段，如此等等。到达终点 P 为第 7 阶段。

状态变量：(x_k,r_k)，$(k=1,2,\cdots,6)$，其中 x_k 为第 k 阶段所在位置，r_k 为从 x_k 出发行进的方向：

$$r_k=\begin{cases} u & \text{up(上行)} \\ d & \text{down(下行)} \end{cases}$$

终点 P 的状态变量为(P，∅)，∅表示行进方向为空集。由图可见，点 G，J，K，M，N，O，P 只有一个状态，其余的点都有两个状态。

由于状态变量包括所在位置和行进方向两个因素，决策变量也就已经包含在状态变量之中了。

阶段指标：$u_k(x_k)$——从 x_k 出发上行一步的路程费用（不包括转弯费用）；$d_k(x_k)$——从 x_k 出发下行一步的路程费用（不包括转弯费用）。

最优指标：$f_k(x_k,r_k)$表示从 x_k 出发，按 r_k 方向前进一步，最终到达 P 的最小费用（包括转弯费用）。

递归方程：

$$f_k(x_k,u)=\min\begin{cases} u_k(x_k)+f_{k+1}(x_{k+1},u) \\ u_k(x_k)+f_{k+1}(x_{k+1},d)+3 \end{cases}$$

$$=u_k(x_k)+\min\begin{cases} f_{k+1}(x_{k+1},u) \\ f_{k+1}(x_{k+1},d)+3 \end{cases}$$

$$f_k(x_k,d)=\min\begin{cases} d_k(x_k)+f_{k+1}(x_{k+1},u)+3 \\ d_k(x_k)+f_{k+1}(x_{k+1},d) \end{cases}$$

$$=d_k(x_k)+\min\begin{cases} f_{k+1}(x_{k+1},u)+3 \\ f_{k+1}(x_{k+1},d) \end{cases}$$

边际条件：$f_7(\mathrm{P},\varnothing)=0$。

① $k=7$

对于 P 点，只有一个状态$(x_7,r_7)=(\mathrm{P},\varnothing)$，相应的最优指标为

$$f_7(x_7,r_7)=f_7(\mathrm{P},\varnothing)=0$$

② $k=6$

对于 N 点，只有一个状态$(x_6,r_6)=(\mathrm{N},d)$，相应的最优指标为

$$f_6(\mathrm{N},d)=d_6(\mathrm{N},d)+f_7(\mathrm{P},\varnothing)=2+0=2$$

最优路线上的下一状态为$(x_7^*,r_7^*)=(\mathrm{P},\varnothing)$。

对于点 O，点只有一个状态$(x_6,r_6)=(\mathrm{O},u)$，相应的最优指标为

$$f_6(\mathrm{O},u)=u_6(\mathrm{O},u)+f_7(\mathrm{P},\varnothing)=1+0=1$$

最优路线上的下一状态为$(x_7^*,r_7^*)=(\mathrm{P},\varnothing)$。

③ $k=5$

对于 K 点，只有一个状态$(x_5,r_5)=(\mathrm{K},d)$，相应的最优指标为

$$f_5(\mathrm{K},d)=d_5(\mathrm{K},d)+f_6(\mathrm{N},d)=1+2=3$$

最优路线上的下一状态为$(x_6^*,r_6^*)=(\mathrm{N},d)$。

对于 L 点，有两个状态$(x_5,r_5)=(\mathrm{L},u)$和$(x_5,r_5)=(\mathrm{L},d)$，相应的最优指标分别为

$$f_5(\mathrm{L},u)=u_5(\mathrm{L},u)+f_6(\mathrm{N},d)+3=2+2+3=7$$

最优路线上的下一状态为$(x_6^*,r_6^*)=(\mathrm{N},d)$。

$$f_5(\mathrm{L},d)=d_5(\mathrm{L},d)+f_6(\mathrm{O},u)+3=8+1+3=12$$

最优路线上的下一状态为$(x_6^*,r_6^*)=(\mathrm{O},u)$。

对于 M 点，只有一个状态$(x_5,r_5)=(\mathrm{M},u)$，相应的最优指标为

$$f_5(\mathrm{M},u)=u_5(\mathrm{M},u)+f_6(\mathrm{O},u)=4+1=5$$

最优路线上的下一状态为$(x_6^*,r_6^*)=(\mathrm{O},u)$。

④ $k=4$

对于 G 点，只有一个状态$(x_4,r_4)=(\mathrm{G},d)$，相应的最优指标为

$$f_4(\mathrm{G},d)=d_4(\mathrm{G},d)+f_5(\mathrm{K},d)=3+3=6$$

最优路线上的下一状态为$(x_5^*,r_5^*)=(\mathrm{K},d)$。

对于 H 点，有两个状态$(x_4,r_4)=(\mathrm{H},u)$和$(x_4,r_4)=(\mathrm{H},d)$，相应的最优指标分别为

$$f_4(\mathrm{H},u)=u_4(\mathrm{H},u)+f_5(\mathrm{K},d)+3=3+3+3=9$$

最优路线上的下一状态为$(x_5^*,r_5^*)=(\mathrm{K},d)$。

$$f_4(\mathrm{H},d)=d_4(\mathrm{H},d)+\min\begin{cases}f_5(\mathrm{L},u)+3\\f_5(\mathrm{L},d)\end{cases}=4+\min\begin{cases}7+3\\12\end{cases}=14$$

最优路线上的下一状态为$(x_5^*,r_5^*)=(\mathrm{L},u)$。

对于 I 点，有两个状态$(x_4,r_4)=(\mathrm{I},u)$和$(x_4,r_4)=(\mathrm{I},d)$，相应的最优指标分别为

$$f_4(\mathrm{I},u)=d_4(\mathrm{I},u)+\min\begin{cases}f_5(\mathrm{L},u)\\f_5(\mathrm{L},d)+3\end{cases}$$

$$=2+\min\begin{cases}7\\12+3\end{cases}=2+7=9$$

最优路线上的下一状态为$(x_5^*,r_5^*)=(\mathrm{L},u)$。

$$f_4(\mathrm{I},d)=d_4(\mathrm{I},d)+f_5(\mathrm{M},u)+3=2+5+3=10$$

最优路线上的下一状态为$(x_5^*,r_5^*)=(\mathrm{M},u)$。

对于 J 点，只有一个状态$(x_4,r_4)=(\mathrm{J},u)$，相应的最优指标为

$$f_4(\mathrm{J},u)=u_4(\mathrm{J},u)+f_5(\mathrm{M},u)=2+5=7$$

最优路线上的下一状态为$(x_5^*,r_5^*)=(\mathrm{M},u)$。

⑤ $k=3$

对于 D 点，有两个状态$(x_3,r_3)=(\mathrm{D},u)$和$(x_3,r_3)=(\mathrm{D},d)$，相应的最优指标分别为

$$f_3(\mathrm{D},u)=u_3(\mathrm{D},u)+f_4(\mathrm{G},d)+3=2+6+3=11$$

最优路线上的下一状态为$(x_4^*,r_4^*)=(\mathrm{G},d)$。

$$f_3(\mathrm{D},d)=d_3(\mathrm{D},d)+\min\begin{cases}f_4(\mathrm{H},u)+3\\f_4(\mathrm{H},d)\end{cases}$$

$$=1+\min\begin{cases}9+3\\14\end{cases}=1+12=13$$

最优路线上的下一状态为$(x_4^*,r_4^*)=(\mathrm{H},u)$。

对于 E 点，有两个状态$(x_3,r_3)=(\mathrm{E},u)$和$(x_3,r_3)=(\mathrm{E},d)$，相应的最优指标分别为

$$f_3(\mathrm{E},u)=u_3(\mathrm{E},u)+\min\begin{cases}f_4(\mathrm{H},u)\\f_4(\mathrm{H},d)+3\end{cases}$$

$$=1+\min\begin{cases}9\\14+3\end{cases}=1+9=10$$

最优路线上的下一状态为$(x_4^*,r_4^*)=(\mathrm{H},u)$。

$$f_3(\mathrm{E},d)=d_3(\mathrm{E},d)+\min\begin{cases}f_4(\mathrm{I},u)+3\\f_4(\mathrm{I},d)\end{cases}$$

$$=2+\min\begin{cases}9+3\\10\end{cases}=2+10=12$$

最优路线上的下一状态为$(x_4^*,r_4^*)=(\mathrm{I},d)$。

对于 F 点，有两个状态$(x_3,r_3)=(\mathrm{F},u)$和$(x_3,r_3)=(\mathrm{F},d)$，相应的最优指标分别为

$$f_3(\mathrm{F},u)=u_3(\mathrm{F},u)+\min\begin{cases}f_4(\mathrm{I},u)\\f_4(\mathrm{I},d)+3\end{cases}$$

$$=5+\min\begin{cases}9\\10+3\end{cases}=5+9=14$$

最优路线上的下一状态为$(x_4^*, r_4^*)=(\mathrm{I}, u)$。

$$f_3(\mathrm{F},d)=d_3(\mathrm{F},d)+f_4(\mathrm{J},u)+3=4+7+3=14$$

最优路线上的下一状态为$(x_4^*, r_4^*)=(\mathrm{J}, u)$。

⑥ $k=2$

对于B点,有两个状态$(x_2, r_2)=(\mathrm{B}, u)$和$(x_2, r_2)=(\mathrm{B}, d)$,相应的最优指标分别为

$$f_2(\mathrm{B},u)=u_2(\mathrm{B},u)+\min\begin{cases}f_3(\mathrm{D},u)\\f_3(\mathrm{D},d)+3\end{cases}$$

$$=5+\min\begin{cases}11\\13+3\end{cases}=5+11=16$$

最优路线上的下一状态为$(x_3^*, r_3^*)=(\mathrm{D}, u)$。

$$f_2(\mathrm{B},d)=d_2(\mathrm{B},d)+\min\begin{cases}f_3(\mathrm{E},u)+3\\f_3(\mathrm{E},d)\end{cases}$$

$$=4+\min\begin{cases}10+3\\12\end{cases}=4+12=16$$

最优路线上的下一状态为$(x_3^*, r_3^*)=(\mathrm{E}, d)$。

对于C点,有两个状态$(x_2, r_2)=(\mathrm{C}, u)$和$(x_2, r_2)=(\mathrm{C}, d)$,相应的最优指标分别为

$$f_2(\mathrm{C},u)=u_2(\mathrm{C},u)+\min\begin{cases}f_3(\mathrm{E},u)\\f_3(\mathrm{E},d)+3\end{cases}$$

$$=4+\min\begin{cases}10\\12+3\end{cases}=4+10=14$$

最优路线上的下一状态为$(x_3^*, r_3^*)=(\mathrm{E}, u)$。

$$f_2(\mathrm{C},d)=d_2(\mathrm{C},d)+\min\begin{cases}f_3(\mathrm{F},u)+3\\f_3(\mathrm{F},d)\end{cases}$$

$$=3+\min\begin{cases}14+3\\14\end{cases}=3+14=17$$

最优路线上的下一状态为$(x_3^*, r_3^*)=(\mathrm{F}, d)$。

⑦ $k=1$

对于A点,有两个状态$(x_1, r_1)=(\mathrm{A}, u)$和$(x_1, r_1)=(\mathrm{A}, d)$,相应的最优指标分别为

$$f_1(\mathrm{A},u)=u_1(\mathrm{A},u)+\min\begin{cases}f_2(\mathrm{B},u)\\f_2(\mathrm{B},d)+3\end{cases}$$

$$=1+\min\begin{cases}16\\16+3\end{cases}=1+16=17$$

最优路线上的下一状态为$(x_2^*, r_2^*)=(\mathrm{B}, u)$。

$$f_1(A,d)=d_1(A,u)+\min\begin{cases}f_2(C,u)+3\\f_2(C,d)\end{cases}$$

$$=0+\min\begin{cases}14+3\\17\end{cases}=0+17=17$$

最优路线上的下一状态为$(x_2^*,r_2^*)=(C,u)$或$(x_2^*,r_2^*)=(C,d)$。

由于$f_1(A,u)=f_1(A,d)=17$，因此从 A 出发有两条最优路线，第一条从 A 出发上行，通过对最优指标相应的下一状态的回朔，得到相应的最优路线：

$$(A,u)\to(B,u)\to(D,u)\to(G,d)\to(K,d)\to(N,d)\to(P,\varnothing)$$

路程费用为 14，转弯费用为 3，总费用为 17。

第二条从 A 出发下行的最优路线，由于从 A 出发下行一步到达 C 后，有两个后续最优状态(C,u)和(C,d)，因此，从 A 出发下行的最优路线有两条，它们是：

$$(A,d)\to(C,u)\to(E,u)\to(H,u)\to(K,d)\to(N,d)\to(P,\varnothing)$$

路程费用为 11，转弯费用为 6，总费用为 17。和第二条：

$$(A,d)\to(C,d)\to(F,d)\to(J,u)\to(M,u)\to(O,u)\to(P,\varnothing)$$

路程费用为 14，转弯费用为 3，总费用为 17。

例 6.7　背包问题(Knapsack Problem)。设有 n 种物品，每一种物品数量无限。第 i 种物品每件质量为 w_i 千克，每件价值 c_i 元。现有一只可装载质量为 W 千克的背包，求各种物品应各取多少件放入背包，使背包中物品的价值最高。

这个问题可以用整数规划模型来描述。设第 i 种物品取 x_i 件($i=1,2,\cdots,n$，x_i 为非负整数)，背包中物品的价值为 z，则下面整数规划问题的解就是背包问题的最优解：

$$\max z=c_1x_1+c_2x_2+\cdots+c_nx_n$$

$$\text{s. t.}\begin{cases}w_1x_1+w_2x_2+\cdots+w_nx_n\leqslant W\\x_1,x_2,\cdots,x_n\ \text{为非负整数}\end{cases}$$

背包问题用动态规划的方法求解过程如下。

划模型构造如下：

阶段 k：第 k 次装载第 k 种物品($k=1,2,\cdots,n$)。

状态变量 x_k：第 k 次装载时背包还可以装载的质量。

决策变量 u_k：第 k 次装载第 k 种物品的件数。

决策允许集合：$\boldsymbol{U}_k(x_k)=\left\{u_k\,\middle|\,0\leqslant u_k\leqslant\dfrac{x_k}{w_k},u_k\ \text{为整数}\right\}$。

状态转移方程：$x_{k+1}=x_k-w_ku_k$。

阶段指标：$v_k=c_ku_k$。

递归方程：

$$f_k(x_k)=\max\{c_ku_k+f_{k+1}(x_{k+1})\}=\max\{c_ku_k+f_{k+1}(x_k-w_ku_k)\}$$

边际条件：$f_{n+1}(x_{n+1})=0$。

对一个具体问题：$c_1=65$，$c_2=80$，$c_3=30$，$w_1=2$，$w_2=3$，$w_3=1$，$W=5$，用动态规划求解的过程如下。

① $k=3$

$$f_3(x_3)=\max_{0\leqslant u_3\leqslant x_3/w_3}\{c_3u_3+f_4(x_4)\}=\max_{0\leqslant u_3\leqslant x_3/w_3}\{30u_3\}$$

列出 $f_3(x_3)$ 的数值表见表 6.9。

表 6.9

x_3	$U_3(x_3)$	x_4	$30u_3+f_4(x_4)$	$f_3(x_3)$	u_3^*
0	0	0	0+0=0	0	0
1	0 1	1 0	0+0=0 30+0=30*	30	1
2	0 1 2	2 1 0	0+0=0 30+0=30 60+0=60*	60	2
3	0 1 2 3	3 2 1 0	0+0=0 30+0=30 60+0=60 90+0=90*	90	3
4	0 1 2 3 4	4 3 2 1 0	0+0=0 30+0=30 60+0=60 90+0=90 120+0=120*	120	4
5	0 1 2 3 4 5	5 4 3 2 1 0	0+0=0 30+0=30 60+0=60 90+0=90 120+0=120 150+0=150*	150	5

② $k=2$

$$f_2(x_2)=\max_{0\leqslant u_2\leqslant x_2/w_2}\{c_2u_2+f_3(x_3)\}=\max_{0\leqslant u_2\leqslant x_2/w_2}\{80u_2+f_3(x_2-3u_2)\}$$

列出 $f_2(x_2)$ 的数值表见表 6.10。

表 6.10

x_2	$U_2(x_2)$	x_3	$80u_2+f_3(x_3)$	$f_2(x_2)$	u_2^*
0	0	0	$0+0=0^*$	0	0
1	0	1	$0+30=30^*$	30	0
2	0	2	$0+60=60^*$	60	0
3	0 1	3 0	$0+90=90^*$ $80+0=80$	90	0
4	0 1	4 1	$0+120=120^*$ $80+30=110$	120	0
5	0 1	5 2	$0+150=150^*$ $80+60=140$	150	0

③ $k=1$

$$f_1(x_1)=\max_{0\leqslant u_1\leqslant x_1/w_1}\{c_1u_1+f_2(x_2)\}=\max_{0\leqslant u_1\leqslant x_1/w_1}\{65u_1+f_2(x_1-2u_2)\}$$

列出 $f_1(x_1)$的数值表见表 6.11。

表 6.11

x_1	$U_1(x_1)$	x_2	$65u_1+f_2(x_2)$	$f_1(x_1)$	u_1^*
0	0	0	$0+0=0^*$	0	0
1	0	1	$0+30=30^*$	30	0
2	0 1	2 0	$0+60=60$ $65+0=65^*$	65	1
3	0 1	3 1	$0+90=90$ $65+30=95^*$	95	1
4	0 1 2	4 2 0	$0+120=120$ $65+60=125$ $130+0=130^*$	130	2
5	0 1 2	5 3 1	$0+150=150$ $65+90=155$ $130+30=160^*$	160	2

由题意知，$x_1=5$，由表 $f_1(x_1)$、$f_2(x_2)$、$f_3(x_3)$，经回朔可得：

$$u_1^*=2, x_2=x_1-2u_1=1, u_2^*=0, x_3=x_2-3u_2=1, u_3^*=1, x_4=x_2-u_3=0$$

即应取第一种物品 2 件，第三种物品 1 件，最高价值为 160 元，背包没有余量。

由 $f_1(x_1)$的列表可以看出，如果背包的容量为 $W=4$，$W=3$，$W=2$ 和 $W=1$ 时，相应的最优解立即可以得到。

例 6.8　旅行售货员问题(Traveling Salesman Problem)。设有 n 个城市，其中每两

个城市之间都有道路相连,城市 i 和城市 j 之间的距离为 C_{ij}。从某城市出发周游所有城市,经过每个城市一次且仅一次,最后回到出发地,求总行程最短的周游路线。设往返距离相等,即 $C_{ij}=C_{ji}$。

这个问题与最短路径问题不同,最短路径问题以当前所在的位置作为状态变量,而在旅行售货员问题中,状态变量除了要指明当前所在位置外,还要指明已经经过哪几个城市。

由于货郎担问题经过的路线是一条经过所有城市的闭合回路,因此从哪一点出发是无所谓的,因此不妨设从城市 1 出发。

问题的动态规划模型构造如下。

阶段 k:已经历过的城市个数,包括当前所在的城市。$k=1,2,\cdots,n,n+1$,其中 $k=1$ 表示出发时位于起点,$k=n+1$ 表示结束时回到终点。

状态变量:$x_k=(i,S_k)$,其中 i 表示当前所在的城市,S_k 表示尚未访问过的城市的集合。很明显:

$$S_1=\{2,3,\cdots,n\},\cdots,S_n=S_{n+1}=\varnothing$$

其中$\varnothing$表示空集。并且有:

$$x_n=(i,\varnothing)\quad k=2,\cdots,n,x_{n+1}=(1,\varnothing)$$

决策变量:$u_k=(i,j)$,其中 i 为当前所在的城市,j 为下一站将要到达的城市。

状态转移方程:若当前状态为 $x_k=(i,S_k)$,采取的决策为 $u_k=(i,j)$,则下一步到达的状态为 $x_{k+1}=T(x_k,u_k)=(j,S_k\backslash\{j\})$。

阶段指标:$v_k(x_k,u_k)=c_{ij}$。

最优指标函数:$\boldsymbol{f}_k(x_k)=\boldsymbol{f}_k(i,S_k)$表示从城市 i 出发,经过 S_k 中每个城市一次且仅一次,最后返回城市 1 的最短距离。

边际条件:$\boldsymbol{f}_{n+1}(x_{n+1})=\boldsymbol{f}_{n+1}(1,\varnothing)=0$。

对于如图 6.4 所示的一个 5 个城市的旅行售货员问题,求解步骤如下。

① $k=5$

$$\boldsymbol{f}_5(i,\varnothing)=\min_{u_5\in(i,1)}\{C_{i1}+\boldsymbol{f}_6(1,\varnothing)=C_{i1},i=2,3,4,5$$

$\boldsymbol{f}_5(i,\varnothing)$的值列表见表 6.12。

表 6.12

i	$\boldsymbol{f}_5(i,\varnothing)$
2	2
3	7
4	2
5	5

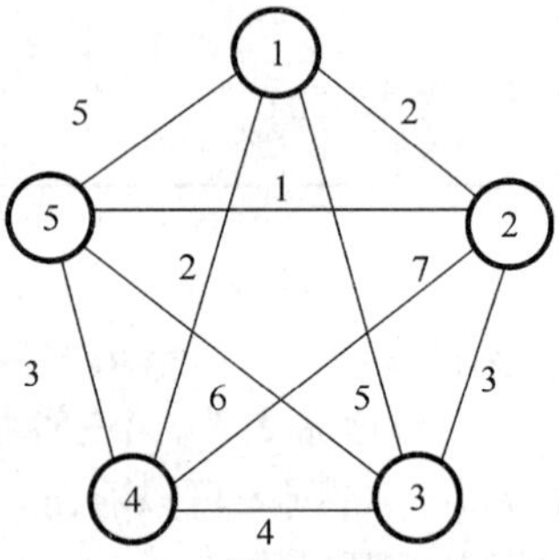

图 6.4

② $k=4$

$$f_4(i,S_4)=\min_{j\in S_4}\{C_{ij}+f_5(j,\varnothing)\}$$

$f_4(i,S_4)$的值列表见表 6.13。

表 6.13

(i,S_4)	j	C_{ij}	$C_{ij}+f_5(j,\varnothing)$	$f_4(i,S_4)$	j^*
(2,{3})	{3}	3	3+7=10	10	3
(2,{4})	{4}	5	5+2=7	7	4
(2,{5})	{5}	1	1+5=6	6	5
(3,{2})	{2}	3	3+2=5	5	2
(3,{4})	{4}	4	4+2=6	6	4
(3,{5})	{5}	6	6+5=11	11	5
(4,{2})	{2}	5	5+2=7	7	2
(4,{3})	{3}	4	4+7=11	11	3
(4,{5})	{5}	3	3+5=8	8	5
(5,{2})	{2}	1	1+2=3	3	2
(5,{3})	{3}	6	6+7=13	13	3
(5,{4})	{4}	3	3+2=5	5	4

③ $k=3$

$$f_3(i,S_3)=\min_{j\in S_3}\{C_{ij}+f_4(j,S_4)\}$$

$f_3(i,S_3)$的值列表见表 6.14。

表 6.14

(i,S_3)	j	C_{ij}	S_4	$C_{ij}+f_4(j,S_4)$	$f_3(i,S_3)$	j^*
(2,{3,4})	{3}	3	{4}	3+6=9*	9	3
	{4}	5	{3}	5+11=16		
(2,{3,5})	{3}	3	{5}	3+11=14*	14	3,5
	{5}	1	{3}	1+13=14*		
(2,{4,5})	{4}	5	{5}	5+8=13	6	5
	{5}	1	{4}	1+5=6*		
(3,{2,4})	{2}	3	{4}	3+7=10*	10	2
	{4}	4	{2}	4+7=11		
(3,{2,5})	{2}	3	{5}	3+6=9*	9	2,5
	{5}	6	{2}	6+3=9*		

续表

(i,S_3)	j	C_{ij}	S_4	$C_{ij}+f_4(j,S_4)$	$f_3(i,S_3)$	j^*
(3,{4,5})	{4}	4	{5}	4+8=12	11	5
	{5}	6	{4}	6+5=11*		
(4,{2,3})	{2}	5	{3}	5+10=15	9	3
	{3}	4	{2}	4+5=9*		
(4,{2,5})	{2}	5	{5}	5+6=11	6	5
	{5}	3	{2}	3+3=6*		
(4,{3,5})	{3}	4	{5}	4+11=15*	15	3
	{5}	3	{3}	3+13=16		
(5,{2,3})	{2}	1	{3}	1+10=11*	11	2,3
	{3}	6	{2}	6+5=11*		
(5,{2,4})	{2}	1	{4}	1+7=8*	8	2
	{4}	3	{2}	3+7=10		
(5,{3,4})	{3}	6	{4}	6+6=12*	12	3
	{4}	3	{3}	3+11=14		

④ $k=2$

$$f_2(i,S_2)=\min_{j\in S_2}\{C_{ij}+f_3(j,S_3)\}$$

$f_2(i,S_2)$的值列表见表 6.15。

表 6.15

(i,S_2)	j	C_{ij}	S_3	$C_{ij}+f_3(j,S_3)$	$f_2(i,S_2)$	j^*
(2,{3,4,5})	{3}	3	{4,5}	3+11=14	13	5
	{4}	5	{3,5}	5+15=20		
	{5}	1	{3,4}	1+12=13*		
(3,{2,4,5})	{2}	3	{4,5}	3+6=9*	9	2
	{4}	4	{3,5}	4+6=10		
	{5}	6	{2,4}	6+8=14		
(4,{2,3,5})	{2}	5	{3,5}	5+14=19	13	3
	{3}	4	{2,5}	4+9=13*		
	{5}	3	{2,3}	3+11=14		
(5,{2,3,4})	{2}	1	{3,4}	1+9=10*	10	2
	{3}	6	{2,4}	6+10=16		
	{4}	3	{2,3}	3+9=12		

⑤ $k=1$

$$f_1(1,S_1)=\min_{j\in S_{12}}\{C_{1j}+f_2(j,S_2)\}$$

$f_1(1,S_1)$的值列表见表 6.16。

表 6.16

$(1,S_1)$	j	C_{ij}	S_2	$C_{1j}+f_2(j,S_2)$	$f_1(1,S_1)$	j^*
(1,{2,3,4,5})	{2}	2	{3,4,5}	2+13=15*	15	2,4,5
	{3}	7	{2,4,5}	7+9=16		
	{4}	2	{2,3,5}	2+13=15*		
	{5}	5	{2,3,4}	5+10=15*		

由状态 $x_1=(1,\{2,3,4,5\})$得到：

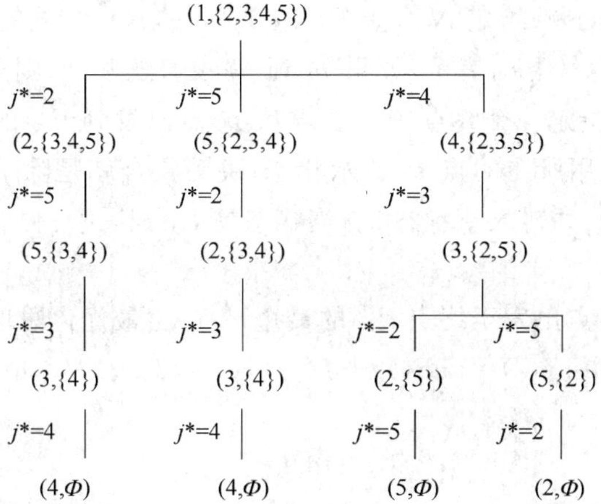

即得到以下四条回路：

(1) ①→②→⑤→③→④→①

(2) ①→⑤→②→③→④→①

(3) ①→④→③→②→⑤→①

(4) ①→④→③→⑤→②→①

其中(1)和(4)是同一条回路，(2)和(3)是同一条回路，这两条回路的图示如图 6.5 和图 6.6 所示。

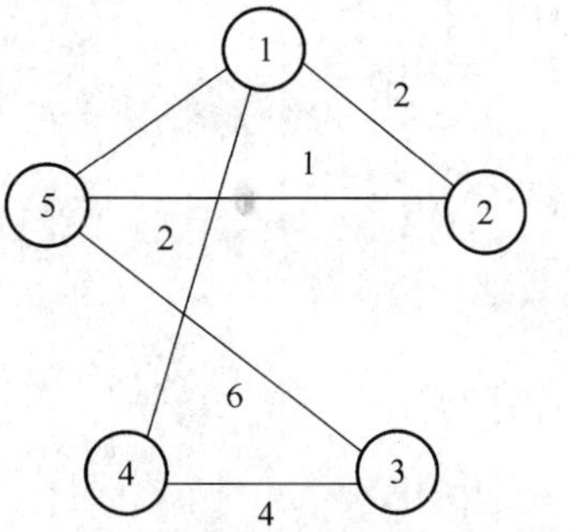

图 6.5

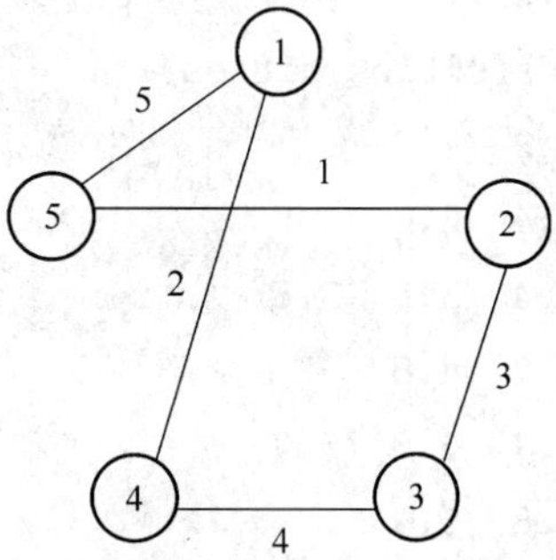

图 6.6

容易验证，两条回路的长度都是 15。

§6.4 用优化软件解动态规划问题的方法和例子

由于动态规划解决问题的思路主要是递归的思想，所以很容易用各种语言编程实现，当然各种计算机语言都有其各自的特点，所以编程实现上也有一些区别。但是 Lingo 软件和 Matlab 软件都没有内置的程序直接可以用来求解动态规划的问题，都必须用各自的语言对具体的问题进行编程求解。下面的例子是用 Lingo 软件对最短路问题利用动态规划的思想进行编程。

例 6.9 （最短路问题）给定 N 个点 $P_i(i=1,2,\cdots,N)$)组成集合$\{p_i\}$，由集合中任一点 p_i 到另一点 p_j 的距离用 c_{ij} 表示，如果 p_i 到 p_j 没有弧联结，则规定 $c_{ij}=\infty$，又规定 $c_{ii}=0,(i=1,2,\cdots,N)$，指定一个终点 P_N，要求从 p_i 点出发到 P_N 的最短路线。这里我们用动态规划方法来做，用所在的点 p_i 表示状态，决策集合就是除 p_i 以外的点，选定一个点 p_i 以后，得到效益 c_{ij} 并转入新状态 p_j，当状态是 P_N 时，过程停止。显然这是一个不定期多阶段决策过程。

定义 $f(i)$是由 p_i 点出发至终点 P_N 的最短路程，由最优化原理可得：

$$\begin{cases}f(i)=\min\limits_{j}\{c_{ij}+f(j)\},i=1,2,\cdots,N-1\\ f(N)=0\end{cases}$$

用 Lingo 编程：

```
! 最短路问题；
model：
data：
  n=10；
enddata
sets：
  cities/1..n/：F；  ！10 个城市；
  roads(cities,cities)/
    1,2  1,3
    2,4  2,5  2,6
    3,4  3,5  3,6
    4,7  4,8
    5,7  5,8  5,9
    6,8  6,9
    7,10
    8,10
```

```
  9,10
 /: D, P;
endsets
data:
 D =
   6  5
   3  6  9
   7  5  11
   9  1
   8  7  5
   4  10
   5
   7
   9;
enddata
 F(n) = 0;
 @for(cities(i) | i #lt# n:
   F(i) = @min(roads(i,j): D(i,j) + F(j));
 );
 ! 显然,如果 P(i,j) = 1,则点 i 到点 n 的最短路径的第一步是 i → j,否则就不是。
 ! 由此,我们就可方便地确定出最短路径;
 @for(roads(i,j):
   P(i,j) = @if(F(i) #eq# D(i,j) + F(j),1,0)
 );
end
```

计算的部分结果为:

```
  Feasible solution found at iteration:          0

                          Variable        Value
                                 N     10.00000
                             F( 1)     17.00000
                             F( 2)     11.00000
                             F( 3)     15.00000
                             F( 4)     8.000000
                             F( 5)     13.00000
```

```
        F( 6)        11.00000
        F( 7)        5.000000
        F( 8)        7.000000
        F( 9)        9.000000
       F( 10)        0.000000
     P( 1, 2)        1.000000
     P( 1, 3)        0.000000
     P( 2, 4)        1.000000
     P( 2, 5)        0.000000
     P( 2, 6)        0.000000
     P( 3, 4)        1.000000
     P( 3, 5)        0.000000
     P( 3, 6)        0.000000
     P( 4, 7)        0.000000
     P( 4, 8)        1.000000
     P( 5, 7)        1.000000
     P( 5, 8)        0.000000
     P( 5, 9)        0.000000
     P( 6, 8)        1.000000
     P( 6, 9)        0.000000
    P( 7, 10)        1.000000
    P( 8, 10)        1.000000
    P( 9, 10)        1.000000
```

第 7 章　非线性规划的概念和原理

非线性规划是具有非线性约束条件或目标函数的数学规划，是在线性规划的基础上发展起来的，是运筹学的一个重要分支。1951 年，库恩(H. W. Kuhn)和塔克(A. W. Tucker)等人提出了非线性规划的最优性条件，为它的发展奠定了基础，是非线性规划正式诞生的一个重要标志。以后随着电子计算机的普遍使用，非线性规划的理论和方法又有了很大的发展，其应用的领域也越来越广泛，特别是在军事、经济、管理、生产过程自动化、工程设计和产品优化设计等方面都有着重要的应用。

一般来说，解非线性规划问题要比求解线性规划问题困难得多，前面我们介绍的整数规划其实也是特殊的非线性规划问题，很多都是比较困难的经典问题。非线性规划问题不像线性规划那样有统一的数学模型及如单纯形法这一通用解法，非线性规划的各种算法大都有自己特定的适用范围，都有一定的局限性，到目前为止还没有适合于各种非线性规划问题的一般算法。下面介绍非线性规划发展简史。

在微积分出现以前，已有许多学者开始研究用数学方法解决最优化问题。例如，阿基米德证明：给定周长，圆所包围的面积为最大。这就是欧洲古代城堡几乎都建成圆形的原因。

最优化方法真正形成为科学方法是在 17 世纪以后。17 世纪，I・牛顿和 G・W・莱布尼茨在他们所创建的微积分中，提出求解具有多个自变量的实值函数的最大值和最小值的方法。以后又进一步讨论具有未知函数的函数极值，从而形成变分法。这一时期的最优化方法可以称为古典最优化方法。

在 20 世纪 50 年代还得出了可分离规划和二次规划的 n 种解法，它们大都是以 G・B・丹兹格提出的解线性规划的单纯形法为基础的。

50 年代末到 60 年代末出现了许多解非线性规划问题的有效的算法。

70 年代又得到进一步的发展。非线性规划在工程、管理、经济、科研、军事等方面都有广泛的应用，为最优设计提供了有力的工具。

80 年代以来，随着计算机技术的快速发展，非线性规划方法取得了长足进步，在信赖域法、稀疏拟牛顿法、并行计算、内点法和有限存储法等领域取得了丰硕的成果。

§7.1 非线性规划的实例及数学模型

例 7.1 (厂址选择问题)设有 n 个市场,第 j 个市场位置为(p_j,q_j),它对某种货物的需要量为 $b_j(j=1,2,\cdots,n)$。现计划建立 m 个仓库,第 i 个仓库的存储容量为 $a_i(i=1,2,\cdots,m)$。试确定仓库的位置,使各仓库对各市场的运输量与路程乘积之和为最小。

分析: 设第 i 个仓库的位置为$(x_i,y_i)(i=1,2,\cdots,m)$,第 i 个仓库到第 j 个市场的货物供应量为 $z_{ij}(i=1,2,\cdots,m,j=1,2,\cdots,n)$,则第 i 个仓库到第 j 个市场的距离为

$$d_{ij}=\sqrt{(x_i-p_j)^2+(y_i-q_j)^2}$$

目标函数为

$$\sum_{i=1}^{m}\sum_{j=1}^{n}z_{ij}d_{ij}=\sum_{i=1}^{m}\sum_{j=1}^{n}z_{ij}\sqrt{(x_i-p_j)^2+(y_i-q_j)^2}$$

约束条件为:

① 每个仓库向各市场提供的货物量之和不能超过它的存储容量;

② 每个市场从各仓库得到的货物量之和应等于它的需要量;

③ 运输量不能为负数。

因此,问题的数学模型为

$$\min\sum_{i=1}^{m}\sum_{j=1}^{n}z_{ij}\sqrt{(x_i-p_j)^2+(y_i-q_j)^2}$$

$$\text{s. t}\begin{cases}\displaystyle\sum_{j=1}^{n}z_{ij}\leqslant a_i & (i=1,2,\cdots,m)\\ \displaystyle\sum_{i=1}^{m}z_{ij}\leqslant b_j & (j=1,2,\cdots,n)\\ z_{ij}\geqslant 0 & (i=1,2,\cdots,m,j=1,2,\cdots,n)\end{cases}$$

一般非线性规划的数学模型可表示为

$$\begin{aligned}&\min \boldsymbol{f}(x)\\&\text{s. t.}\begin{cases}\boldsymbol{g}_i(\boldsymbol{X})\geqslant 0 & (i=1,2,\cdots,m)\\ \boldsymbol{h}_j(\boldsymbol{X})=0 & (j=1,2,\cdots,l)\end{cases}\end{aligned}\tag{7.1}$$

式中 $\boldsymbol{X}=(x_1,x_2,\cdots,x_n)^{\mathrm{T}}\in\mathbf{R}^n$ 是 n 维向量,$\boldsymbol{f},\boldsymbol{g}_i(i=1,2,\cdots,m),\boldsymbol{h}_j(j=1,2,\cdots,l)$都是 $\mathbf{R}^n\to\mathbf{R}^1$ 的映射(即自变量是 n 维向量,因变量是实数的函数关系),且其中至少存在一个非线性映射。

与线性规划类似,把满足约束条件的解称为可行解。若记

$$\boldsymbol{\chi}=\{\boldsymbol{X}|\boldsymbol{g}_i(\boldsymbol{X})\geqslant 0,i=1,2,\cdots,m,\boldsymbol{h}_j(\boldsymbol{X})=0,j=1,2,\cdots,l\}$$

则称 $\boldsymbol{\chi}$ 为可行域。因此上述模型可简记为

$$\min f(\boldsymbol{X})$$
$$\text{s.t.}\quad \boldsymbol{X}\in\boldsymbol{\chi}$$

当一个非线性规划问题的自变量 $\boldsymbol{X}$ 没有任何约束，或说可行域即是整个 n 维向量空间，即 $\boldsymbol{\chi}=\mathbf{R}^n$，则称这样的非线性规划问题为无约束问题：

$$\min f(\boldsymbol{X})\text{或}\min_{X\in\mathbf{R}^n} f(\boldsymbol{X}) \tag{7.2}$$

有约束问题与无约束问题是非线性规划的两大类问题，它们在处理方法上有明显的不同。

§7.2　无约束非线性规划问题

7.2.1　无约束极值条件

对于二阶可微的一元函数 $f(x)$，如果 x^* 是局部极小点，则 $f'(x^*)=0$，并且 $f''(x^*)\geqslant 0$；反之，如果 $f'(x^*)=0$，$f''(x^*)<0$，则 x^* 是局部极大点。关于多元函数，也有与此类似的结果，这就是下述的各定理。

考虑无约束极值问题式(7.2)。

定理 7.2.1(必要条件)　设 $f(x)$是 n 元可微实函数，如果 x^* 是无约束极值问题式(7.2)的局部极小解，则$\nabla f(x^*)=0$。

定理 7.2.2　(充分条件)设 $f(x)$是 n 元二次可微实函数，如果 x^* 是无约束极值问题式(7.2)的局部最小解，则$\nabla f(x^*)=0$，$\nabla^2 f(x^*)$半正定；反之，如果在 x^* 点有$\nabla f(x^*)=0$，$\nabla^2 f(x^*)$正定，则 x^* 为严格局部最小解。

定理 7.2.3　设 $f(x)$是 n 元可微凸函数，如果$\nabla f(x^*)=0$，则 x^* 是无约束极值问题式(7.2)的最小解。

例 7.2　试求二次函数 $f(x_1,x_2)=2x_1^2-8x_1+2x_2^2-4x_2+20$ 的极小点。

解　由极值存在的必要条件求出稳定点：

$$\frac{\partial f}{\partial x_1}=4x_1-8,\quad \frac{\partial f}{\partial x_2}=4x_2-4$$

则由$\nabla f(x)=0$ 得 $x_1=2$，$x_2=1$。

再用充分条件进行检验：

$$\frac{\partial^2 f}{\partial x_1^2}=4,\quad \frac{\partial^2 f}{\partial x_2^2}=4,\quad \frac{\partial^2 f}{\partial x_1\partial x_2}=\frac{\partial^2 f}{\partial x_2\partial x_1}=0$$

则由$\nabla^2 f=\begin{pmatrix}4 & 0\\ 0 & 4\end{pmatrix}$为正定矩阵得：极小点为 $\boldsymbol{x}^*=(2,1)^{\mathrm{T}}$。

7.2.2 无约束极值问题的解法

1. 梯度法

(1) 给定初始点 $\boldsymbol{X}^{(0)}$，$\varepsilon>0$；

(2) 计算 $f(\boldsymbol{X}^{(k)})$ 和 $\nabla f(\boldsymbol{X}^{(k)})$，若 $\|\nabla f(\boldsymbol{X}^{(k)})\|^2\leqslant\varepsilon$，迭代停止，得近似极小点 $\boldsymbol{X}^{(k)}$ 和近似极小值 $f(\boldsymbol{X}^{(k)})$，否则，进行下一步；

(3) 做一维搜索或取 $\lambda_k=\dfrac{\nabla f(\boldsymbol{X}^{(k)})^{\mathrm{T}}\nabla f(\boldsymbol{X}^{(k)})}{\nabla f(\boldsymbol{X}^{(k)})^{\mathrm{T}}\nabla^2 f(\boldsymbol{X}^{(k)})\nabla f(\boldsymbol{X}^{(k)})}$ 作为近似最佳步长，并计算 $\boldsymbol{X}^{(k+1)}=\boldsymbol{X}^{(k)}-\lambda_k\nabla f(\boldsymbol{X}^{(k)})$，令 $k=k+1$，转向第(2)步。

例 7.3 求解无约束极值问题：

$$\min f(\boldsymbol{X})=(x_1-2)^2+(x_2-1)^2$$

解 取 $\boldsymbol{X}^{(0)}=(0,0)^{\mathrm{T}}$，$\nabla f(\boldsymbol{X})=(2(x_1-2),2(x_2-1))^{\mathrm{T}}$，则：

$$\nabla f(\boldsymbol{X}^{(0)})=(-4,-2)^{\mathrm{T}},\nabla^2 f(\boldsymbol{X}^{(0)})=\begin{pmatrix}2&0\\0&2\end{pmatrix}$$

$$\lambda_0=\frac{\nabla f(\boldsymbol{X}^{(0)})^{\mathrm{T}}\nabla f(\boldsymbol{X}^{(0)})}{\nabla f(\boldsymbol{X}^{(0)})^{\mathrm{T}}\nabla^2 f(\boldsymbol{X}^{(0)})\nabla f(\boldsymbol{X}^{(0)})}=\frac{1}{2}$$

$$\boldsymbol{X}^{(1)}=\boldsymbol{X}^{(0)}-\lambda_0\nabla f(\boldsymbol{X}^{(0)})=(2,1)^{\mathrm{T}}$$

$$\nabla f(\boldsymbol{X}^{(1)})=(0,0)^{\mathrm{T}}$$

故 $\boldsymbol{X}^{(1)}$ 为极值点，极小值为 $f(\boldsymbol{X}^{(1)})=0$。

2. 牛顿法

对正定二次函数，$f(\boldsymbol{X})=\dfrac{1}{2}\boldsymbol{X}^{\mathrm{T}}\boldsymbol{A}\boldsymbol{X}+\boldsymbol{B}^{\mathrm{T}}\boldsymbol{X}+c$，其中 $\boldsymbol{A}$ 为 n 阶方阵，$\boldsymbol{B}$ 为 n 维列向量，c 为常数，设 $\boldsymbol{X}^*$ 为其极小点，则 $\nabla f(\boldsymbol{X}^*)=\boldsymbol{A}\boldsymbol{X}^*+\boldsymbol{B}=0$，所以 $\boldsymbol{A}\boldsymbol{X}^*=-\boldsymbol{B}$；任给 $\boldsymbol{X}^{(0)}\in\mathbf{R}^n$，$\nabla f(\boldsymbol{X}^{(0)})=\boldsymbol{A}\boldsymbol{X}^{(0)}+\boldsymbol{B}$，消去 $\boldsymbol{B}$，得：

$$\nabla f(\boldsymbol{X}^{(0)})=\boldsymbol{A}\boldsymbol{X}^{(0)}-\boldsymbol{A}\boldsymbol{X}^*$$

所以：

$$\boldsymbol{X}^*=\boldsymbol{X}^{(0)}-\boldsymbol{A}^{-1}\nabla f(\boldsymbol{X}^{(0)})$$

这说明，从任意近似点出发，沿 $-\boldsymbol{A}^{-1}\nabla f(\boldsymbol{X}^{(0)})$ 方向搜索，步长为 1，一步即可达极小点。

例 7.4 求解无约束极值问题 $\min f(\boldsymbol{X})=x_1^2+5x_2^2$。

解 任取 $\boldsymbol{X}^{(0)}=(2,1)^{\mathrm{T}}$。

$$\nabla f(\boldsymbol{X}^{(0)})=(4,10)^{\mathrm{T}},\boldsymbol{A}=\begin{pmatrix}2&0\\0&10\end{pmatrix},\boldsymbol{A}^{-1}=\begin{pmatrix}\frac{1}{2}&0\\0&\frac{1}{10}\end{pmatrix}$$

$$\boldsymbol{X}^*=\boldsymbol{X}^{(0)}-\boldsymbol{A}^{-1}\nabla f(\boldsymbol{X}^{(0)})=(0,0)^{\mathrm{T}}$$

由 $\nabla f(\boldsymbol{X}^*)=(0,0)^{\mathrm{T}}$ 可知，x^* 确实为极小点。

牛顿法与梯度法的搜索方向不同，优点是收敛速度快，但有时不好用而需采取改进措施，当维数较高时，$\boldsymbol{A}^{-1}$的计算量很大。

§7.3　约束非线性规划问题

前面介绍了无约束问题的最优化方法，但实际问题中，大多数都是有约束条件的问题。求解带有约束条件的问题比起无约束问题要困难得多，也复杂得多。在每次迭代时，不仅要使目标函数值有所下降，而且要使迭代点都落在可行域内（个别算法除外）。求解带有约束的极值问题常用方法是：将约束问题化为一个或一系列的无约束极值问题；将非线性规划化为近似的线性规划；将复杂问题变为较简单问题，等等。

7.3.1　凸规划问题

约束问题的情况较为复杂，先讨论其中一种较为特殊的情况，即凸规划问题。

一般来说，非线性规划的局部最优解和全局最优解是不同的，但是，对凸规划问题，局部最优解就是全局最优解。

定义 7.3.1　设 $f(\boldsymbol{X})$为定义在非空凸集 $\boldsymbol{S}\subseteq\mathbf{R}^n$ 上函数，如果对于任意的两点 $\boldsymbol{X}^{(1)}\in\boldsymbol{S}$，$\boldsymbol{X}^{(2)}\in\boldsymbol{S}$ 和任意实数 $\lambda\in(0,1)$，恒有：

$$f(\lambda\boldsymbol{X}^{(1)}+(1-\lambda)\boldsymbol{X}^{(2)})\leqslant\lambda f(\boldsymbol{X}^{(1)})+(1-\lambda)f(\boldsymbol{X}^{(2)})$$

则称 $f(\boldsymbol{X})$为 $\boldsymbol{S}$ 上的凸函数。

定理 7.3.1　设 $\boldsymbol{S}$ 是 n 维欧氏空间 $\mathbf{R}^n$ 上的一个开凸集，$f(\boldsymbol{X})$是定义在 $\boldsymbol{S}$ 上的具有二阶连续导数的函数，那么，$f(\boldsymbol{X})$在 $\boldsymbol{S}$ 上为凸函数的充要条件是：对所有 $\boldsymbol{X}\in\boldsymbol{S}$，海森矩阵 $\nabla^2 f(\boldsymbol{X})$都是半正定的；如果对所有的 $\boldsymbol{X}\in\boldsymbol{S}$，$\nabla^2 f(\boldsymbol{X})$都是正定的，则 $f(\boldsymbol{X})$在 $\boldsymbol{S}$ 上为严格凸函数。

定义 7.3.2　非线性规划问题：

$$\min f(\boldsymbol{X})$$

$$\text{s. t.}\begin{cases}\boldsymbol{g}_i(\boldsymbol{X})\leqslant 0, & i=1,2,\cdots,m\\ \boldsymbol{h}_j(\boldsymbol{X})=0, & j=1,2,\cdots,p\\ \boldsymbol{X}\in\mathbf{R}^n\end{cases}\tag{7.3}$$

中，如果 $f(\boldsymbol{X})$和 $\boldsymbol{g}_i(\boldsymbol{X})(i=1,2,\cdots,m)$为 $\boldsymbol{X}$ 的凸函数，$\boldsymbol{h}_j(\boldsymbol{X})(j=1,2,\cdots,p)$为 $\boldsymbol{X}$ 的线性函数，则称此问题为凸规划问题。

凸规划式(7.3)具有如下两个重要性质。

定理 7.3.2　凸规划式(7.3)的可行集是凸集。

证明：设凸规划的可行集为 $\boldsymbol{S}$，即

$$\boldsymbol{S}=\{\boldsymbol{X}\mid\boldsymbol{g}_i(\boldsymbol{X})\leqslant 0,i=1,2,\cdots,m;\boldsymbol{h}_j(\boldsymbol{X})=0,j=1,2,\cdots,p;\boldsymbol{X}\in\mathbf{R}_n\}$$

其中，$\boldsymbol{g}_i(\boldsymbol{X})(i=1,2,\cdots,m)$为 $\boldsymbol{X}$ 的凸函数，$\boldsymbol{h}_j(\boldsymbol{X})(j=1,2,\cdots,p)$为 $\boldsymbol{X}$ 的线性函数。

对于任意的 $\boldsymbol{X}^{(1)}\in \boldsymbol{S},\boldsymbol{X}^{(2)}\in \boldsymbol{S}$ 和任意实数 $\lambda\in(0,1)$，利用 $\boldsymbol{g}_i(\boldsymbol{X})(i=1,2,\cdots,m)$ 的凸性，对 $\boldsymbol{X}=\lambda\boldsymbol{X}^{(1)}+(1-\lambda)\boldsymbol{X}^{(2)}$，有

$$\boldsymbol{g}_i(\boldsymbol{X})=\boldsymbol{g}_i(\lambda\boldsymbol{X}^{(1)}+(1-\lambda)\boldsymbol{X}^{(2)})\leqslant\lambda\boldsymbol{g}_i(\boldsymbol{X}^{(1)})+(1-\lambda)\boldsymbol{g}(\boldsymbol{X}^{(2)})$$

但

$$\boldsymbol{g}_i(\boldsymbol{X}^{(1)})\leqslant 0,\boldsymbol{g}_i(\boldsymbol{X}^{(2)})\leqslant 0$$

所以

$$\boldsymbol{g}_i(\boldsymbol{X})\leqslant 0$$

同理

$$\boldsymbol{h}_j(\boldsymbol{X})=0$$

因此，$\boldsymbol{X}=\lambda\boldsymbol{X}^{(1)}+(1-\lambda)\boldsymbol{X}^{(2)}\in\boldsymbol{S}$，故 $\boldsymbol{S}$ 为凸集。

证毕。

定理 7.3.3 凸规划式(7.3)的局部最小解就是它的全局最小解。

证明:用反证法。

设 $\boldsymbol{X}^*$ 是凸规划的一个局部最小解，$\overline{\boldsymbol{X}}$是它的全局最小解，但 $\overline{\boldsymbol{X}}\neq\boldsymbol{X}^*$。因为

$$\boldsymbol{X}^*\in\boldsymbol{S},\overline{\boldsymbol{X}}\in\boldsymbol{S}$$

所以

$$\forall\lambda\in(0,1),\boldsymbol{X}=\lambda\boldsymbol{X}^*+(1-\lambda)\overline{\boldsymbol{X}}\in\boldsymbol{S}$$

由 $\boldsymbol{f}(\boldsymbol{X})$ 为凸函数得：

$$\boldsymbol{f}(\boldsymbol{X})=\boldsymbol{f}(\lambda\boldsymbol{X}^*+(1-\lambda)\overline{\boldsymbol{X}})\leqslant\lambda\boldsymbol{f}(\boldsymbol{X}^*)+(1-\lambda)\boldsymbol{f}(\overline{\boldsymbol{X}})$$

因为 $\overline{\boldsymbol{X}}$ 是一个全局最小解，所以

$$\boldsymbol{f}(\boldsymbol{X})\leqslant\lambda\boldsymbol{f}(\boldsymbol{X}^*)+(1-\lambda)\boldsymbol{f}(\overline{\boldsymbol{X}})<\lambda\boldsymbol{f}(\boldsymbol{X}^*)+(1-\lambda)\boldsymbol{f}(\boldsymbol{X}^*)=\boldsymbol{f}(\boldsymbol{X}^*)$$

此式对一切 $\lambda\in(0,1)$ 都成立。当 $\lambda\to 1$ 时，则 $\boldsymbol{X}\to\boldsymbol{X}^*$，即在 $\boldsymbol{X}^*$ 的邻域内还有比 $\boldsymbol{f}(\boldsymbol{X}^*)$ 小的值，与 $\boldsymbol{X}^*$ 为局部极小解的假设矛盾。

因此，凸规划的局部最小解就是它的全局最小解。

证毕。

例 7.5 验证下述非线性规划为凸规划，并求出最优解。

$$\min\ \boldsymbol{f}(\boldsymbol{X})=x_1^2+x_2^2-4x_1+4$$

$$\text{s. t.}\begin{cases}\boldsymbol{g}_1(\boldsymbol{X})=x_1-x_2+2\geqslant 0\\ \boldsymbol{g}_2(\boldsymbol{X})=-x_1^2+x_2-1\geqslant 0\\ \boldsymbol{g}_3(\boldsymbol{X})=x_1\geqslant 0\\ \boldsymbol{g}_4(\boldsymbol{X})=x_2\geqslant 0\end{cases}$$

解 第 1,3,4 三个约束条件为线性函数，因此也是凸函数；第 2 个约束条件可以写成：

$$\boldsymbol{g}_2(\boldsymbol{X})=x_1^2-x_2+1\leqslant 0$$

可得：

$$\frac{\partial \boldsymbol{g}_2(\boldsymbol{X})}{\partial x_1}=2x_1,\frac{\partial \boldsymbol{g}_2(\boldsymbol{X})}{\partial x_2}=-1$$

$$\frac{\partial^2 \boldsymbol{g}_2(\boldsymbol{X})}{\partial x_1^2}=2,\frac{\partial^2 \boldsymbol{g}_2(\boldsymbol{X})}{\partial x_2^2}=0,\frac{\partial^2 \boldsymbol{g}_2(\boldsymbol{X})}{\partial x_1 \partial x_2}=0$$

因此海赛矩阵为$\nabla^2 \boldsymbol{g}_2(\boldsymbol{X})=\begin{pmatrix}2 & 0\\0 & 0\end{pmatrix}$,半正定,$\boldsymbol{g}_2(\boldsymbol{X})$为凸函数。

同理,$\nabla^2 \boldsymbol{f}(\boldsymbol{X})=\begin{pmatrix}2 & 0\\0 & 2\end{pmatrix}$,正定,$\boldsymbol{f}(\boldsymbol{X})$也为凸函数。

所以,该非线性规划为凸规划。

用图解法可得图 7.1。

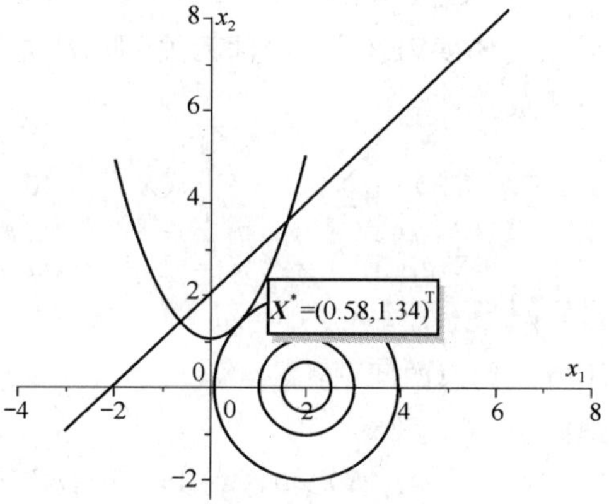

图 7.1

$\boldsymbol{X}^*=(0.58,1.34)^{\mathrm{T}}$ 为其唯一极小点,$\boldsymbol{f}(\boldsymbol{X}^*)=3.8$。

7.3.2　其他类型的约束非线性规划问题

考虑只含不等式约束条件下求极小值问题的数学模型:

$$\min \boldsymbol{f}(\boldsymbol{X})$$
$$\text{s. t.}\begin{cases}\boldsymbol{g}_i(\boldsymbol{X})\geqslant 0, i=1,2,\cdots,m\\ \boldsymbol{X}\in \boldsymbol{R}^n\end{cases} \tag{7.4}$$

或写成

$$\min_{X\in \chi} \boldsymbol{f}(\boldsymbol{X})$$

其中,可行域$\boldsymbol{\chi}=\{\boldsymbol{X}|\boldsymbol{X}\in \boldsymbol{R}^n,\boldsymbol{g}_i(\boldsymbol{X})\geqslant 0,i=1,2,\cdots,m\}$。

定义 7.3.3　对于上述非线性规划问题式(7.3),设$\overline{\boldsymbol{X}}\in\boldsymbol{\chi}$,若有 $\boldsymbol{g}_i(\overline{\boldsymbol{X}})=0(1\leqslant i\leqslant m)$,则称不等式约束 $\boldsymbol{g}_i(\boldsymbol{X})\geqslant 0$ 为点 $\overline{\boldsymbol{X}}$ 处的起作用约束;若有 $\boldsymbol{g}_i(\overline{\boldsymbol{X}})>0(1\leqslant i\leqslant m)$,则称不等式约束 $\boldsymbol{g}_i(\boldsymbol{X})\geqslant 0$ 为点 $\overline{\boldsymbol{X}}$ 处的不起作用约束。

定义 7.3.4 对于上述非线性规划问题式(7.3)，如果可行点 $\overline{\boldsymbol{X}}$ 处，各起作用约束的梯度向量线性无关，则称 $\overline{\boldsymbol{X}}$ 是约束条件的一个正则点。

库恩-塔克条件(K-T)是非线性规划领域中的重要理论成果之一，是确定某点为局部最优解的一阶必要条件，只要是最优点就必满足这个条件。但一般来说它不是充分条件，即满足这个条件的点不一定是最优点。但对于凸规划，库恩塔克条件既是必要条件，也是充分条件。

对于只含有不等式约束的非线性规划问题，有定理如下。

定理 7.3.4 设 $\boldsymbol{X}^*$ 是非线性规划问题：

$$\min_{\boldsymbol{X}\in\boldsymbol{\chi}} \boldsymbol{f}(\boldsymbol{X})$$

$$\boldsymbol{\chi}=\{\boldsymbol{X}\mid\boldsymbol{X}\in\boldsymbol{E}^n,\boldsymbol{g}_i(\boldsymbol{X})\geqslant 0,i=1,2,\cdots,m\}$$

的极小点，若 $\boldsymbol{X}^*$ 起作用约束的梯度 $\nabla\boldsymbol{g}_i(\boldsymbol{X}^*)$ 线性无关(即 $\boldsymbol{X}^*$ 是一个正则点)，则存在 $\boldsymbol{\Gamma}^*=(\gamma_1^*,\gamma_2^*,\cdots,\gamma_m^*)^{\mathrm{T}}$，使下式成立：

$$\begin{cases}\nabla \boldsymbol{f}(\boldsymbol{X}^*)-\sum\limits_{i=1}^{m}\gamma_i^*\cdot\nabla\boldsymbol{g}_i(\boldsymbol{X}^*)=0\\ \gamma_i^*\cdot\nabla\boldsymbol{g}_i(\boldsymbol{X}^*)=0,i=1,2,\cdots,m\\ \gamma_i^*\geqslant 0,i=1,2,\cdots,m\end{cases}$$

对同时含有等式与不等式约束的问题：

$$\begin{aligned}&\min \boldsymbol{f}(\boldsymbol{X})\\ &\text{s. t.}\begin{cases}\boldsymbol{g}_i(\boldsymbol{X})\geqslant 0,(i=1,2,\cdots,m)\\ \boldsymbol{h}_j(\boldsymbol{X})=0,(j=1,2,\cdots,l)\end{cases}\end{aligned}\tag{7.5}$$

为了利用以上定理，将 $\boldsymbol{h}_j(\boldsymbol{X})=0$，用

$$\begin{cases}\boldsymbol{h}_j(\boldsymbol{X})\geqslant 0\\ -\boldsymbol{h}_j(\boldsymbol{X})\geqslant 0\end{cases}$$

来代替，这样即可得到同时含有等式与不等式约束条件的库恩-塔克条件如下。

设 $\boldsymbol{X}^*$ 为上述问题式(7.5)的极小点，若 $\boldsymbol{X}^*$ 起作用约束的梯度 $\nabla\boldsymbol{g}_i(\boldsymbol{X}^*)$ 和 $\nabla\boldsymbol{h}_j(\boldsymbol{X}^*)$ 线性无关，则存在 $\boldsymbol{\Gamma}^*=(\gamma_1^*,\gamma_2^*,\cdots,\gamma_m^*)^{\mathrm{T}}$ 和 $\boldsymbol{\Gamma}^*=(\lambda_1^*,\lambda_2^*,\cdots,\lambda_m^*)^{\mathrm{T}}$，使下式成立：

$$\begin{cases}\nabla \boldsymbol{f}(\boldsymbol{X}^*)-\sum\limits_{i=1}^{m}\boldsymbol{\gamma}_i^*\cdot\nabla\boldsymbol{g}_i(\boldsymbol{X}^*)-\sum\limits_{j=1}^{m}\lambda_j^*\cdot\nabla\boldsymbol{h}_j(\boldsymbol{X}^*)=0\\ \gamma_i^*\cdot\nabla\boldsymbol{g}_i(\boldsymbol{X}^*)=0,i=1,2,\cdots,m\\ \gamma_i^*\geqslant 0,i=1,2,\cdots,m\end{cases}$$

例 7.6 求下列非线性规划问题的库恩-塔克点：

$$\begin{aligned}&\min \boldsymbol{f}(\boldsymbol{X})=2x_1^2+2x_1x_2+x_2^2-10x_1-10x_2\\ &\text{s. t.}\begin{cases}x_1^2+x_2^2\leqslant 5\\ 3x_1+x_2\leqslant 6\end{cases}\end{aligned}$$

解　将上述问题的约束条件改写为 $\boldsymbol{g}_i(\boldsymbol{X})\geqslant 0$ 的形式：

$$\begin{cases}\boldsymbol{g}_1(\boldsymbol{X})=-x_1^2-x_2^2+5\geqslant 0\\ \boldsymbol{g}_2(\boldsymbol{X})=-3x_1-x_2+6\geqslant 0\end{cases}$$

设库恩-塔克点为 $\boldsymbol{X}^*=(x_1,x_2)^{\mathrm{T}}$，有

$$\nabla \boldsymbol{f}(\boldsymbol{X}^*)=\begin{pmatrix}4x_1+2x_2-10\\ 2x_1+2x_2-10\end{pmatrix}$$

$$\nabla \boldsymbol{g}_1(\boldsymbol{X}^*)=\begin{pmatrix}-2x_1\\ -2x_2\end{pmatrix}$$

$$\nabla \boldsymbol{g}_2(\boldsymbol{X}^*)=\begin{pmatrix}-3\\ -1\end{pmatrix}$$

由定理 7.3.4，得：

$$\begin{cases}4x_1+2x_2-10+2\gamma_1x_1+3\gamma_2=0\\ 2x_1+2x_2-10+2\gamma_1x_2+\gamma_2=0\\ \gamma_1(5-x_1^2-x_2^2)=0\\ \gamma_2(6-3x_1-x_2)=0\\ \gamma_1\geqslant 0\\ \gamma_2\geqslant 0\end{cases}$$

求解上述方程组，即可求出 $\gamma_1,\gamma_2,x_1,x_2$，则可得到满足库恩-塔克条件的点。上述方程组是非线性方程组，求解时一般都要利用松紧条件（即上述方程组中的第 3,4 个方程），其实质是分析 $\boldsymbol{X}^*$ 点处，哪些是不起作用约束，以便得到 $\gamma_i=0$，这样分情况讨论求解较为容易。

(1) 假设两个约束均是 $\boldsymbol{X}^*$ 点处的不起作用约束，即有 $\gamma_1=0,\gamma_2=0$，则有

$$\begin{cases}4x_1+2x_2-10=0\\ 2x_1+2x_2-10=0\end{cases}$$

解得：

$$\begin{cases}x_1=0\\ x_2=5\end{cases}$$

但将该点代入约束条件，不满足 $\boldsymbol{g}_i(\boldsymbol{X})\geqslant 0$，因此该点不是可行点。

(2) 若 $\boldsymbol{g}_1(\boldsymbol{X})\geqslant 0$ 是起作用约束，$\boldsymbol{g}_2(\boldsymbol{X})\geqslant 0$ 是不起作用约束，有 $\gamma_2=0$，则：

$$\begin{cases}4x_1+2x_2-10+2\gamma_1x_1=0\\ 2x_1+2x_2-10+2\gamma_1x_2=0\\ \gamma_1(5-x_1^2-x_2^2)=0\\ \gamma_1\geqslant 0\end{cases}$$

解得：

$$\begin{cases}x_1=1\\x_2=2\\\gamma_1=1\\\gamma_2=0\end{cases}$$

代入原问题约束条件中检验，可知该点 $\boldsymbol{X}^*=(1,2)^{\mathrm{T}}$ 是可行点，且满足库恩-塔克定理的条件，又是一个正则点，故它是一个库恩-塔克点。

因为 $\boldsymbol{g}_1(\boldsymbol{X})\geqslant 0$ 是起作用约束，此时 $\gamma_1\geqslant 0$，可以是 $\gamma_1>0$，也可以是 $\gamma_1=0$，若 $\gamma_1=0$ 也成立，则结果同(1)，已知求出的解不是可行点。

(3) 若 $\boldsymbol{g}_1(\boldsymbol{X})\geqslant 0$ 是不起作用约束，$\boldsymbol{g}_2(\boldsymbol{X})\geqslant 0$ 是起作用约束，即有 $\gamma_1=0$，代入方程组，有：

$$\begin{cases}4x_1+2x_2-10+3\gamma_2=0\\2x_1+2x_2-10+\gamma_2=0\\\gamma_2(6-3x_1-x_2)=0\\\gamma_2\geqslant 0\end{cases}$$

解上述方程组，可得 $\gamma_2=0$ 或 $\gamma_2=-\dfrac{2}{5}$，而 $\gamma_2=-\dfrac{2}{5}$ 不满足 $\gamma_2\geqslant 0$ 条件，而 $\gamma_2=0$ 及 $\gamma_1=0$ 同情形(1)的结果。

(4) 假设两个约束均起作用，这时 $\gamma_1>0,\gamma_2>0$。故有

$$\begin{cases}4x_1+2x_2-10+2\gamma_1x_1+3\gamma_2=0\\2x_1+2x_2-10+2\gamma_1x_2+\gamma_2=0\\5-x_1^2-x_2^2=0\\6-3x_1-x_2=0\end{cases}$$

求解上述方程组，得到的解不满足 $\gamma_1\geqslant 0$ 与 $\gamma_2\geqslant 0$，故舍去。

因此本题的库恩-塔克点为：$\boldsymbol{X}^*=(1,2)^{\mathrm{T}}$。

同时本题 $\boldsymbol{f}(\boldsymbol{X})$ 为凸函数，而 $\boldsymbol{g}_1(\boldsymbol{X})\geqslant 0$ 为凸函数，$\boldsymbol{g}_2(\boldsymbol{X})\geqslant 0$ 为线性函数，也为凸函数，所以本题是凸规划。对凸规划库恩-塔克也是充分条件。因此 $\boldsymbol{X}^*=(1,2)^{\mathrm{T}}$ 也是本题的全局最小点。

§7.4 用优化软件求解非线性规划的方法和例子

7.4.1 用 Lingo 求解非线性规划的方法和例子

用 Lingo 软件包求解非线性规划问题非常方便，就像求解线性规划问题一样，只要直接在模型窗口输入要解决的问题即可(无约束或有约束的非线性规划均可)。系统会自动识别是否为非线性规划问题，并用求解非线性规划问题的方法求解(一般是系统内置的非

线性规划求解程序(Nonlinear Solver)和扩展的求解器(Extended Solver))。

例 7.7　用 Lingo 求解如下的非线性规划问题:

$$\min\ f=-x_1x_2x_3$$

$$\text{s. t.}\quad 0\leqslant x_1+2x_2+2x_3\leqslant 72$$

在模型命令窗口输入以下内容:

```
min = - x1 * x2 * x3;
x1 + 2 * x2 + 2 * x3> = 0;
x1 + 2 * x2 + 2 * x3< = 72;
```

单击 Solve 按钮则弹出 Solver Status 窗口,如图 7.2 所示。

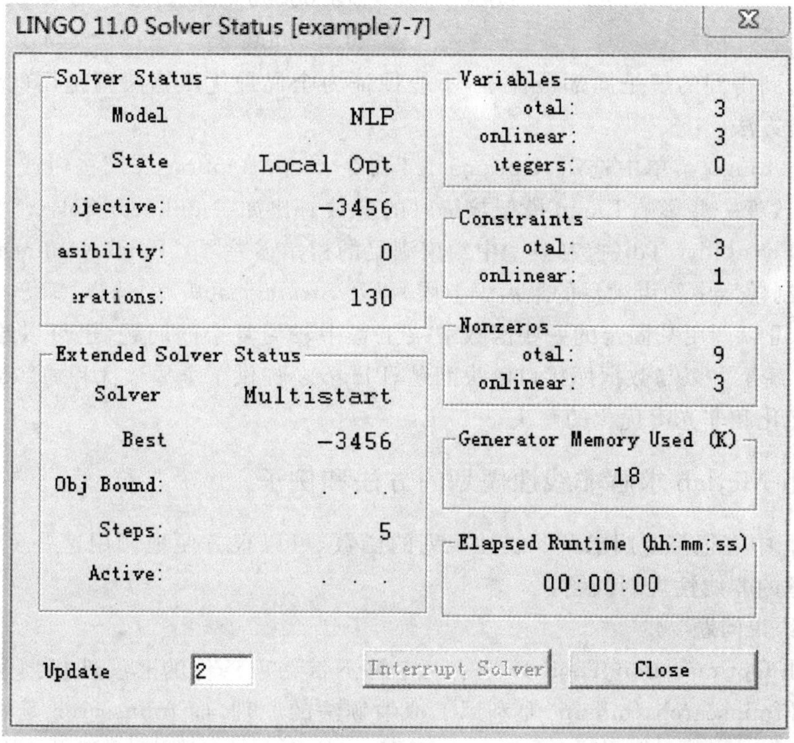

图 7.2

同时弹出 Solution Report 窗口得到以下结果:

```
Local optimal solution found.
Objective value:                          - 3456.000
Infeasibilities:                           0.000000
Extended solver steps:                            5
Total solver iterations:                        126
```

Variable	Value	Reduced Cost
X1	24.00000	0.000000
X2	12.00000	-0.2073307E-07
X3	12.00000	-0.2280689E-07

Row	Slack or Surplus	Dual Price
1	-3456.000	-1.000000
2	72.00000	0.000000
3	0.000000	144.0000

可以看到得到的解是局部最优解，不能保证为全局最优。算法则是用的 Multistart（多初始点）方法。

可以从 Lingo 菜单中选用“Options...”命令、单击“Options...”按钮或直接按 Ctrl+I 组合键改变一些影响 Lingo 模型求解时的参数。比如“Nonlinear Solver”中的 Initial Nonlinear Feasibility Tol（控制模型中约束满足的初始误差限）、Final Nonlinear Feasibility Tol（控制模型中约束满足的最后误差限）以及 Strategies（策略）选择，等等。

Lingo 可以调用其固定的一些函数解决工程中较为复杂的问题，也可以给其他软件提供接口，甚至可以与数据库接口解决问题，Lingo 还提供了全局最优和局部最优的选择以及光滑优化和非光滑优化的解决。

7.4.2 用 Matlab 求解非线性规划的方法和例子

Matlab 中有很多专门求解非线性规划的函数，可以很方便地调用这些函数，直接求解相应类型的非线性规划问题。

1. 无约束问题

Matlab-Optimazation Toolbox 中有两个解不带约束条件的非线性规划问题的函数 fminunc 和 fminsearch，fminunc 是利用了拟牛顿法的原理，而 fminsearch 是利用了单纯形法（Nelder-Mead simplex algorithm）的原理，直接搜索，而没有利用数值或梯度进行计算。其格式分别如下。

(1) fminunc 函数

调用格式：

```
x = fminunc(fun,x0)
x = fminunc(fun,x0,options)
x = fminunc(problem)
[x,fval] = fminunc(...)
```

```
[x,fval,exitflag] = fminunc(...)
[x,fval,exitflag,output] = fminunc(...)
[x,fval,exitflag,output,grad] = fminunc(...)
[x,fval,exitflag,output,grad,hessian] = fminunc(...)
```

说明:fun 为需最小化的目标函数;x_0 为给定的搜索的初始点;options 指定优化参数;返回的 $\boldsymbol{x}$ 为最优解向量;fval 为 $\boldsymbol{x}$ 处的目标函数值;exitflag 描述函数的输出条件;output 返回优化信息;grad 返回目标函数在 $\boldsymbol{x}$ 处的梯度;Hessian 返回在 $\boldsymbol{x}$ 处目标函数的 Hessian 矩阵信息。

(2) fminsearch 函数

调用格式:

```
x = fminsearch(fun,x0)
x = fminsearch(fun,x0,options)
[x,fval] = fminsearch(...)
[x,fval,exitflag] = fminsearch(...)
[x,fval,exitflag,output] = fminsearch(...)
```

说明:参数及返回变量同上一函数。对求解二次以上的问题,fminsearch 函数比 fminunc 函数有效。

此外,求解一元非线性无约束规划问题的函数为 fminbnd,其格式如下。

(3) fminbnd 函数

调用格式:

```
x = fminbnd(fun,x1,x2)
x = fminbnd(fun,x1,x2,options)
[x,fval] = fminbnd(...)
[x,fval,exitflag] = fminbnd(...)
[x,fval,exitflag,output] = fminbnd(...)
```

例 7.8　求 min $z=8x_1-4x_2+x_1^2+3x_2^2$。

创造一个文件名为 myfun.m 的文件,内容为:

```
function f = myfun(x)
f = 8 * x(1) - 4 * x(2)  + x(1)^2 + 3 * x(2)^2;
```

以[0,0]为初始点,调用 fminunc 函数:

```
x0 = [0,0];
[x,fval,exitflag] = fminunc(@myfun,x0)
```

经过计算,返回一些信息(由于没有提供梯度,所以没用默认的信赖域算法,而是用的线搜索算法;得到的是局部最小值)并给出结果:

```
x =
```

```
  -4.0000    0.6667

fval =
  -17.3333

exitflag =
     1
```

例 7.9 求 min $z=4x_1^2+5x_1x_2+2x_1^2$，并且提供目标函数的梯度向量。

创造一个文件名为 myfun1.m 的文件，内容为：

```
function [f,g] = myfun1 (x)
f = 4 * x(1)^2 + 5 * x(1) * x(2) + 2 * x(2)^2;
if nargout >1
     g(1) = 8 * x(1) + 5 * x(2);
     g(2) = 5 * x(1) + 4 * x(2);
end
```

通过下面将优化选项结构 options.GradObj 设置为“on”来得到梯度值：

```
options = optimset('GradObj','on');
    x0 = [1,1];
```

以[1,1]为初始点，并调用 fminunc 函数：

```
[x,fval,exitflag] = fminunc(@myfun1,x0,options)
```

经过计算，返回一些信息(得到的是局部最小值)并给出结果：

```
x =
  1.0e-014 *
    0.1332   -0.2220

fval =
  2.1694e-030

exitflag =
     1
```

2. 约束问题

Matlab-Optimazation Toolbox 中解带约束条件的非线性规划问题的函数为 fmincon。首先要注意，Matlab 中带约束条件的非线性规划问题的数学模型要写成以下的标准形式：

$$\min f(\boldsymbol{x})$$
$$\text{s.t.}\begin{cases}\boldsymbol{c}(\boldsymbol{x})\leqslant 0\\ \boldsymbol{c}_{\text{eq}}(\boldsymbol{x})=0\\ \boldsymbol{A}\boldsymbol{x}\leqslant \boldsymbol{b}\\ \boldsymbol{A}_{\text{eq}}\cdot\boldsymbol{x}=\boldsymbol{b}_{\text{eq}}\\ \boldsymbol{l}_{\text{b}}\leqslant\boldsymbol{x}\leqslant\boldsymbol{u}_{\text{b}}\end{cases}$$

其中，$f(\boldsymbol{x})$是标量函数，$\boldsymbol{x},\boldsymbol{b},\boldsymbol{b}_{\text{eq}},\boldsymbol{l}_{\text{b}},\boldsymbol{u}_{\text{b}}$ 是向量，$\boldsymbol{A},\boldsymbol{A}_{\text{eq}}$是相应维数的矩阵，$\boldsymbol{c}(\boldsymbol{x}),\boldsymbol{c}_{\text{eq}}(\boldsymbol{x})$是非线性向量函数。

Matlab 中的 fmincon 函数的的基本调用格式如下：

```
x = fmincon(fun,x0,A,b)
x = fmincon(fun,x0,A,b,Aeq,beq)
x = fmincon(fun,x0,A,b,Aeq,beq,lb,ub)
x = fmincon(fun,x0,A,b,Aeq,beq,lb,ub,nonlcon)
x = fmincon(fun,x0,A,b,Aeq,beq,lb,ub,nonlcon,options)
x = fmincon(problem)
[x,fval] = fmincon(...)
[x,fval,exitflag] = fmincon(...)
[x,fval,exitflag,output] = fmincon(...)
[x,fval,exitflag,output,lambda] = fmincon(...)
[x,fval,exitflag,output,lambda,grad] = fmincon(...)
[x,fval,exitflag,output,lambda,grad,hessian] = fmincon(...)
```

说明：返回的 $\boldsymbol{x}$ 为最优解向量；fun 为需最小化的目标函数；x_0 为给定的搜索的初始点；$\boldsymbol{A},\boldsymbol{b}$ 为不等式约束的系数矩阵和右端列向量；若没有不等式约束，则令 $\boldsymbol{A}=[\ ]$、$\boldsymbol{b}=[\ ]$；$\boldsymbol{A}_{\text{eq}}$，$\boldsymbol{B}_{\text{eq}}$定义了线性约束 $\boldsymbol{A}\cdot\boldsymbol{x}\leqslant\boldsymbol{b},\boldsymbol{A}_{\text{eq}}\cdot\boldsymbol{x}=\boldsymbol{b}_{\text{eq}}$，如果没有等式约束，则 $\boldsymbol{A}=[]$，$\boldsymbol{b}=[]$，$\boldsymbol{A}_{\text{eq}}=[]$，$\boldsymbol{B}_{\text{eq}}=[]$；$\boldsymbol{l}_{\text{b}}$，$\boldsymbol{u}_{\text{b}}$ 为变量 $\boldsymbol{x}$ 的下界和上界，如果上界和下界没有约束，则 $\boldsymbol{l}_{\text{b}}=[]$，$\boldsymbol{u}_{\text{b}}=[]$。options 指定优化参数；fval 为 $\boldsymbol{x}$ 处的目标函数值；exitflag 描述函数的输出条件；output 返回优化信息；grad 返回目标函数在 $\boldsymbol{x}$ 处的梯度；Hessian 返回在 $\boldsymbol{x}$ 处目标函数的 Hessian 矩阵信息。

注意：① fmincon 函数提供了大型优化算法和中型优化算法。默认时，若在 fun 函数中提供了梯度(options 参数的 GradObj 设置为"on")，并且只有上下界存在或只有等式约束，fmincon 函数将选择大型算法。当既有等式约束又有梯度约束时，使用中型算法。

② fmincon 函数的中型算法使用的是序列二次规划法。在每一步迭代中求解二次规划子问题，并用 BFGS 法更新拉格朗日 Hessian 矩阵。

③ fmincon 函数可能会给出局部最优解，这与初值 x_0 的选取有关。

例 7.10　求下列非线性规划问题：

$$\min\ f(x)=x_1^2+x_2^2+8$$

$$\text{s. t.}\begin{cases}x_1^2-x_2\geqslant 0\\-x_1-x_2^2+2=0\\x_1,x_2\geqslant 0\end{cases}$$

(1) 编写 M 文件 fcon1. m：

```
function f = fcon1(x);
f = x(1)^2 + x(2)^2 + 8;
```

和 M 文件 fcon2. m：

```
function [g,h] = fcon2(x);
g = - x(1)^2 + x(2);
h = - x(1) - x(2)^2 + 2; % 等式约束
```

(2) 在 Matlab 的命令窗口依次输入：

```
options = optimset;
[x,y] = fmincon('fcon1',rand(2,1),[],[],[],[],zeros(2,1),[],'fcon2', options)
```

经过计算，返回一些信息（得到的是满足约束条件的局部最小值等）并给出结果：

```
x =
    1.0000
    1.0000


y =
   10.0000
```

例 7.11 求解：

$$\min\ f=-x_1-2x_2+\frac{1}{2}x_1^2+\frac{1}{2}x_2^2$$

$$\text{s. t.}\begin{cases}2x_1+3x_2\leqslant 6\\x_1+x_2\leqslant 5\\x_1,x_2\geqslant 0\end{cases}$$

首先将上述问题写成 Matlab 的标准形式：

$$\min\ f=-x_1-2x_2+\frac{1}{2}x_1^2+\frac{1}{2}x_2^2$$

$$\text{s. t.}\begin{cases}\begin{pmatrix}2x_1+3x_2-6\\x_1+4x_2-5\end{pmatrix}\leqslant\begin{pmatrix}0\\0\end{pmatrix}\\\begin{pmatrix}0\\0\end{pmatrix}\leqslant\begin{pmatrix}x_1\\x_2\end{pmatrix}\end{cases}$$

编写 M 文件 fcon3. m：

```
function f = fcon3(x);
f = - x(1) - 2 * x(2) + (1/2) * x(1)^2 + (1/2) * x(2)^2
```

和 M 文件 fcon4. m：

```
x0 = [1;1];
A = [2 3 ;1 4]; b = [6;5];
Aeq = [];beq = [];
lb = [0;0]; ub = [];
[x,fval] = fmincon('fcon3',x0,A,b,Aeq,beq,lb,ub)
```

直接运行 fcon4，经过计算，返回一些信息（得到的是满足约束条件的局部最小值等）并给出结果：

```
x =
    0.7647
    1.0588

fval =
   - 2.0294
```

3. 二次规划问题

Matlab-Optimazation Toolbox 中解二次规划问题的函数为 fmincon，Matlab 中所求解的二次规划问题要写成以下的标准形式：

$$\min \frac{1}{2}\boldsymbol{x}^{\mathrm{T}}\boldsymbol{H}\boldsymbol{x}+\boldsymbol{f}^{\mathrm{T}}\boldsymbol{x}$$

$$\text{s. t.}\begin{cases}\boldsymbol{A}\boldsymbol{x}\leqslant\boldsymbol{b}\\ \boldsymbol{A}_{\mathrm{eq}}\cdot\boldsymbol{x}=\boldsymbol{b}_{\mathrm{eq}}\\ \boldsymbol{l}_{\mathrm{b}}\leqslant\boldsymbol{x}\leqslant\boldsymbol{u}_{\mathrm{b}}\end{cases}$$

其中，$\boldsymbol{x},\boldsymbol{f},\boldsymbol{b},\boldsymbol{b}_{\mathrm{eq}},\boldsymbol{l}_{\mathrm{b}},\boldsymbol{u}_{\mathrm{b}}$ 是向量，$\boldsymbol{H},\boldsymbol{A},\boldsymbol{A}_{\mathrm{eq}}$是相应维数的矩阵。

Matlab 中的 quadprog 函数的基本调用格式如下：

```
x = quadprog(H,f,A,b)
x = quadprog(H,f,A,b,Aeq,beq)
x = quadprog(H,f,A,b,Aeq,beq,lb,ub)
x = quadprog(H,f,A,b,Aeq,beq,lb,ub,x0)
x = quadprog(H,f,A,b,Aeq,beq,lb,ub,x0,options)
x = quadprog(problem)
[x,fval] = quadprog(...)
[x,fval,exitflag] = quadprog(...)
[x,fval,exitflag,output] = quadprog(...)
```

```
[x,fval,exitflag,output,lambda] = quadprog(...)
```

说明：输入参数中，x_0 为初始点；$\boldsymbol{A}, \boldsymbol{b}$ 为不等式约束的系数矩阵和右端列向量；若没有不等式约束，则令 $\boldsymbol{A}=[\,]$，$\boldsymbol{B}=[\,]$；$\boldsymbol{A}_{\mathrm{eq}}$，$\boldsymbol{b}_{\mathrm{eq}}$ 定义了线性等式约束 $\boldsymbol{A}_{\mathrm{eq}} \cdot \boldsymbol{x}=\boldsymbol{b}_{\mathrm{eq}}$，如果没有等式约束，则 $\boldsymbol{A}_{\mathrm{eq}}=[\,]$，$\boldsymbol{B}_{\mathrm{eq}}=[\,]$；$\boldsymbol{l}_{\mathrm{b}}$，$\boldsymbol{u}_{\mathrm{b}}$ 为变量 $\boldsymbol{x}$ 的下界和上界，如果上界和下界没有约束，则 $\boldsymbol{l}_{\mathrm{b}}=[\,]$，$\boldsymbol{u}_{\mathrm{b}}=[\,]$，options 为指定优化参数。输出参数中，$\boldsymbol{x}$ 是返回最优解向量；fval 是返回解所对应的目标函数值；exitflag 是描述搜索是否收敛；output 是返回包含优化信息的结构；Lambda 是返回解 $\boldsymbol{x}$ 包含拉格朗日乘子的参数。

例 7.12 求解二次规划问题：

$$\min z=\frac{1}{2}x_1^2+x_2^2-x_1x_2-2x_1-6x_2$$

$$\text{s. t.}\begin{cases} x_1+x_2\leqslant 2 \\ -x_1+2x_2\leqslant 2 \\ 2x_1+x_2\leqslant 3 \\ x_1,x_2\geqslant 0 \end{cases}$$

首先将此问题写成 Matlab 中二次规划问题的标准形式：

$$\min z=\frac{1}{2}\begin{pmatrix} x_1 \\ x_2 \end{pmatrix}^{\mathrm{T}}\begin{pmatrix} 1 & -1 \\ -1 & 2 \end{pmatrix}\begin{pmatrix} x_1 \\ x_2 \end{pmatrix}+\begin{pmatrix} -2 \\ -6 \end{pmatrix}^{\mathrm{T}}\begin{pmatrix} x_1 \\ x_2 \end{pmatrix}$$

$$\text{s. t.}\begin{cases} \begin{pmatrix} 1 & 1 \\ -1 & 2 \\ 2 & 1 \end{pmatrix}\begin{pmatrix} x_1 \\ x_2 \end{pmatrix}\leqslant\begin{pmatrix} 2 \\ 2 \\ 3 \end{pmatrix} \\ \begin{pmatrix} 0 \\ 0 \end{pmatrix}\leqslant\begin{pmatrix} x_1 \\ x_2 \end{pmatrix} \end{cases}$$

编写 M 文件 fquad1. m：

```
H = [1 -1; -1 2];
f = [-2; -6];
A = [1 1; -1 2; 2 1];
b = [2; 2; 3];
lb = [0;0];
[x,fval,exitflag,output,lambda] = quadprog(H,f,A,b,[],[],lb,[])
```

直接运行 fquad1，经过计算，返回一些信息（得到的是满足约束条件的局部最小值等）并给出结果：

```
x =
    0.6667
    1.3333
```

```
fval =
   -8.2222

exitflag =
     1

output =
          iterations: 3
     constrviolation: 1.1102e-016
           algorithm: 'medium-scale: active-set'
       firstorderopt: []
        cgiterations: []
             message: 'Optimization terminated.'

lambda =
       lower: [2x1 double]
       upper: [2x1 double]
       eqlin: [0x1 double]
     ineqlin: [3x1 double]
```

第 8 章　图与网络优化

在自然界和人类社会的实际生活中，用图形来描述和表示某些事物之间的关系既方便又直观。例如，用工艺流程图来描述某项工程中各工序之间的先后关系，用网络图来描述某通信系统中各通信站之间信息传递关系，用开关电路图来描述电网中各元件电路导线连接关系，等等。一个图中的顶点表示事物，两点之间的连线表示两事物之间具有某种特定关系(先后关系、胜负关系、传递关系和连接关系等)。事实上，任何一个包含了某种二元关系的系统都可以用图形来模拟。由于我们感兴趣的是两事物之间是否有某种特定关系，所以图形中两点之间连接与否最重要，而连接线的曲直长短则无关紧要。由此经数学抽象产生了图的概念。

研究图的基本概念和性质、图的理论及其应用构成了图论的主要内容。

图与网络理论发展简史如下。

1736 年，著名数学家 L. Euler 发表了“哥尼斯堡七桥问题”的文章，这篇论文被公认为是图论历史上的第一篇论文，Euler 也因此被誉为图论之父。

1852 年，四色问题由英国伦敦的一个中学生首先提出。

1856 年，Hamilton 环游世界问题被提出。

19 世纪中叶到 1936 年，人们对一些游戏问题(例如，迷宫问题、博弈问题、棋盘上马的行走线路问题等)以图与网络的形式进行了大量的研究。

1847 年，德国的 Kirchoff 将图论中圈的理论应用于工程技术的电网络方程组的研究。

1857 年，英国的 Cayley 提出了树的概念，应用于有机化合物的分子结构的研究中。

1936 年，匈牙利的数学家 Konig 写出了第一本图论专著《有限图与无限图的理论》，标志着图论作为一门独立学科正式形成。

1936 年以后，由于生产管理、军事、交通运输、计算机和通信网络等方面的大量问题的出现，大大促进了图论的发展。特别是电子计算机的大量应用，使大规模问题的求解成为可能。实际问题如电网络、交通网络、电路设计、数据结构以及社会科学中的问题所涉及的图形都是很复杂的，需要计算机的帮助才有可能进行分析和解决。

目前图论在物理、化学、运筹学、计算机科学、电子学、信息论、控制论、网络理论、社会科学及经济管理等几乎所有学科领域都有应用。图论已经发展成一门内容广泛的学科。本章只介绍图论中的一些基本概念和几个有广泛应用背景的基本问题：最短路问题、最优生成树问题、最大流问题以及最小费用流问题。

§8.1　图与网络的基本概念

1. 图(graph)

一个二元组(V,E)，其中集合 V 称为顶点集，集合 E 是 $V\times V$ 的一个子集（无序对，元素可重复），称为边集。注意：任何一图都有 $V\neq\varnothing$。

例 8.1　$G=(V,E)$，其中：

$$V=\{v_1,v_2,v_3,v_4,v_5\}$$

$$E=\{(v_1,v_2),(v_2,v_3),(v_3,v_4),(v_3,v_5),(v_1,v_5),(v_1,v_5),(v_5,v_5)\}$$

便定义出一个图。

2. 图的表示

通常，图的顶点可用平面上的一个点来表示，边可用平面上的线段来表示（直的或曲的）。这样画出的平面图形称为图的图示。

显然由于表示顶点的平面点的位置的任意性，同一个图可以画出形状迥异的很多图的表示。由于图的表示直观易懂，因此以后一般说到一个图，我们总是画出它的一个表示来表示这个图。

例如，例 8.1 中图的一个表示如图 8.1 所示。

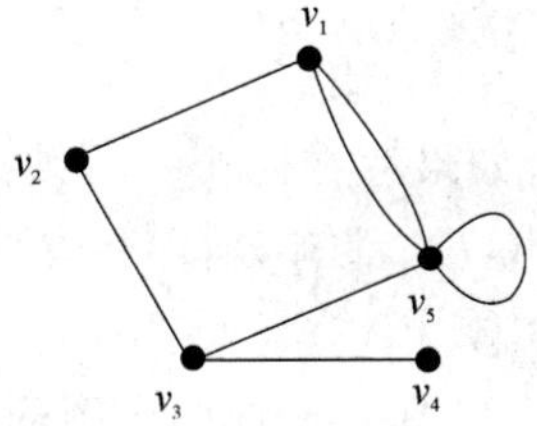

图 8.1

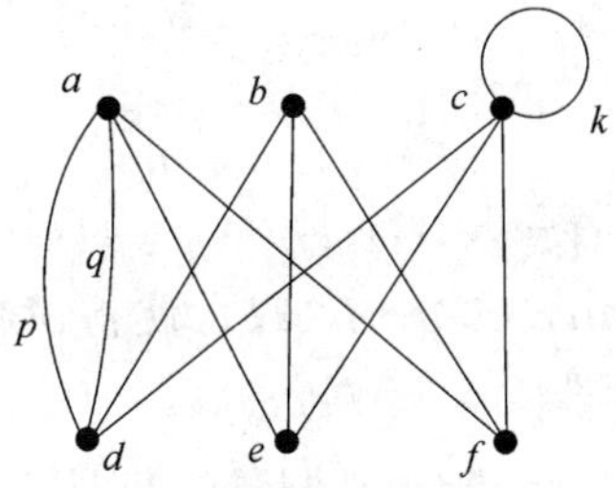

图 8.2

3. 一些概念和术语

对于一个如图 8.2 所示的图 $G=(V,E)$，其中：

$$V=\{a,b,\cdots,f\},E=\{k,p,q,ae,af,\cdots,ce,cf\}$$

顶点数（图的阶）和边数分别用 $v(G)$和 $\varepsilon(G)$表示。

称边 ad 与顶点 a（及 d）**相关联**(incident)。也称顶点 b（及 f）与边 bf 相关联。

称顶点 a 与 e **相邻**(adjacent)。也称有公共端点的一些边，例如，p 与 af 彼此相邻。

称一条边的两个顶点为它的两个**端点**(end vertices)。

环(loop,selfloop):如边 k,它的两个端点相同。

棱(link):如边 ae,它的两个端点不相同。

孤立点(isolated vertice):不与任何顶点邻接的顶点。

重边(multiedge):如边 p 及边 q,重边也称为平行边。

简单图(simple graph):无环,无重边。

平凡图(trival graph):仅有一个顶点的图(可有多条环)。

有限图(finite graph):顶点数和边数都是有限的图。

顶点 v 的**度**(degree):$d(v)$=顶点 v 所关联的边的数目(环边计两次)。

图 G 的**最大度**:$\Delta(G)=\max\{d_G(v)\mid v\in V(G)\}$。

图 G 的**最小度**:$\delta(G)=\min\{d_G(v)\mid v\in V(G)\}$。

完全图(complete graph):任意两个顶点都相邻的简单图。

正则图(regular graph):每个顶点的度都相等的图。

图的**补图**(complement):设 G 是一个简单图,以 $V(G)$ 为顶点集,以 $\{(x,y)\mid(x,y)\notin E(G)\}$ 为边集的简单图称为 G 的补图,记为 $\overline{G}$。

4. 图的同构

如图 8.3 中 G_1 和 G_2 的顶点及边之间都一一对应,且连接关系完全相同,只是顶点和边的名称不同而已。这样的两个图称为是同构的(isomorphic)。

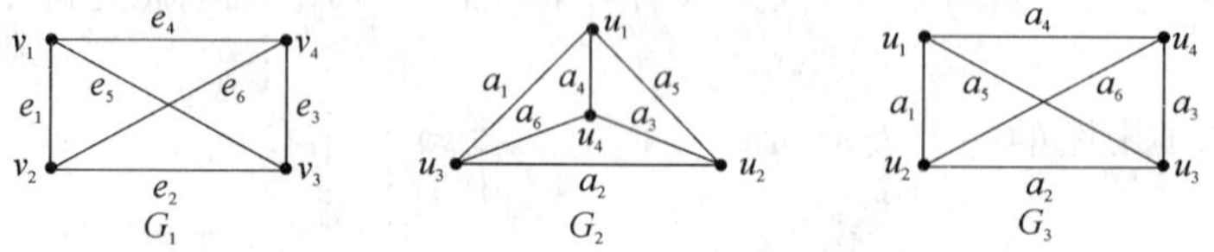

图 8.3

两个图 $G=(V(G),E(G))$ 与 $H=(V(H),E(H))$,如果存在两个一一映射:$\Psi:V(G)\to V(H)$ 及 $\Phi:E(G)\to E(H)$,使得对任意 $e=uv\in E(G)$,都有 $\Phi(e)=\Psi(u)\Psi(v)\in E(H)$,则称图 G 与 H **同构**。记为 $G\cong H$。

两个图同构,是指它们有相同的结构,仅在顶点及边的标号上或两个图的画法上有所不同而已。所以在同构的意义下,一个图的表示也可以看成是“唯一”的。上面的图中,$G_1\cong G_2\cong G_3$。所以这种图可以看成是唯一的,被定义成 K_4。

注:判定两个图是否同构是个未解决的困难问题(open problem)。

定理 8.1.1 对 $\forall$ 图 G, $\sum\limits_{v\in V(G)} d(v)=2\varepsilon$,其中 $\varepsilon=|E(G)|$。

证明:按每个顶点的度来计数边,每条边恰数了两次。

证毕。

推论 8.1.1 任何图中,奇度顶点的个数总是偶数(包括 0)。

5. 子图(subgraph)

如果 $V(H)\subseteq V(G)$ 且 $E(H)\subseteq E(G)$，则称图 H 是 G 的**子图**，记为 $H\subseteq G$。

生成子图(spanning subgraph)：若 H 是 G 的子图且 $V(H)=V(G)$，则称 H 是 G 的生成子图。

点导出子图(induced subgraph)：设 $V'\subseteq V(G)$，以 V' 为顶点集，以两端点均在 V' 中的边的全体为边集所组成的子图，称为 G 的由顶点集 V' 导出的子图，简称为 G 的点导出子图，记为 $G[V']$。

边导出子图(edge-induced subgraph)：设 $E'\subseteq E(G)$，以 E' 为边集，以 E' 中的边的全体端点为点集所组成的子图，称为 G 的由边集 E' 导出的子图，简称为 G 的边导出子图，记为 $G[E']$。

6. 路和圈

途径(walk)：图 G 中一个点边交替出现的序列 $w=v_{i_0}e_{i_1}v_{i_1}e_{i_2}\cdots e_{i_k}v_{i_k}$，其中 $e_{i_j}=v_{i_{j-1}}v_{i_j}$，$j=1,2,\cdots,k$。

迹(trail)：边不重复的途径。

路(path)：顶点不重复的途径。

注意：简单图中的路可以完全用顶点来表示，$P=v_{i_0}v_{i_1}\cdots v_{i_k}$。

闭途径(closed walk)：起点和终点相同的途径。

闭迹(closed trail)：起点和终点相同的迹，也称为回路(circuit)。

圈(cycle)：起点和终点相同的路。

注：

(1) 途径(闭途径)、迹(闭迹)、路(圈)上所含的边的个数称为它的**长度**。

(2) 简单图 G 中长度为奇数和偶数的圈分别称为**奇圈**(odd cycle)和**偶圈**(even cycle)。

(3) 对任意 $x,y\in V(G)$，从 x 到 y 的具有最小长度的路称为 x 到 y 的**最短路**(shortest path)，其长度称为 x 到 y 的**距离**(distance)，记为 $d_G(x,y)$。

(4) 图 G 的**直径**(diameter)：$D=\max\{d_G(x,y)\mid \forall x,y\in V(G)\}$。

(5) 简单图 G 中最短圈的长度称为图 G 的**围长**(girth)，最长圈的长度称为图 G 的**周长**(circumference)。

定理 8.1.2　设 G 是一个简单图，若 $\delta(G)\geqslant 2$，则 G 中必含有圈。

证明　设 G 中的最长路为 $P=v_0v_1\cdots v_k$。因 $d(v_0)\geqslant 2$，故存在与 v_1 相异的顶点 v 与 v_0 相邻。若 $v\notin P$，则得到比 P 更长的路，这与 P 的取法矛盾。因此必定 $v\in P$，从而 G 中有圈。

证毕。

7. 二部图(bipartite graph)

若图 G 的顶点集可划分为两个非空子集 X 和 Y，使得任一条边都有一个端点在 X

中,另一个端点在 Y 中,则称 G 为二部图(或偶图),记为 $G=(X\cup Y,E)$,(X,Y)称为 G 的一个划分。

完全二部图(complete bipartite graph):在二部图 $G=(X\cup Y,E)$中,若 X 的每个顶点与 Y 的每个顶点有边连接,则称 G 为完全二部图;若 $|X|=m$,$|Y|=n$,则记此完全二部图为 $K_{m,n}$。

定理 8.1.3 一个图是二部图当且仅当它不含奇圈。

证明 必要性:设 $C=v_0v_1\cdots v_kv_0$ 是二部图 $G=(X\cup Y,E)$的一个圈。无妨设 $v_0\in X$,由二部图的定义知,$v_1\in Y$,$v_2\in X$,…,一般地,$v_{2i}\in X$,$v_{2i+1}\in Y$,$(i=0,1,\cdots)$。又因 $v_0\in X$,故 $v_k\in Y$,因而 k 是奇数。注意到圈 C 上共有 $k+1$ 条边,因此是偶圈。

充分性:不妨设 G 为连通的,G 不含奇圈。任取 $u\in V(G)$,令 $X=\{v\in V(G)\mid d(u,v)=\text{奇数}\}$,$Y=\{v\in V(G)\mid d(u,v)=\text{偶数}\}$。易见,$(X, Y)$为 V 的 2-划分,只要再证 X(和 Y)都是 G 的独立集(即 X 或 Y 中任二顶点 v, w 都不相邻)即可,令 P 与 Q 分别为最短 (u, v)-路与最短(u, w)-路。

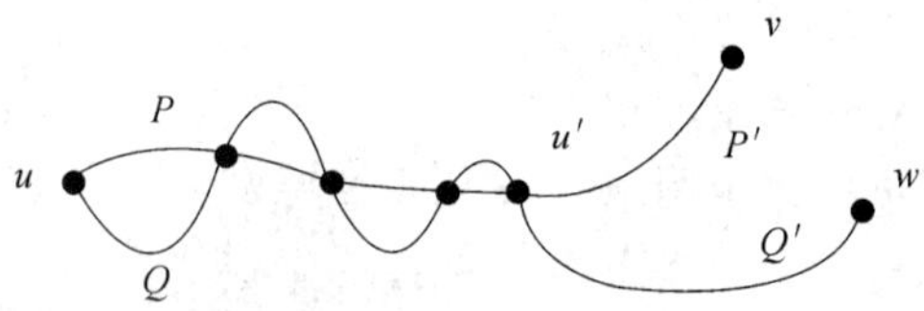

图 8.4

设 u'为 P 与 Q 的最后一个公共顶点; 而 P'与 Q'分别为 P 的(u', v)-节与 Q 的(u', w)-节,则 P'与 Q'只有一个公共顶点。又由于 P 与 Q 的(u, u')-节的长相等,所以 P'与 Q'的长有相同的奇偶性,因此 v 与 w 不能相邻,否则,$v(P')^{-1}Q'wv$ 将是一奇圈,矛盾。

证毕。

8. 连通性

如果在图 G 中 u,v 两点有路相通,则称顶点 u,v 在图 G 中连通。图 G 中任二顶点都连通,则称图 G 为连通图(connected graph)。若图 G 的顶点集 $V(G)$可划分为若干非空子集 $V_1,V_2,\cdots,V_\omega$,使得两顶点属于同一子集当且仅当它们在 G 中连通,则称每个子图 $G[V_i](i=1,2,\cdots,\omega)$为图 G 的一个连通分支(connected branch, component)。图 G 连通当且仅当 $\omega=1$。

例 8.2 设有 $2n$ 个电话交换台,每个台与至少 n 个台有直通线路,则该交换系统中任两台均可实现通话。

证明 构造图 G 如下,以交换台作为顶点,两顶点间连边当且仅当对应的两台间有直通线路。问题化为:已知图 G 有 $2n$ 个顶点的简单图,且 $\delta(G)\geqslant n$,求证 G 连通。

事实上,假如 G 不连通,则至少有一个连通分支的顶点数不超过 n。在此连通分支中,顶点的度至多是 $n-1$。这与 $\delta(G)\geqslant n$ 矛盾。

证毕。

§8.2　最短路问题

对图 G 的每条边 e，赋以一个实数 $w(e)$，称为边 e 的权。每个边都赋有权的图称为赋权图。

权在不同的问题中会有不同的含义。例如，交通网络中，权可能表示运费、里程或道路的造价等。

设 H 是赋权图 G 的一个子图，H 的权定义为 $W(H)=\sum\limits_{e\in E(H)} w(e)$，特别地，对 G 中一条路 P，P 的权为 $W(P)=\sum\limits_{e\in E(P)} w(e)$。

给定赋权图 G 及 G 中两点 u，v，求 u 到 v 的具有最小权的路（称为 u 到 v 的最短路）的问题称为最短路问题。最短路问题是现实生活和各种工作中常见的一个优化问题。求解最短路问题有很多算法，其中最基本的一个是 Dijkstra 算法。

Dijkstra 算法思想：若路 $P=u_0u_1\cdots u_{k-1}u_k$ 是从 u_0 到 u_k 的最短路，则 $P'=u_0u_1\cdots u_{k-1}$ 必是 u_0 到 u_{k-1} 的最短路。基于这一原理，算法由近及远地逐次求出 u_0 到其他各点的最短路。

下面通过图 8.5 所示的例子说明具体做法。

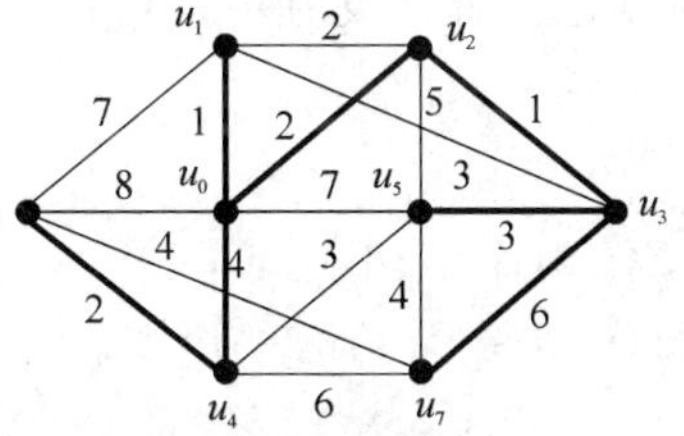

图 8.5

(1) 令 $S_0=u_0$，$\overline{S}_0=V\backslash S_0$，求 u_0 到 $\overline{S}_0$ 中最近点的最短路，结果找到 u_1。

(2) 令 $S_0:=S_0\cup\{u_1\}$，$\overline{S}_0=V\backslash S_0$，求 u_0 到 $\overline{S}_0$ 中最近点的最短路。此时除了考虑 u_0 到 $\overline{S}_0$ 的直接连边外，还要考虑 u_0 通过 u_1 向 $\overline{S}_0$ 的连边，即选取 $\overline{S}_0$ 中一点 u' 使得：

$$d(u_0,u')=\min_{u\in S_0,v\in \overline{S}_0}\{d(u_0,u)+w(u,v)\} \tag{8-1}$$

结果找到 u_2。

一般地，若 $S_k=\{u_0,u_1,\cdots,u_k\}$ 以及相应的最短路已找到。则可应用式(8-1)来选取新的 u'，获得 u_0 到 u' 的最短路。

Dijkstra 算法实现—标号法如下。

(1) 令 $l(u_0):=0$，$l(v):=\infty$，$(v\neq u_0)$，$S_0:=\{u_0\}$，$i:=0$。

(2) 对 $v\in\overline{S}_i$, $l(v):=\min\{l(v),l(u_i)+w(u_iv)\}$。$l(v_0)=\min\limits_{v\in\overline{S}_i}\{l(v)\}$，记 $u_{i+1}=v_0$，令 $S_{i+1}=S_i\cup\{u_{i+1}\}$。

(3) 如果 $i=v-1$，则结束(已求出 u_0 到其他所有顶点的最短路)，否则令 $i:=i+1$，返回(2)。

算法分析：Dijkstra 算法全部迭代过程需要做$\dfrac{v(v-1)}{2}$次加法和 $v(v-1)$次比较。

(第二步中第 1 式需要 $v-i-1$ 次加法，$v-i-1$ 次比较，第 2 式需要 $v-i-1$ 次比较，而 $\sum\limits_{i=0}^{v-1}(v-i-1)=(v-1)+(v-2)+\cdots+1=\dfrac{v(v-1)}{2}$)。所以其计算量为 $O(v^2)$，因此是好算法。

§8.3 最优生成树问题

1. 树

不含圈的图称为森林，不含圈的连通图称为树(tree)。树中度为 1 的顶点称为叶(leave)。

定理 8.3.1 下列命题等价：

(1) G 是树；

(2) G 中无环边且任两顶点之间有且仅有一条路；

(3) G 中无圈且 $\varepsilon=v-1$；

(4) G 连通且 $\varepsilon=v-1$；

(5) G 连通且对任何 $e\in E(G)$，$G-e$ 不连通；

(6) G 无圈且对任何 $e\in E(\overline{G})$，$G+e$ 恰有一个圈。

证明 (1)⇒(2)

G 是树⇒G 连通⇒$\forall u,v\in V(G)$，存在路 $P(u,v)$。若还存在一条路 $P'(u,v)\neq P(u,v)$，则必存在 w，w 是路 P 与 P'除了 v 之外最后一个公共顶点。P 的(w,v)段与 P'的(w,v)段构成圈，这与 G 是树矛盾。故只存在唯一的(u,v)路。

(2)⇒(3)

若 G 有圈，则此圈上任两顶点间有两条不同的路，与前提条件矛盾。

下面用归纳法证明 $\varepsilon=v-1$。$v=1$ 时，$\varepsilon=0$，结论真。假设 $v\leqslant k$ 时结论真，我们来证明当 $v=k+1$ 时，也有 $\varepsilon=v-1$ 成立。当 $v=k+1$ 时，任取 $uv\in E(G)$。考虑图 $G'=G-uv$，因 G 中 u、v 间只有一条路，即边 uv，故 G'不连通且只有两个连通分支，设为 G_1，G_2。注意到 G_1，G_2 分别都连通且任两顶点间只有一条路，由归纳法假设，$\varepsilon(G_1)=v(G_1)-1$，$\varepsilon(G_2)=v(G_2)-1$。因此：

$$\varepsilon(G)=\varepsilon(G_1)+\varepsilon(G_2)+1=(v(G_1)-1)+(v(G_2)-1)+1=v(G)-1$$

所以结论成立。

(3)⇒(4)

用反证法。若 G 不连通，设 $G_1, G_2, \cdots, G_w$ 是其连通分支($w \geqslant 2$)，则 $\varepsilon_i = v_i - 1$(因 G_i 是连通无圈图，由已证明的(1)和(2)知，对每个 G_i，(3)成立)。这样，$\varepsilon = \sum_{i=1}^{w} \varepsilon_i = \sum_{i=1}^{w} v_i - w = v - w$，这与 $\varepsilon = v - 1$ 矛盾。

(4)⇒(5)

$\varepsilon(G-e) = \varepsilon(G) - 1 = v - 2$，但每个连通图必满足 $\varepsilon \geqslant v - 1$(见下列命题)，故图 $G-e$ 不连通。

命题　若图 H 连通，则 $\varepsilon(H) \geqslant v(H) - 1$。

证明　对 v 作数学归纳法。$v=1,2$ 时，$\varepsilon \geqslant v-1$ 显然成立。假设 $\nu \leqslant k$ 的连通图都有 $\varepsilon \geqslant v-1$。对于 $v=k+1$ 的连通图 H，任取 $v \in V(H)$，考虑 $H-v$。若 $H-v$ 连通，则由归纳假设，$\varepsilon(H-v) \geqslant v(H-v) - 1 = k-1$，而

$$\varepsilon(H) \geqslant \varepsilon(H-v) + 1 \geqslant (k-1) + 1 = (k+1) - 1 = v(H) - 1$$

若 $H-v$ 不连通，设 $H_1, H_2, \cdots, H_w$ 是其连通分支($w \geqslant 2$)。由归纳假设，$\varepsilon(H_i) \geqslant v(H_i) - 1$，($i=1,2,\cdots,w$)。故：

$$\varepsilon(H-v) = \sum_{i=1}^{w} \varepsilon(H_i) \geqslant \sum_{i=1}^{w} v(H_i) - w = v(H-v) - w = k - w$$

而

$$\varepsilon(H) \geqslant \varepsilon(H-v) + w \geqslant (k-w) + w = (k+1) - 1 = v(H) - 1$$

归纳法完成。

(5)⇒(6)

先证 G 中无圈：若 G 中有圈，删去圈上任一边仍连通，矛盾。

再证对任何 $e \in E(\overline{G})$，$G+e$ 恰含一个圈：因 G 连通且已证 G 无圈，故 G 是树。由(2)可知，任二不相邻顶点间都有一条路相连，故 $G+e$ 中必有一个含有 e 的圈；另外，若 $G+e$ 中有两个圈含有 e，则 $(G+e)-e=G$ 中仍含有一个圈，矛盾。

(6)⇒(1)

只需证 G 连通。任取 $u, v \in V(G)$，若 u、v 相邻，则 u 与 v 连通。否则，$G+uv$ 恰含一个圈，故 u 与 v 在 G 中连通。由 u、v 的任意性，图 G 连通。

证毕。

2. 生成树

设 T 是图 G 的一个子图，如果 T 是一棵树，且 $v(T) = v(G)$，则称 T 是 G 的一个生成树(spanning tree)。

定理 8.3.2　每个连通图都有生成树。

证明　设 G 是一个连通图。令 $A = \{G' \mid G'$ 是 G 的连通子图且 $v(G') = \nu(G)\}$。易见

A 非空。从 A 中取边数最少的一个，记为 T。

下证 T 是 G 的生成树，显然只需证明 T 是树即可。

事实上，已知 T 连通，下证 T 无圈。若 T 有圈 C，则去掉 C 上任一条边 e，$T-e$ 仍连通。从而 $T-e\subseteq A$。但 $T-e$ 比 T 少一条边，这与 T 的取法矛盾。

证毕。

推论 8.3.1 若 G 连通，则 $\varepsilon\geqslant v-1$。

证明 取 G 的生成树 T，则 $\varepsilon(G)\geqslant\varepsilon(T)\geqslant v(T)-1=v(G)-1$。证毕。

3. 最小生成树问题

设城市 $v_1,v_2,\cdots,v_\nu$ 间任意两城市间都建设有通信线路，某公司希望通过租用一些线路的方式在这些城市间建立一个连接这 ν 个城市的通信网，租用城市 v_i 与 v_j 间的线路的费用为 c_{ij}（$c_{ij}\geqslant 0$，也可以为∞，如为∞，可以理解为实际上这条线路就不存在），问这个公司应该租用哪些线路，从而建立起一个总租用费用最小的连接这 ν 个城市的通信网？

这个问题显然等价于在一个赋权图（如果允许权重为∞，则为赋权完全图）G 中求一最小权连通生成子图。而一个最小权连通生成子图显然就是这个赋权图的最小权生成树（也称为最优树）。

下面的 Kruskal 算法是在非赋权图中求生成树的“极大无圈子图”算法的改进，它是一种贪心算法(greedy algorithm)。

问题描述：在赋权图 G 中，求权最小的生成树。即求 G 的一棵生成树 T，使得

$$w(T)=\min_T\sum_{e\in T}w(e)$$

Kruskal 算法：

(1) 选棱(link)e_1，使 $w(e_1)$ 最小。

(2) 若已选定 $e_1,e_2,\cdots,e_i$，则从 $E\backslash\{e_1,e_2,\cdots,e_i\}$ 中选取 e_{i+1} 使：

① $G[\{e_1,e_2,\cdots,e_i\}\cup\{e_{i+1}\}]$无圈；

② $w(e_{i+1})$是满足①之权重最小者。

(3) 若(2)不能再进行下去时，停止，否则，回到(2)。

定理 8.3.3 设 $e_1,e_2,\cdots,e_{v(G)-1}$ 是 Kruskal 算法获得的边，则边导出子图 $G[\{e_1,e_2,\cdots,e_{v(G)-1}\}]$是 G 的最小生成树。

证明 记 $T^*=G[\{e_1,e_2,\cdots,e_{v(G)-1}\}]$，首先，$T^*$ 显然是 G 的一棵生成树。反证，假设 T^* 不是 G 的权最小的生成树（下称最优树）。取 G 的一最优树 T。令 e_k 为$\{e_1,e_2,\cdots,e_{v-1}\}$中（按顺序）第一个不属于 T 的边，且令 T 为最优树中使 k 为最大者。则 $T+e_k$ 中唯一的圈 C 包含 e_k，且 C 中必含一条边 $e'_k\notin T^*$（不然，$C\subseteq T^*$，矛盾。）但

$$T'=T+e_k-e'_k$$

也是 G 的生成树（因 e_k'不是 $T+e_k$ 的割边（定理 8.3.1），从而 T' 连通，且其边数为 $v-1$。又，由于 T 的子图：

$$G[\{e_1, e_2, \cdots, e_{k-1}\}] \cup \{e'_k\}$$

也不含圈，由 Kruskal 算法知 $w(e_k) \leqslant w(e'_k)$，所以 $w(T') \leqslant w(T)$，即 T' 也是 G 的最优树，且 $\{e_1, e_2, \cdots, e_{v-1}\}$ 中第一个不属于 T' 的边的下标 $>k$，这与 k 的取法相矛盾。

证毕。

(1) 实现

先按权的不减顺序将边集重排成 $a_1, a_2, \cdots, a_\varepsilon$。关于算法中无圈性的判定，我们有一简单的办法：当 $S=\{e_1, e_2, \cdots, e_i\}$ 已取定时，对候选边 a_j 有：$G[S \cup \{a_j\}]$ 无圈 $\Leftrightarrow a_j$ 的两端点在林 $G[S]$（此处当作生成子图）的不同分支中。

从而我们有如下的求最优树的标记法。

开始：取 a_1 为候选边；并将 v_k 标以 k，$k=1,2,\cdots,v$。

若 $S=\{e_1, e_2, \cdots, e_i\}$ 已取定，当候选边 a_j 的两端点有相同标号时，丢掉 a_j 永不再考虑，并改取 a_{j+1} 为新候选边；否则选定 $e_{i+1}=a_j$，并将 $G[S]$ 中 a_j 两端点所在的二分支的顶点重新标号，标以两者中的最小者。

(2) 算法复杂性

边排序为 $O(\varepsilon \cdot \log_2 \varepsilon)$，比较边两端的标号为 ε，重新标号为 $O((v-1)v)$，故为好算法（$\leqslant O(v^3)$）。

例 8.3　欲建设一个连接 5 个城市的光纤通信网络。各城市间线路的造价如图 8.6 所示，求一个使总造价最少的线路建设方案（详细求解过程略，结果如图 8.6 中粗线所成的子图）。

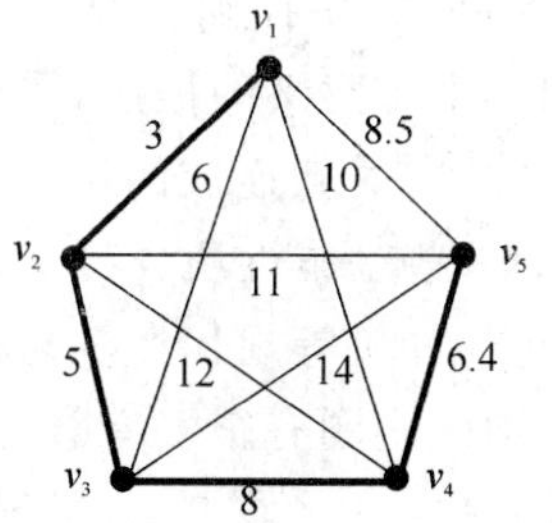

图 8.6

树不但在各种领域内被广泛地应用，而且也是图论的基础，许多结论可由它而引出。

4. 斯坦纳树问题(Steiner tree problem)

假设我们在北京、上海、西安三城市之间架设电话线，一种办法是分别联通北京—上海和北京—西安（即上面的最优树）。另一种办法是选第 4 个点，假设郑州，由此分别向三城市架线。第二种办法所用的电话线可能比第一种办法所需要带电话线的长度要还要节省。第二种方法所用的就是 20 世纪 40 年代提出的著名的斯坦纳树的最简单的一个模型。

这种问题实际上早在 1638 年，法国数学家费马在他所写的一本关于求极值的书中就提出了，称为费马问题；在17世纪初，解析几何刚开始出现，求极值问题刚露萌芽，费马问题在当时竟成了难题，据说一时无人能解。梅森(M. Mersenne，1588—1648年)将它带到意大利，后被托里彻利(M. Torricelli，1608—1647年)所解决。稍后，卡瓦列里(B. F. Cavalieri，1598—1647年)指出：若O为所求之点，则过O的三条线段OA，OB和OC两两交成120°的角。由于都是利用圆规和直尺作图，他们所考虑的都是三角形的三只内角皆小于等于120°的情况，否则无法作图。直到1834年，海嫩(Heinen)才考虑其中有一只角(设为$\angle B$)大于等于120°的情况。他证明：此时连接三角形三个顶点A,B,C的最小网络就是连接三点的折线$AB+BC$。此种情况称为退化情况，因为O点已经退化到B。

费马问题很容易就被推广到若干个点的情况。瑞士数学家斯坦纳(J. Steiner，1796—1863年)将问题推广成：在平面上求一点，使得这一点到平面上给定的若干个点(称为所与点)的距离之和最小，这可以看成斯坦纳树问题的雏形。斯坦纳在这个问题上未曾做过什么贡献。

其后，德国的两位数学家韦伯(H. Weber，1842—1913年)和维斯菲尔德(E. Wieszfeld)分别在1909年和1937年将该问题作为工厂选址问题提出来：某地有给定的若干个仓库，每个仓库的其他相关因素可以换算成一个权重表示，求一建造工厂的合适地点，使工厂到每个仓库的距离与权重乘积的总和最小，则这个工厂的地址是最经济、便利的。维斯菲尔德并给出了一个算法用以求出工厂地址的近似值。我国在20世纪50年代末期也曾提出类似的选址问题。

斯坦纳树问题得到进一步发展是由于库朗(R. Courant)和罗宾斯(H. Robbins)在1941年的一本科普性读物《什么是数学》中提到了费马问题。书中说，斯坦纳对此问题的推广是一种平庸的推广。要得到一个有意义的推广，需要考虑的不是引进一个点，而应是引进若干个点，使引进的点与原来给定的点连成的网络最小。他们将此新问题称为斯坦纳树问题，并给出了这一新网络的一些基本性质。

由于斯坦纳树在运输、通信和计算机等现代经济与科技中的重要作用，近几十年来它的研究进展越来越快。围绕斯坦纳树问题有很多有意思的推广和应用。比如修建一条从西伯利亚到上海的天然气管道，沿途向许多城市输送天然气，用斯坦纳树的结果就会比最优生成树的结果更节约，再比如计算机的微型集成电路芯片，由于同一线路布局的芯片需要量很大，在设计上若能尽量缩短线路总长，也会极大地节约成本。据说美国的贝尔电话公司开始时就是按照最优生成树的距离数据对用户收费的，直到1967年，遇上了一家精明的航空公司，向他们提出应该按照斯坦纳树的距离数据进行收费，从而减少了收费，无论这一说法是否确实，贝尔电话公司对研究最优生成树与斯坦纳树方面确实是很重视的，而且得到了很多有价值的成果。

如何寻找到一个最优权重的斯坦纳树实际上是一个非常困难的问题，目前已经证明这个问题是NP-Hard问题，意味着基本上没有所谓的多项式时间算法能处理这一问题。但这一问题仍值得探索。

§8.4　网络最大流问题

1. 网络与流的定义

如果一个图的所有的边都加上方向(称一个带有方向的边为弧),则这个带有方向的图就被称为有向图(directed graph;digraph)。一个有向图通常用 $D=(V(D),A(D))$ 来表示,其中,$V(D)$ 为顶点集,$A(D)$ 为弧集。如图 8.7 的一个弧 $a=(u,v)$,其头为 v,其尾为 u;弧 a 从 u 连到(join to)v。

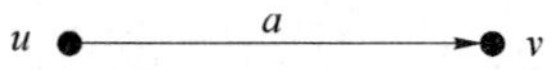

图 8.7

一个网络(Network)$N=(X,Y,I,A,c)$ 是由一有向图(称为基础有向图(underlying digraph)及二特定的不相交顶点子集 X 和 Y 以及弧集 A 上定义的非负整数值函数 $c(\cdot)$(称为容量函数) 组成的。其中,X 的每个顶点称为发点(source);Y 的每个顶点称为收点(sink);$I=V\backslash(X\cup Y)$ 中每个顶点称为中间顶点(intermediate vertex);每弧 a 上 $c(a)$ 的值称为 a 的容量(capacity)。

如图 8.8 就是一个网络,其中,$N=(X,Y,I,A,c)$,$X=\{x_1,x_2\}$,$Y=\{y_1,y_2,y_3\}$,$I=\{v_1,v_2,v_3,v_4\}$,弧集 A 及容量 c 如图 8.8 中所示(弧旁边的数字表示这条弧的容量)。

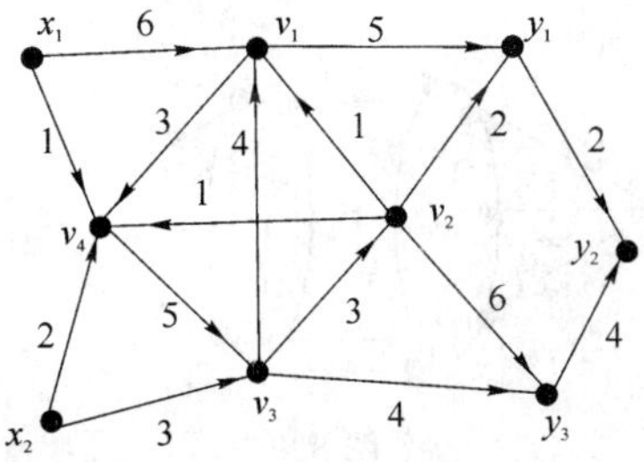

图 8.8

设 $f(\cdot)$ 为定义在弧集 A 上的实函数,我们有以下记号,对任一弧子集 K,记:

$$f(K)=\sum_{a\in K}f(a)$$

当 $K=(S,\overline{S})$ 时,记:

$$f^{+}(S)=f(S,\overline{S})$$

类似地,记

$$f^{-}(S)=f(\overline{S},S)$$

由此,特别地,记

$$f^{+}(v)=(\{v\},V\backslash\{v\})$$

$$f^-(v)=(V\backslash\{v\},\{v\})$$

定义在 $A(N)$ 上的整数值函数 $f(\cdot)$ 若满足以下条件，就称为网络 N 上的流(flow)：

① $0\leqslant f(a)\leqslant c(a)$，$\forall a\in A(N)$，称为容量约束(capacity constraint)；

② $f^+(v)=f^-(v)$，$\forall v\in I$，称为守恒条件(conservation condition)。

零流(zero flow)即 $f\Leftrightarrow f(a)=0$，$\forall a\in A(D)$。

设 f 是网络 N 上的流，而 S 是 N 的任一顶点子集。称：

- $f^+(S)-f^-(S)$　为流出 S 的合成流(resultant flow out of S)；
- $f^-(S)-f^+(S)$　为流进 S 的合成流(resultant flow into S)。

容易证明：

$$f^+(S)-f^-(S)=\sum_{v\in S}(f^+(v)-f^-(v))$$

所以

$$f^+(X)-f^-(X)=f^-(Y)-f^+(Y)$$

称之为流 f 的值，用 val f 表示。

对于流 f，若不存在流 f' 使 val $f'>$ val f，则称 f 为最大流(maximum flow)。

求解最大流问题时，为简化计，可将多收、发点问题转化为单收、发点问题，如图 8.9 所示：往 N 中加两顶点 x 和 y 作为新网络 N' 的发点和收点；并用容量为 ∞ 的一条新弧将 x 连接到 X 中每个顶点；用容量为 ∞ 的一条新弧将 Y 中每个顶点连接到 y。

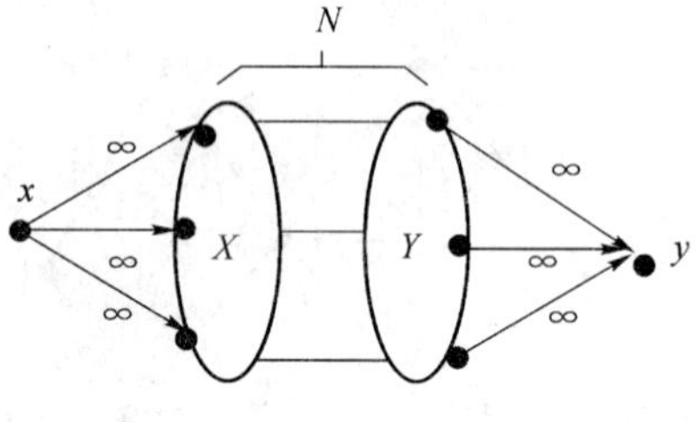

图 8.9

N 和 N' 中的流 f 和 f' 之间有一简单的对应关系，当 f 满足条件：

$$f^+(x_i)-f^-(x_i)\geqslant 0 \qquad \forall x_i\in X$$
$$f^-(y_j)-f^+(y_j)\geqslant 0 \qquad \forall y_j\in Y$$

时(不难证明，对求解最大流问题只要考虑这种情形就够了)，可定义 f' 如下：

$$f'(a)=\begin{cases} f(a) & a\in A(N) \\ f^+(x_i)-f^-(x_i) & a=(x,x_i) \\ f^-(y_j)-f^+(y_j) & a=(y_j,y) \end{cases}$$

易见，f' 确实是 N' 上的流，且

$$\text{val } f'=\text{val } f$$

反之，易见 N' 的任一流 f' 在 N 的弧集上的限制(restriction) f 是 N 上的流，且

$$\text{val } f = \text{val } f'$$

由上述知网络 N 和 N' 有相同的最大流的值，为简单起见，本节以后将只讨论单收、发点之情形。

2. 网络的割的定义

设网络 N 只有一个收点 x 及一个发点 y，对于 $V(N)$ 的一个顶点子集 S，如果 $x \in S$，$y \in \overline{S}$，则称 $K=(S,\overline{S})$ 为 N 中的割(cut)，并称 $\text{cap } K = \sum_{a \in K} c(a)$ 为割 $K=(S,\overline{S})$ 的容量，如图 8.10 所示。

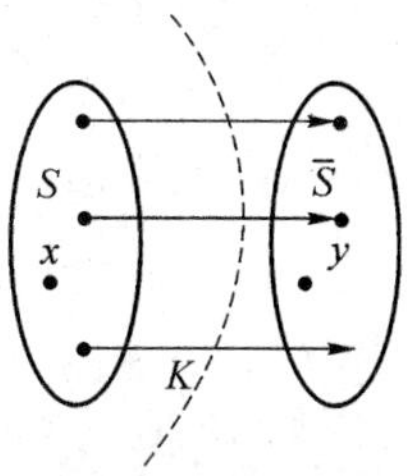

图 8.10

引理 8.4.1　对网络 N 中任一流 f 及任一割 $(S,\overline{S})$ 有

$$\text{val } f = f^+(S) - f^-(S)$$

证明　注意到

$$f^+(v) - f^-(v) = \begin{cases} \text{val } f & v = x \\ 0 & v \in S \backslash \{x\} \end{cases}$$

因此有：

$$\text{val } f = \sum_{v \in S} (f^+(v) - f^-(v)) = f^+(S) - f^-(S)$$

证毕。

对网络 N 中任一流 f，如果弧 a 上的 f 值为 $f(a)=0$，则称弧 a 为 f-零的。类似地，若弧 a 上的 f 值为 $f(a)>0$，则称弧 a 为 f-正的；若弧 a 上的 f 值 $f(a)<c(a)$（$c(a)$ 为弧 a 的容量）则称弧 a 为 f-不饱和的；若弧 a 上的 f 值 $f(a)=c(a)$，则称弧 a 为 f-饱和的。

定理 8.4.1　对 N 中任一流 f 及任一割 $K=(S,\overline{S})$ 有：$\text{val } f \leqslant \text{cap } K$；而且式中等号成立的充分必要条件为 $(S,\overline{S})$ 中每条弧都为 f-饱和的，且 $(\overline{S},S)$ 中每弧为 f-零的 。

证明　由容量约束知

$$f^+(S) \leqslant \text{cap } K \tag{8.2}$$

$$f^-(S) \geqslant 0 \tag{8.3}$$

再由引理 8.4.1 知定理的第一个结论成立。

式(8.1) 中等号成立 $\Leftrightarrow (S,\overline{S})$ 中每弧为 f-饱和的；

式(8.2) 中等号成立 $\Leftrightarrow (\overline{S},S)$ 中每弧为 f-零的。

从而定理的第二个结论也成立。

证毕。

对网络 N,称容量最小的割$\widetilde{K}$为 N 的最小割(minimum cut)。

显然,由定理 8.4.1,若 f^* 为最大流,$\widetilde{K}$为 最小割,则 val $f^* \leqslant$cap $\widetilde{K}$。反之,若流 f 及割 K,满足 val f=cap K,则 f 为最大流,K 为最小割。

3. 最大流最小割定理

设 f 为网络 N 中的流,P 为 N 中一条路(并非有向路),令

$$\iota(a)=\begin{cases}c(a)-f(a) & a\text{ 为 }P\text{ 的顺向弧}\\ f(a) & a\text{ 为 }P\text{ 的反向弧}\end{cases}$$

$$\iota(P) = \min_{a\in A(P)} \iota(a)$$

如果 $\iota(P)=0$,称路 P 为 f-饱和的;如果 $\iota(P)>0$,称路 P 为 f-不饱和的;如果路 P 是以发点 x 为起点,以收点 y 为终点的 f-不饱和路,则称路 P 为 f-可增路 (f-incrementing path)。

若 N 中有一 f-可增路 P,则 f 不是最大流,因为这时可沿 P 输送一附加流而得一新流 f':

$$f'(a)=\begin{cases}f(a)+\iota(P) & a\text{ 为 }P\text{ 的顺向弧}\\ f(a)-\iota(P) & a\text{ 为 }P\text{ 的反向弧}\\ f(a) & \text{其他}\end{cases}$$

显然有:

$$\text{val } f'=\text{val } f+\iota(P)$$

称 f'为基于 P 的修改流(revised flow based on P)。

定理 8.4.2 N 中的流 f 为最大流的充分必要条件为 N 不含 f-可增路。

证明 必要性:反证,若 N 中含一 f-可增路 P,则 f 不是最大流,因为基于 P 的修改流 f'的值更大。

充分性:令 $S=\{v|\exists f\text{-不饱和}(x,v)\text{-路}\}$,则显然有 $x\in S$, $y\in \overline{S}$。

所以 $K=(S,\overline{S})$为割。而且:

① $(S,\overline{S})$的任一弧 $a=(u,v)$一定是 f-饱和的。否则,由于 $u\in S$,存在 f-不饱和(x,u)-路 Q 。因此 Q 可通过 a 延伸为 f-不饱和(x,v)-路,从而 $v\in S$,矛盾。

② $(\overline{S},S)$中任一弧 一定是 f-零的。

因此,由定理 8.4.1 知,val$f$=cap$K$。从而可知 f 为最大流。

证毕。

由此可得如下定理。

定理 8.4.3 (max-flow min-cut theorem, Ford & Fulkerson ,1956 年)在任一网络中,最大流的值=最小割的容量。

定理 8.4.3 不但在实际中有很广泛的应用，而且也是图论的一重要结果，有许多图论结果可利用它通过适当选取网络来导出。

4. 求最大流的算法

(1) 原理

① 以一已知流 f(如零流)作为开始；

② 系统搜索 f-可增路 P，若 P 不存在，停止(f-为最大流)；

③ 若 P 存在，求出基于 P 的修改流 f'，令 $f \leftarrow f'$，并转到②。

(2) 系统搜索 f-可增路 P 标号法（通过标号"生长"f-不饱和树 T）

开始，标 x 以 $l(x)=\infty$。(此后，在 T 的生长过程中，T 中每个顶点将标以 $l(v)=\iota(P_v)$，其中 P_v 是 T 中(唯一)的(x, v)-路。)

① 若 $a=(u,v)$ 为 f-不饱和弧，且 u 已标号，而 v 未曾标号，则标 v 以 $l(v)=\min\{l(u), c(a)-f(a)\}$。

② 若 $a=(v,u)$ 为 f-正的，且 u 已标号，而 v 未曾标号，则标 v 以 $l(v)=\min\{l(u), f(a)\}$。

上述标号过程一直进行到：或者 y 已标号("breakthrough"，找到了 f-可增路)；或者所有已标号顶点都已扫描，但无顶点可再标号(f 为最大流)。

(3) 标号程序(labelling method，Ford & Fulkerson，1957 年)

以已给流 f(如零流)作为开始。

① 标 x 以 $l(x)=\infty$，扫描(scan)x。

② 对正在扫描的(已标号)顶点 u：

- 检查每条以 u 为尾的弧 $a=(u,v)$。如果 a 为 f-不饱和的，且顶点 v 未标号，则标 v 以 $l(v)=\min\{l(u), c(a)-f(a)\}$。
- 检查每条以 u 为头的弧 $a=(v,u)$。如果 a 为 f-正的，且顶点 v 未标号，则标 v 以 $l(v)=\min\{l(u), f(a)\}$。

③ 若 y 已标号("break through"，找到了一条 f-可增路)，则转到④；否则选一未曾扫描的已标号顶点进行扫描，并回到②。如果已标号顶点都已扫描过，停止(得最大流。且由已标号顶点集 S，得最小割$(S,\overline{S})$)。

④ 找一 f^-可增路 P，令

$$\tilde{f}(a)=\begin{cases} f(a)+l(y) & \text{当 } a \text{ 为 } P \text{ 上的顺向弧} \\ f(a)-l(y) & \text{当 } a \text{ 为 } P \text{ 上的逆向弧} \\ f(a) & \text{其他} \end{cases} \tag{8.3}$$

$$f \leftarrow \tilde{f}$$

去掉全部标号，并回到①。

注意：上述算法还不是"好"算法，例如，图 8.11 中的网络，其最大流的值为 $2m$。但若标号程序以零流开始，且反复地选取 $xuvy$ 及 $xvuy$ 为 f^-可增路，则总共要进行 $2m+1$

次标号程序，因此其计算量为输入长（$=O(\log_2 m)$）的指数函数。

Edmonds & Karp (1970) 证明，若在上述标号程序中采用 first labelled first scan（即广度优先）法则，则可使该算法成为好算法（复杂性为 $O(v\varepsilon^2)$）。

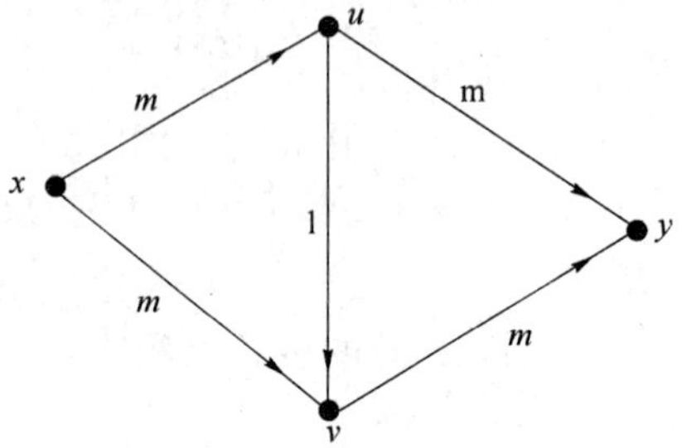

图 8.11

5. 最大流在信息传输中的应用

在上面的最大流问题中，我们要求网络中运输的是物质，而且这些物质在中间运输的过程中不能改变，不能丢失，也不能产生新的物质（对于气体、液体等物质要慎重应用最大流的理论，有些情况下也可以应用）。

香农（Claude Elwood Shannon，1916—2001 年，信息论创始人）认识到，如果一个单源单汇（可以看成前面的单发点单收点）的网络上传输的是信息，而且信息可以复制，但不可以改变信息的内容，则任一时刻（假设信息的传输是无时延的）从源点到汇点传输的最大的信息量也是等于这个网络的最大流（即最小割的容量）。但是如果一个网络中有一个源点 s，多个汇点 $t_1,\cdots,t_n$，设 s 到 t_1 的最大流为 $f_1,\cdots$，设 s 到 t_n 的最大流为 f_n，这里（$f_1,\cdots,f_n\geqslant 0$）。设 $f=\min\{f_1,\cdots,f_n\}$，则从 s 发送消息，$t_1,\cdots,t_n$ 同时接收到的消息数量 $\leqslant f$，而且有很多网络是 $<$，比如蝴蝶图（图 8.12）。这是目前信息领域中的一个普遍的问题。

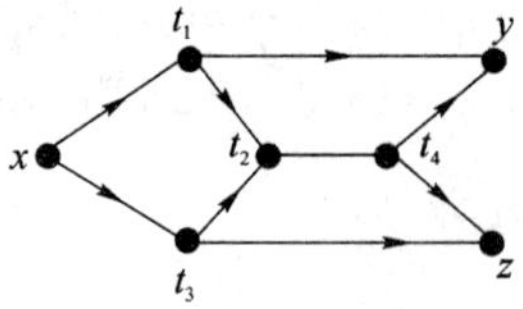

图 8.12

然而，2000 年，R. Ahlswede，N. lai，S.-Y. R. Li 和 R. W. Yeung，发表了"Network information flow"一文，指出，在上面所述的一个单源多汇的通信网络里，如果可以在网络的结点对接收到的信息进行"编码"，则 $t_1,t_2,\cdots,t_n$ 同时可以接收到 5 个消息（通过"解码"的方式获得 5 个消息）。这就是近十几年里通信领域的研究热点"网络编码"的由来。

§8.5　最小费用最大流问题

8.4 节讨论了网络最大流问题。在实际生活中人们不仅关心流量问题，还关心费用问题，即满足流量到达最大使总费用最小，这就是最小费用最大流问题。

设 $N=(X,Y,I,A,c,b)$ 为一给定网络，其中，X,Y,I 分别为 $V(N)$ 的 3 个不相交的子集，分别表示发点集合、收点集合和中间点集合；A 为弧集；c 为容量函数，除此之外，对任意的弧 $a=(u,v)\in A$ 除了给出容量 $c(a)=c(u,v)$ 外，还给出了这段弧的单位流量的费用 $b(a)=b(u,v)$，即 b 为 N 中弧集的费用函数。对 N 上的一个流 $f=\{f(a)\mid a\in A(N)\}$ 称 $B(f)=\sum\limits_{a\in A(N)} b(a)f(a)$ 为流 f 的费用。所谓最小费用最大流问题就是当最大流不唯一时，在这些最大流中求一个流，使该流的总费用最小。

与求解最大流问题类似，可以将多收多发点问题转化为单收单发点问题（只需多考虑新引入的弧上的单位费用为 0 即可），所以本节以后只考虑单收单发点网络（设 x 为唯一的发点，y 为唯一的收点）最小费用最大流问题。

下面介绍解决最小费用最大流问题的方法，其基本思想是在寻求最大流的算法过程中考虑费用最小的流。

首先我们考虑当沿着一条关于流 f 的增广链 u，以 θ 调整 f，得到新的流 f' 时，$b(f')$ 比 $b(f)$ 增加多少？显然有

$$\begin{aligned} b(f')-b(f) &= \sum_{u+} b(a)(f'(a)-f(a)) - \sum_{u-} b(a)(f(a)-f'(a)) \\ &= \theta\Big[\sum_{u+} b(a) - \sum_{u-} b(a)\Big] \end{aligned}$$

我们把 $\theta\Big[\sum\limits_{u+} b(a) - \sum\limits_{u-} b(a)\Big]$ 称为这条增广链 u 的费用。

若 f 是流量为 $\mathrm{val}(f)$ 的所有流中费用最小者，而 u 是关于 f 的费用最小的增广链，那么沿 u 去调整，得到的流 f'，显然就是流量为 $\mathrm{val}(f')$ 的所有流中费用最小的流。

以上分析为求最小费用最大流找到了方法，即先取一个最小费用流，然后找出最小费用增广链并进行调整，一直这样调整下去，直到找不出增广链为止；这时的流即为最小费用最大流。那如何寻找最小费用增广链呢？

为了寻找最小费用增广链，我们构造一个有向赋权图 $w(f)$。$w(f)$ 的顶点为原网络 N 的顶点，把 N 中的每条弧 (u,v) 变为两条相反方向的弧 (u,v) 和 (v,u)；规定 $w(f)$ 中弧 (u,v) 的权 $w(uv)$ 为

$$w(uv)=\begin{cases} b(uv) & 若\quad f(uv)<c(uv) \\ +\infty & 若\quad f(uv)=c(uv) \end{cases} \tag{8.4}$$

$$w(vu)=\begin{cases} -b(uv) & 若\quad f(uv)>0 \\ +\infty & 若\quad f(uv)=0 \end{cases} \tag{8.5}$$

长度为$+\infty$的弧可以略去。于是求最小费用增广链等价于在 $w(f)$中求从 x 到 y 的最短路。

由以上讨论可得出求最小费用最大流的算法如下。

(1) 第一步取零流为初始最小费用流,记为 $f^{(0)}$。

(2) 若第 k 步得到最小费用流 $f^{(k)}$,构造一个有向赋权图 $w(f^{(k)})$,在 $w(f^{(k)})$中寻求从 x 到 y 的最短路。若不存在最短路,则 $f^{(k)}$ 即为网络 D 的最小费用最大流;若存在最短路,则在原网络 N 中得到了相应的最小费用增广链 u,对 $f^{(k)}$ 做调整,调整量为 $\theta=\min\{\min\limits_{a\in u^+}(c(a)-f(a)^{(k)}),\min\limits_{a\in u^-}(f(a)^{(k)})\}$。

(3) 令 $f(a)^{(k+1)}=\begin{cases} f(a)^{(k)}+\theta & a\in u^+ \\ f(a)^{(k)}-\theta & a\in u^- \\ f(a)^{(k)} & a\notin u \end{cases}$,得到新的流 $f^{(k+1)}=\{f(a)^{(k+1)}\mid a\in A(N)\}$,令 $k=k+1$,返回(2)。

例 8.4 求图 8.13 网络的最小费用最大流。弧旁的数字为单位费用 $b(a)$和容量 $c(a)$。

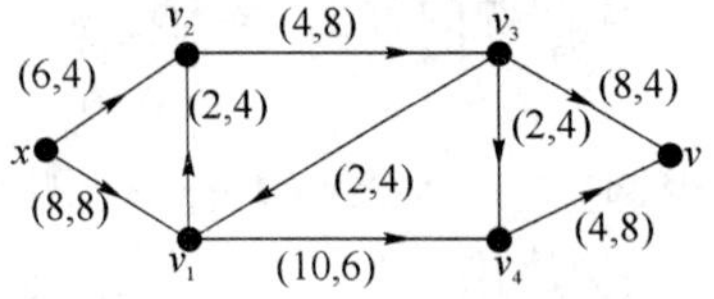

图 8.13

解 (1) 取 $f^{(0)}=0$ 为初始流。

(2) 构造 $w(f^{(0)})$,见图 8.14,最短路 $u=(x,v_2,v_3,v_4,v_t)$。

(3) 在 u 上进行调整,$\theta=\min\{4,8,4,8\}=4$,得到新的流 $f^{(1)}$,见图 8.15。

(4) 构造相应的赋权有向图 $w(f^{(1)})$,见图 8.16,最短路 $u=(v_s,v_2,v_1,v_3,v_t)$。

(5) 按上述方法依次得 $f^{(2)}$,$w(f^{(2)})$,$f^{(3)}$,$W(f^{(3)})$。见图 8.17～图 8.20。

(6) 可以看到 $w(f^{(3)})$中已不存在从 v_s 到 v_t 的路,所以 $f^{(3)}$ 即为最小费用最大流,$f^*=f^{(3)}$,$V(f^*)=12$, $B(f^{(2)})=240$。

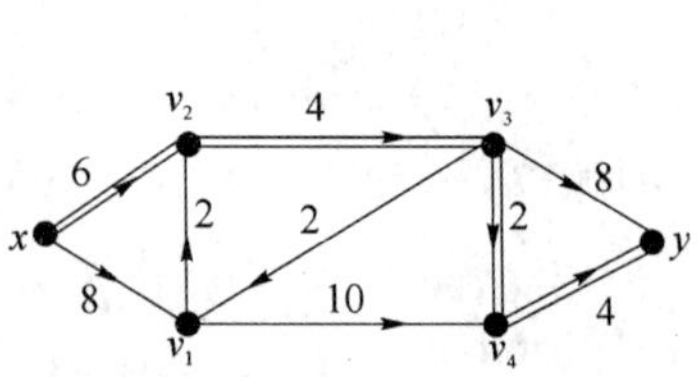

图 8.14

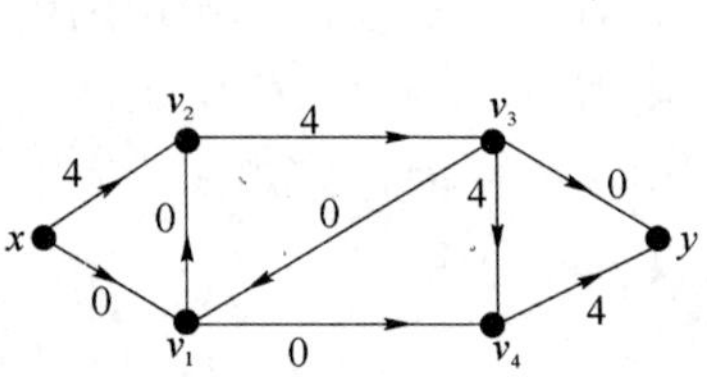

图 8.15

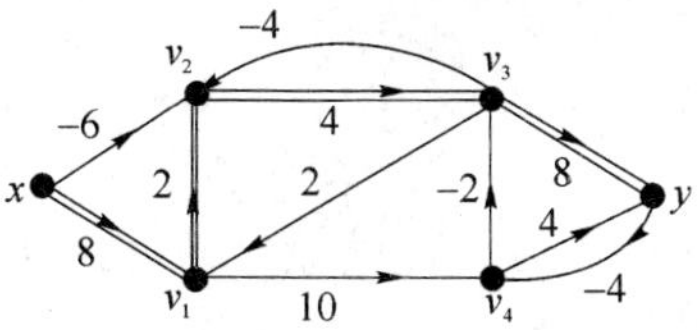

图 8.16

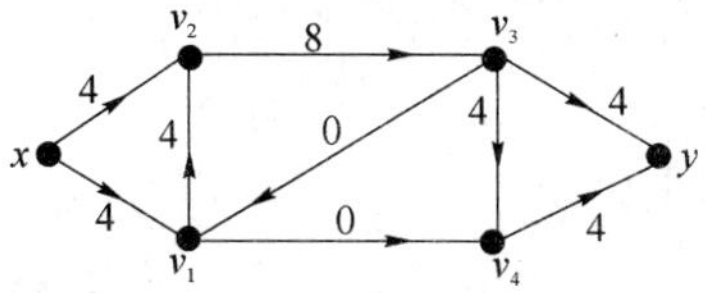

图 8.17

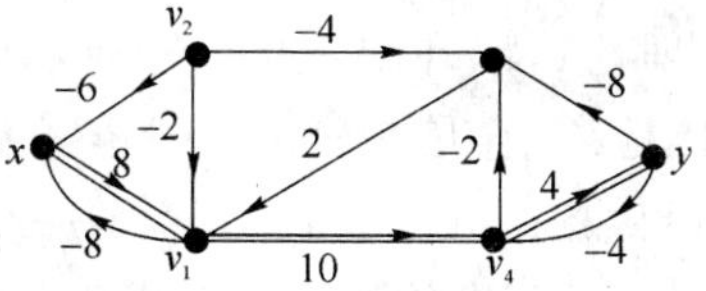

图 8.18

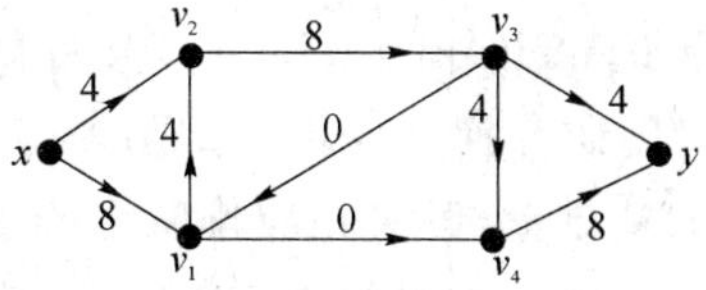

图 8.19

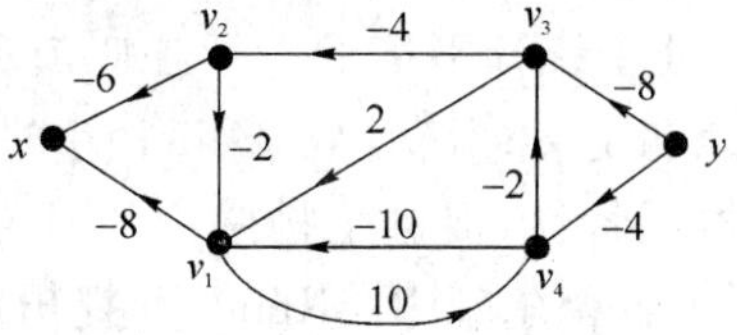

图 8.20

第9章 排队论

排队论(Queuing Theory)又称随机服务系统理论(Random Service System Theory),是一门研究拥挤现象(排队、等待)的科学。具体地说,它是在研究各种排队系统概率规律性的基础上,解决相应排队系统的最优设计和最优控制问题,为运筹学的一个分支。

排队论的基本思想是1910年丹麦电话工程师A·K·埃尔朗(A. K. Erlang)在解决自动电话设计问题时开始形成的,当时称为话务理论。他在热力学统计平衡理论的启发下,成功地建立了电话统计平衡模型,并由此得到一组递推状态方程,从而导出著名的埃尔朗电话损失率公式。自20世纪初以来,电话系统的设计一直在应用这个公式。30年代苏联数学家A·Я·欣钦把处于统计平衡的电话呼叫流称为最简单流;瑞典数学家巴尔姆又引入有限后效流等概念和定义;费勒(W. Feller)引进了生灭过程。他们用数学方法深入地分析了电话呼叫的本质特性,促进了排队论的研究。50年代初,美国数学家关于生灭过程的研究、英国数学家肯德尔(D. G. Kendall)提出嵌入马尔可夫链理论,以及对排队队型的分类方法(他首先于1951年用3个字母组成的符号$A/B/C$表示排队系统)为排队论奠定了理论基础。在这以后,L·塔卡奇等人又将组合方法引进排队论,使它更能适应各种类型的排队问题。70年代以来,人们开始研究排队网络和复杂排队问题的渐近解等,成为研究现代排队论的新趋势。近几十年来排队论的应用领域越来越广泛,理论也日渐完善。特别是自60年代以来,由于计算机的飞速发展,更为排队论的应用开拓了宽阔的前景。

排队论的应用非常广泛,在通信系统、交通运输系统、港口泊位设计、机器维修、医疗卫生系统、库存控制系统、计算机及计算机网络、存储系统、生产管理系统、军事作战系统等方面都有着重要的应用,并已成为工程技术人员、管理人员在系统分析与设计中的重要数学工具之一。排队论的产生与发展来自实际的需要,实际的需要也必将影响它今后的发展方向。

排队是我们在日常生活和生产中经常遇到的现象。例如,上、下班搭乘公共汽车;顾客到商店购买物品;病员到医院看病;旅客到售票处购买车票;学生去食堂就餐等就常常出现排队和等待现象。除了上述有形的排队之外,还有大量的所谓"无形"排队现象,如电话占线;进入雷达接收机的信号等待处理;通信系统的报文在缓冲器上等候传送;通信卫星与地面若干待传递的信息;多微机系统的处理机等候访问公共内存;计算机网的用户等候使用某资源；生产线上的原料或半成品等待加工；因故障停止运转的机器等待工人修理；码头的船只等待装卸货物；要降落的飞机因跑道不空而在空中盘旋；进入水库的流水等待开闸泄放等都可看成服务系统在运行过程中所产生的排队等候现象。

显然，上述各种排队问题虽互不相同，但却都有要求得到某种服务的人或物和提供服务的人或机构。排队论里把要求服务的对象统称为“顾客”，而把提供服务的人或机构称为“服务台”或“服务员”。不同的顾客与服务组成了各式各样的服务系统，顾客为了得到某种服务而到达系统、若不能立即获得服务而又允许排队等待，则加入等待队伍，待获得服务后离开系统，如图 9.1～图 9.5 所示。

图 9.1　单服务台排队系统

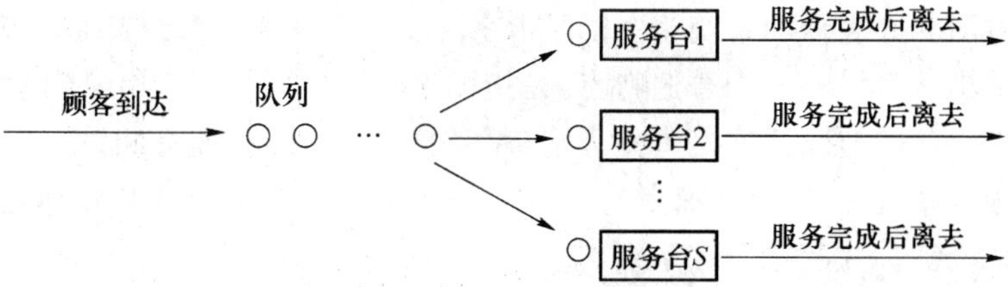

图 9.2　单队列-S 个服务台并联的排队系统

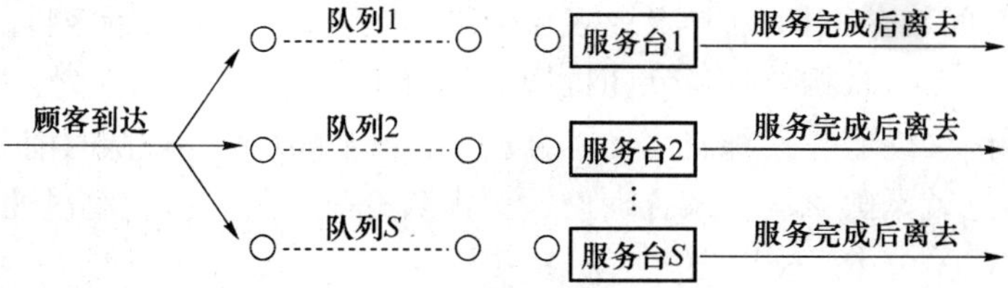

图 9.3　S 个队列-S 个服务台的并联排队系统

图 9.4　单队-多个服务台的串联排队系统

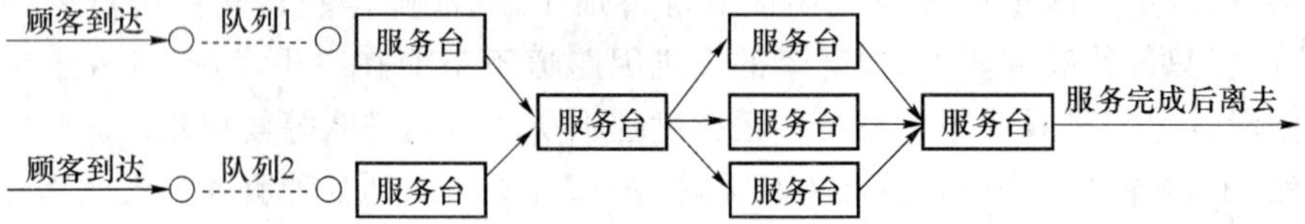

图 9.5　多队-多服务台混联、网络系统

一般的排队系统,都可由图 9.6 加以描述。

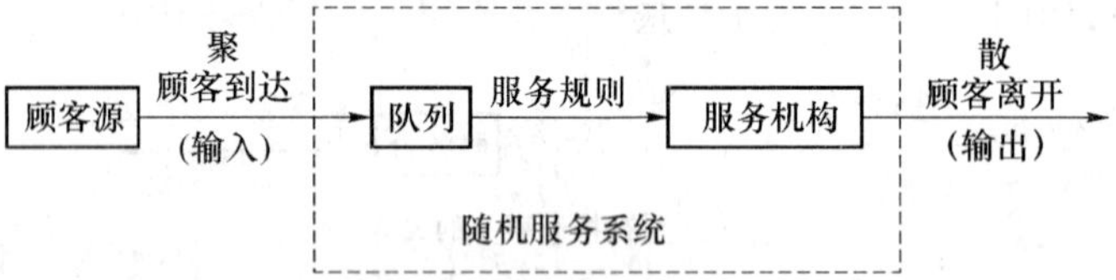

图 9.6　随机服务系统

通常称由图 9.6 表示的系统为一随机服务系统,任一排队系统都是一个随机服务系统。随机性是排队系统的一个普遍特点,是指顾客的到达情况(如相继到达时间间隔)与每个顾客接受服务的时间往往是事先无法确切知道的,或者说是随机的。一般来说,排队论所研究的排队系统中,顾客到来的时刻和服务台提供服务的时间长短都是随机的,因此这样的服务系统被称为随机服务系统。

面对拥挤现象,人们总是希望尽量设法减少排队,通常的做法是增加服务设施。但是增加的数量越多,人力、物力的支出就越大,甚至会出现空闲浪费,如果服务设施太少,顾客排队等待的时间就会很长,这样对顾客会带来不良影响。于是,顾客排队时间的长短与服务设施规模的大小,就构成了设计随机服务系统中的一对矛盾。如何做到既保证一定的服务质量指标,又使服务设施费用经济合理,恰当地解决顾客排队时间与服务设施费用大小这对矛盾,这就是随机服务系统理论——排队论——所要研究解决的问题。

§9.1　基 本 概 念

9.1.1　排队系统的描述

排队系统的特征和基本排队过程:实际的排队系统虽然千差万别,但是它们有以下的共同特征:

(1) 有请求服务的人或物——顾客;

(2) 有为顾客服务的人或物,即服务员或服务台;

(3) 顾客到达系统的时刻是随机的,为每一位顾客提供服务的时间是随机的,因而整个排队系统的状态也是随机的。

通常，排队系统都有输入过程、服务规则和服务台 3 个组成部分。

1. 输入过程

要求服务的顾客是按怎样的规律到达排队系统的过程，有时也把它称为顾客流。一般可以从 3 个方面来描述一个输入过程。

(1) 顾客总体数，又称顾客源、输入源，是指顾客的来源。顾客源可以是有限的，也可以是无限的。例如，到售票处购票的顾客总数可以认为是无限的，而某个工厂因故障待修的机床则是有限的。

(2) 顾客到达方式。这是描述顾客是怎样来到系统的，即他们是单个到达，还是成批到达。病人到医院看病就是顾客单个到达的例子。在库存问题中如将生产器材进货或产品入库看作是顾客，那么这种顾客则是成批到达的。

(3) 顾客流的概率分布，或称相继顾客到达的时间间隔的分布。这是求解排队系统有关运行指标问题时，首先需要确定的指标。这也可以理解为在一定的时间间隔内到达 K 个顾客($K=1,2,\cdots$)的概率是多大。顾客流的概率分布一般有定长分布、二项分布、普阿松(Poisson)流(最简单流)、埃尔朗分布等若干种。

2. 服务规则

服务台从队列中选取顾客进行服务的顺序。一般可以分为损失制、等待制和混合制 3 大类。

(1) 损失制。这是指如果顾客到达排队系统时，所有服务台都已被先来的顾客占用，那么他们就自动离开系统永不再来。典型例子是，如电话拨号后出现忙音，顾客不愿等待而自动挂断电话，如要再打，就需重新拨号，这种服务规则即为损失制。

(2) 等待制。这是指当顾客来到系统时，所有服务台都不空，顾客加入排队行列等待服务。例如，排队等待售票、故障设备等待维修等。等待制中，服务台在选择顾客进行服务时，常有如下 4 种规则：①先到先服务，按顾客到达的先后顺序对顾客进行服务，这是最普遍的情形；②后到先服务，仓库中叠放的钢材，后叠放上去的都先被领走，就属于这种情况；③随机服务，即当服务台空闲时，不按照排队序列而随意指定某个顾客去接受服务，如电话交换台接通呼叫电话就是一例；④优先权服务，如老人、儿童先进车站，危重病员先就诊，遇到重要数据需要处理计算机立即中断其他数据的处理等，均属于此种服务规则。

(3) 混合制。这是等待制与损失制相结合的一种服务规则，一般是指允许排队，但又不允许队列无限长下去。具体说来，大致有 3 种情况：① 队长有限，当排队等待服务的顾客人数超过规定数量时，后来的顾客就自动离去，另求服务，即系统的等待空间是有限的。例如，最多只能容纳 K 个顾客在系统中，当新顾客到达时，若系统中的顾客数(又称为队长)小于 K，则可进入系统排队或接受服务；否则，便离开系统，并不再回来。如水库的库容是有限的，旅馆的床位是有限的。② 等待时间有限。即顾客在系统中的等待时间不超过某一给定的长度 T，当等待时间超过 T 时，顾客将自动离去，并不再回来。如易损坏的电子元器件的库存问题，超过一定存储时间的元器件被自动认为失效；又如顾客到饭店就餐,等了一定时间后不愿再等而自动离去另找饭店用餐。③ 逗留时间(等待时间与服务时间之和)有限。例如,用高射炮射击敌机,当敌机飞越高射炮射击有效区域的时间为 t 时,若在这个时间内未被击落,也就不可能再被击落了。

不难注意到,损失制和等待制可看成是混合制的特殊情形,如记 S 为系统中服务台的个数,则当 $K=S$ 时,混合制即成为损失制;当 $K=\infty$ 时,混合制即成为等待制。

3. 服务台

服务台可以从以下 3 方面来描述。

(1) 服务台数量及构成形式。从数量上说,服务台有单服务台和多服务台之分。从构成形式上看,服务台有如下形式(见前面图 9.1~图 9.5):

① 单队-单服务台式;

② 单队-多服务台并联式;

③ 多队-多服务台并联式;

④ 单队-多服务台串联式;

⑤ 单队-多服务台并串联混合式,

⑥ 多队-多服务台并串联混合式。

(2) 服务方式。这是指在某一时刻接受服务的顾客数,它有单个服务和成批服务两种。如公共汽车一次可装载一批乘客就属于成批服务。

(3) 服务时间的分布。一般来说,在多数情况下,对每一个顾客的服务时间是一随机变量,其概率分布有定长分布、负指数分布、K 阶埃尔朗分布、一般分布(所有顾客的服务时间都是独立同分布的)等。

9.1.2 排队系统的描述符号与分类

为了区别各种排队系统,根据输入过程、排队规则和服务机制的变化对排队模型进行描述或分类,可给出很多排队模型。为了方便对众多模型的描述,肯道尔(D. G. Kendall)提出了一种目前在排队论中被广泛采用的"Kendall 记号",完整的表达方式通常用到 6 个符号并取如下固定格式:

A/B/C/D/E/F

各符号的意义如下。

① A,表示顾客相继到达间隔时间分布,常用下列符号:

- M 表示到达过程为普阿松过程或负指数分布;
- D 表示定长输入;
- E_k 表示 k 阶埃尔朗分布;
- G 表示一般相互独立的随机分布。

② B,表示服务时间分布,所用符号与表示顾客到达间隔时间分布相同。

- M 表示服务过程为普阿松过程或负指数分布;

- D 表示定长分布；
- E_k 表示 k 阶埃尔朗分布；
- G 表示一般相互独立的随机分布。

③ C，表示服务台(员)个数：

- 1 则表示单个服务台；
- S ($S>1$)表示多个服务台。

④ D，表示系统中顾客容量限额，或称等待空间容量：

- $0<K<\infty$，表示系统有 K 个等待位置；
- $K=0$ 时，说明系统不允许等待，即为损失制；
- $K=\infty$时为等待制系统，此时∞可以省略不写。

⑤ E，表示顾客源限额，分有限与无限两种：

- 有限时用具体数字表示；
- 无限顾客源时用∞表示，此时∞也可省略不写。

⑥ F，表示服务规则，常用下列符号：

- FCFS 表示先到先服务的排队规则；
- LCFS 表示后到先服务的排队规则；
- PR 表示优先权服务的排队规则。

例如，某排队问题为 $M/M/S/\infty/\infty/FCFS$，则表示顾客到达间隔时间为负指数分布(普阿松流)；服务时间为负指数分布；有 S($S>1$)个服务台；系统等待空间容量无限(等待制)；顾客源无限，采用先到先服务规则。

某些情况下，排队问题仅用上述表达形式中的前 3 个、4 个、5 个符号。如不特别说明则均理解为系统等待空间容量无限；顾客源无限，先到先服务，单个服务的等待制系统。

9.1.3　排队系统的主要数量指标

研究排队系统的目的是通过了解系统运行的状况，对系统进行调整和控制，使系统处于最优运行状态。因此，首先需要弄清系统的运行状况，然后根据这些规律来改进服务系统的结构或重新组织被服务对象，使得服务系统既能满足服务对象的需要，又能使机构的费用最经济或某些指标最优。下面介绍描述一个排队系统运行状况的主要数量指标。

1. 队长和排队长(队列长)

队长是指系统中的平均顾客数(排队等待的顾客数与正在接受服务的顾客数之和)；排队长是指系统中正在排队等待服务的平均顾客数。

队长和排队长一般都是随机变量。我们希望能确定它们的分布，或至少能确定它们的平均值(即平均队长和平均排队长)及有关的矩(如方差等)。队长的分布是顾客和服务员都关心的，特别是对系统设计人员来说，如果能知道队长的分布，就能确定队长超过某个数的概率，从而确定合理的等待空间。

2. 等待时间和逗留时间

从顾客到达时刻起到他开始接受服务止这段时间称为等待时间，是随机变量，也是顾客最关心的指标，因为顾客通常希望等待时间越短越好。从顾客到达时刻起到他接受服务完成止这段时间称为逗留时间，也是随机变量，同样为顾客非常关心的指标。对这两个指标的研究当然是希望能确定它们的分布，或至少能知道顾客的平均等待时间和平均逗留时间。

3. 忙期和闲期

忙期是指从顾客到达空闲着的服务机构起，到服务机构再次成为空闲止的这段时间，即服务机构连续忙的时间。这是个随机变量，是服务员最为关心的指标，因为它关系到服务员的服务强度。与忙期相对的是闲期，即服务机构连续保持空闲的时间。在排队系统中，忙期和闲期总是交替出现的。

除了上述几个基本数量指标外，还会用到其他一些重要的指标，如在损失制或系统容量有限的情况下，由于顾客被拒绝而使服务系统受到损失的顾客损失率及服务强度等，也都是十分重要的数量指标。

4. 一些数量指标的常用记号

(1) 主要数量指标

- $N(t)$：时刻 t 系统中的顾客数（又称为系统的状态），即队长。
- $N_q(t)$：时刻 t 系统中排队的顾客数，即排队长。
- $T(t)$：时刻 t 到达系统的顾客在系统中的逗留时间。
- $T_q(t)$：时刻 t 到达系统的顾客在系统中的等待时间。

上面给出的这些数量指标一般都是和系统运行的时间有关的随机变量，求这些随机变量的瞬时分布一般是很困难的。为了分析上的简便，并注意到相当一部分排队系统在运行了一定时间后，都会趋于一个平衡状态（或称平稳状态）。在平衡状态下，队长的分布、等待时间的分布和忙期的分布都和系统所处的时刻无关，而且系统的初始状态的影响也会消失。因此，我们在本章中将主要讨论与系统所处时刻无关的性质，即统计平衡性质。

- L_s：平均队长，即稳态系统任一时刻的所有顾客数的期望值。
- L_q：平均等待队长或队列长，即稳态系统任一时刻的等待服务的顾客数的期望值。
- W_s：平均逗留时间，即（在任意时刻）进入稳态系统的顾客逗留时间的期望值。
- W_q：平均等待时间，即（在任意时刻）进入稳态系统的顾客等待时间的期望值。

这 4 项主要性能指标（又称主要工作指标）的值越小，说明系统排队越少，等待时间越少，因而系统性能越好。显然，它们是顾客与服务系统的管理者都很关注的。

(2) 其他常用数量指标

- S——系统中并联服务台的数目。

- λ——平均到达率。
- $1/\lambda$——平均到达间隔。
- μ——平均服务率。
- $1/\mu$——平均服务时间。
- ρ——服务强度,即每个服务台单位时间内的平均服务时间;一般有 $\rho=\frac{\lambda}{S\mu}$。在

通信企业中,通常把 $\frac{\lambda}{\mu}$ 称为话务量或业务量(traffic),为了纪念排队论的奠基人埃尔朗(A. k. Erlang),常常在通信业务中用埃尔朗(Erl)作为 $\frac{\lambda}{\mu}$ 的单位。$\frac{\lambda}{\mu}$ 可以理解为一个平均服务时长($1/\mu$)之内到达的顾客数;而在电信话务理论中为一个平均占用时长时长($1/\mu$)之内到达的呼叫数。

- N——稳态系统任一时刻的状态(即系统中所有顾客数),随机变量。
- U——任一顾客在稳态系统中的逗留时间,随机变量。
- Q——任一顾客在稳态系统中的等待时间,随机变量。
- $P_n=P\{N=n\}$:稳态系统任一时刻状态为 n 的概率;特别当 $n=0$ 时,P_n 即 P_0,表示稳态系统所有服务台全部空闲(因系统中顾客数为 0)的概率。
- λ_e——有效平均到达率,即每单位时间内进入系统的平均顾客数(期望值)。对于损失制和混合制的排队系统,顾客在到达服务系统时,若系统容量已满,则自行离去。这就是说,到达的顾客不一定全部进入系统,为此引入有效平均到达率,这时 λ_e 就是每单位时间内来到系统(包括未进入系统)的平均顾客数(期望值);对于等待制的排队系统,有 $\lambda_e=\lambda$。

在系统达到稳态时,假定平均到达率为常数 λ,平均服务时间为常数 $1/\mu$,则有下面的李特尔(John D. C. Little)公式:

$$L_s=\lambda W_s \tag{9.1}$$

$$L_q=\lambda W_q \tag{9.2}$$

由式(9.1)和式(9.2)可得:

$$L_s=\lambda W_s=\lambda\left(W_q+\frac{1}{\mu}\right)=L_q+L_n$$

其中,$L_n=\frac{\lambda}{\mu}$(这里 $\frac{\lambda}{\mu}$ 又可以表示为平均服务台占用数)。

对于 Little 公式(9.1),可以作如下直观的解释:当某一新顾客到达等待制随机服务系统时,他先排队等待,直到有空闲服务台时,他开始接受服务,服务结束后离开服务系统。当该新顾客离开服务系统瞬间时,他回头看一下系统中正在排队和接受服务的顾客。从平均角度来说,正在排队和接受服务的顾客就是 L_s,而这些正在排队和接受服务的顾客就是该新顾客在系统中逗留时间(排队时间+服务时间)内到达的顾客,即为 λW_s,故有

$L_s=\lambda W_s$。

对于 Little 公式(9.2),可以作类似的解释:当某一新顾客到达等待制随机服务系统时,他先排队等待,直到有空闲服务台时,他开始接受服务。当该新顾客开始接受服务瞬间时,他回头看一下系统中正在排队的顾客。从平均角度来说,正在排队的顾客就是 L_q,而这些正在排队的顾客就是该新顾客在系统中排队时间内到达的顾客,即为 λW_q,故有 $L_q=\lambda W_q$。

因此,只要知道 L_s, L_q, W_s, W_q 四者之一,则其余三者就可由式(9.1)和式(9.2)求得。另外还有

$$L_s=\sum_{n=0}^{\infty} nP_n \tag{9.3}$$

$$L_q=\sum_{n=S+1}^{\infty}(n-S)P_n=\sum_{n=0}^{\infty} nP_{S+n} \tag{9.4}$$

因此,只要知道 $P_n(n=0,1,2,\cdots)$,则 L_s 或 L_q 就可由式(9.3)或式(9.4)求得,从而再由式(9.1)和式(9.2)就能求得 4 项主要工作指标。

评价一个排队系统的好坏要以顾客与服务机构两方面的利益为标准。就顾客来说总希望等待时间或逗留时间越短越好,从而希望服务台个数尽可能多些,但是,就服务机构来说,增加服务台数就意味着增加投资,增加多了会造成浪费,增加少了要引起顾客的抱怨甚至失去顾客,增加多少比较好呢?顾客与服务机构为了照顾自己的利益对排队系统中的 3 个指标:队长、等待时间、服务台的忙期(简称忙期)都很关心。因此这 3 个指标也就成了排队论的主要研究内容。

§9.2 输入过程和服务时间分布

9.2.1 排队系统的输入过程

排队系统的输入过程是描述各种类型的顾客以怎样的规律到达系统,一般用相继两顾客到达时间间隔 ξ 来描述系统输入特征。主要输入过程如下。

(1) 定长输入。这是指顾客有规则地等距到达,每隔时间 α 到达一个顾客。这时相继顾客到达间隔 ξ 的分布函数 $F(t)$ 为:

$$F(t)=P\{\xi\leqslant t\}=\begin{cases}1 & t\geqslant\alpha\\ 0 & t<\alpha\end{cases} \tag{9.5}$$

(2) 普阿松(Poisson)输入,又称普阿松流或最简单流。满足下面 3 个条件就称为普阿松流或最简单流:

- 平稳性。又称为输入过程是平稳的,指在长度为 t 的时段内恰好到达 k 个顾客的概率仅与时段长度有关,而与时段起点无关。即对任意 $\alpha\in(0,\infty)$,在 $(\alpha,\alpha+t)$ 或

(0,t)内恰好到达 k(k=0,1,2,…)个顾客的概率相等：

$$P\{\xi(a+t)-\xi(a)=k\}=P\{\xi(t)-\xi(0)=k\}=P\{\xi(t)=k\}=P_k(t)$$

- 无后效性。指在任意几个不相交的时间区间内，各自到达的顾客数是相互独立的。通俗地说就是以前到达的顾客情况，对以后顾客的到来没有影响。
- 单个性又称普通性。对充分小的 Δt，在时间区间$[t,t+\Delta t)$内有 1 个顾客到达的概率与 t 无关，而与区间长 Δt 约成正比，即

$$P_1(t,t+\Delta t)=\lambda\Delta t+o(\Delta t) \tag{9.6}$$

其中，$o(\Delta t)$是关于 Δt 的高阶无穷小(当 $\Delta t\to 0$ 时)，$\lambda>0$ 是常数，它表示单位时间有 1 个顾客到达的概率，称为概率强度。对于充分小的 Δt，在时间区间$[t,t+\Delta t)$内有 2 个或 2 个以上顾客到达的概率极小，以致可以忽略，即：

$$\sum_{n=2}^{\infty}P_n(t,t+\Delta t)=o(\Delta t) \tag{9.7}$$

在上述 3 个条件下，可以推出：

$$P_k(t)=\frac{(\lambda t)^k}{k!}\mathrm{e}^{-\lambda t},\ k=0,1,2,\cdots \tag{9.8}$$

其中，参数 $\lambda>0$ 为一常数，表示单位时间内到达顾客的平均数，又称为顾客的平均到达率。式(9.8)就是普阿松流(最简单流)的分布。

对于普阿松流，不难证明其相继顾客到达时间间隔 ξ_i(i=1,2,…)是相互独立同分布的，其分布函数为负指数分布：

$$F\xi_i(t)=\begin{cases}1-\mathrm{e}^{-\lambda t} & t\geqslant 0\\ 0 & t<0\end{cases}\quad (i=1,2,\cdots) \tag{9.9}$$

最简单流在现实生活中常遇到，如车站候车的乘客数，上下班高峰过后通过路口的车流、人流等都是或近似最简单流。

多个独立的最简单流的叠加仍是最简单流。即有限个相互独立的普阿松分布变量的和仍为普阿松分布，且总到达率为各个独立的普阿松分布的到达率之和。

(3) 埃尔朗(Erlang)输入。由 k 个相互独立且均服从参数为 λ 的负指数分布的随机变量之和组成的随机变量所服从的分布为 k 阶埃尔朗(Erlang)分布，其密度为

$$p(t)=\begin{cases}\dfrac{\lambda(\lambda t)^{k-1}}{(k-1)!}\mathrm{e}^{-\lambda t} & t\geqslant 0\\ 0 & t<0\end{cases} \tag{9.10}$$

其中，k 为非负整数，k 阶埃尔朗分布的分布函数为

$$F(t)=\begin{cases}1-\mathrm{e}^{-\lambda t}\left(1+\lambda t+\cdots+\dfrac{(\lambda t)^{k-1}}{(k-1)!}\right) & t\geqslant 0\\ 0 & t<0\end{cases} \tag{9.11}$$

数学期望与方差分别为$\dfrac{k}{\lambda}$与$\dfrac{k}{\lambda^2}$。

例如,某排队系统有并联的 k 个服务台,顾客流为普阿松流,规定第 $i,k+i,2k+i,\cdots$ 个顾客排入第 i 号台($i=1,2,\cdots,k$),则第 k 台所获得的顾客流,即为埃尔朗输入流,其他各台,从它的第一个顾客到达以后开始所获得的流也为埃尔朗输入流。

此外,埃尔朗分布中,当 $k=1$ 时将化为负指数分布。

(4) 一般独立输入。即相继顾客到达时间间隔相互独立、同分布,分布函数 $F(t)$ 是任意分布,因此,上面所述的所有输入都是一般独立分布的特例。

(5) 成批到达的输入。这时排队系统每次到达的顾客不一定是一个,而可能是一批,每批顾客的数目 n 是一个随机变量。其分布为

$$P\{n=k\}=a_k,\quad k=0,1,2,\cdots \tag{9.12}$$

到达时间间隔可能是上述几类输入中的一种。

9.2.2 排队系统的服务时间分布

1. 定长分布

每一个顾客的服务时间都是常数 β,此时服务时间 t 的分布函数为

$$B(x)=P(t\leqslant x)=\begin{cases}1 & x\geqslant\beta\\ 0 & x<\beta\end{cases} \tag{9.13}$$

2. 负指数分布

即各个顾客的服务时间相互独立,具有相同的负指数分布:

$$B(x)=P(t\leqslant x)=\begin{cases}1-\mathrm{e}^{-\mu x} & x\geqslant 0\\ 0 & x<0\end{cases} \tag{9.14}$$

其中,$\mu>0$ 为一常数,服务时间 t 的数学期望称为平均服务时间。显然,对于负指数分布有:

$$E(t)=\int_0^\infty x\mathrm{d}B(x)=\mu\int x\mathrm{e}^{-mx}\,\mathrm{d}x=\frac{1}{\mu} \tag{9.15}$$

负指数分布是一类最常用的分布,如上述通话时长、故障间隔时间等均服从负指数分布。负指数分布之所以常用,是因为它有很好的特性,使数学分析变得方便。负指数分布有如下明显特点:

① 无记忆性,指的是不管一次服务已经过去了多长时间,该次服务所剩的服务时间仍服从原负指数分布;

② $\{N(t),t>0\}$ 是服从式(9.8)的普阿松流等价于 $\{T_n\}$ 相互独立并且服从参数为 λ 的负指数分布,其中,$N(t)$ 表示在 $[0,t)$ 内到达系统的顾客数,T_n 表示第 n 位顾客与上一位顾客的到达时间间隔。

应用负指数分布的无记忆性特点,可以推得,一个正在服务的服务台在 Δt 时间之内服务终结的概率为 $\mu\Delta t+o(\Delta t)$。其中,μ 为单位时间内服务的顾客数,$o(\Delta t)$ 为关于 Δt 的高阶无穷小;当有 n 个服务台同时被占用时,假设这 n 个服务台的服务时间均服从参数为

μ 的负指数分布，则在 Δt 内只有一个服务台终结的概率为

$$C_n^1(\mu\Delta t+o(\Delta t))(1-\mu\Delta t+o(\Delta t))^{n-1}=n\mu\Delta t+o(\Delta t) \tag{9.16}$$

即在 Δt 内只有一个服务台终结的概率为每台终结概率的 n 倍；在 Δt 内有 $k>1$ 个服务台终结的概率为

$$C_n^k(\mu t+o(\Delta t))^k(1-\mu t+o(\Delta t))^{n-k}=o(\Delta t) \tag{9.17}$$

这说明在很短的时间 Δt 内，有 2 个或 2 个以上服务台同时终结的可能性很小。

3. 埃尔朗分布

即每个顾客的服务时间相互独立，具有相同的埃尔朗分布。其密度函数为

$$b(x)=\frac{k\mu(k\mu x)^{k-1}}{(k-1)!}\mathrm{e}^{-k\mu x} \qquad (x\geqslant 0) \tag{9.18}$$

其中，$\mu>0$ 为一常数，此种的平均服务时间为

$$E(t)=\int_0^\infty xb(x)\mathrm{d}x=\frac{1}{\mu} \tag{9.19}$$

$k=1$ 时埃尔朗分布化归为负指数分布，当 $k\to\infty$ 时，得到长度为 $1/\mu$ 的定长服务。

4. 一般服务分布

所有顾客的服务时间都是相互独立具有相同分布的随机变量，其分布函数记为 $B(X)$，前面所述的各种服务分布都是一般服务分布的特例。

5. 多个服务台的服务分布

可以假定各个服务台的服务分布参数不同或分布类型不同。

6. 服务时间依赖于队长的情况

指服务员排队的人越多，服务的速度也就越快。

§9.3　生灭过程及其稳态概率

生灭过程是排队论中常用到的一类随机过程，某一地区的人口的自然增减、细菌的繁殖与死亡、排队系统的顾客数量的变化都可视为一个生灭过程。

生灭过程一般采用马氏链描述。令 $\{N(t),t\geqslant 0\}$ 标识系统在时刻 t 的某排队系统内顾客数，若“生”表示到达一个顾客，“灭”表示离去一个顾客，$N(t)$ 的取值集为有限集 $I=\{0,1,2,\cdots,m\}$ 或无限集 $I=\{0,1,2,3,\cdots\}$ 称为状态集，若经过长度为 Δt 的一小段时间后满足下列特性，则称 $\{N(t),t\geqslant 0\}$ 为生灭过程：

① $P\{N(t+\Delta t)=j+1|N(t)=j\}=\lambda_j\Delta t+o(\Delta t)\quad \lambda_j>0,j,j+1\in I$

② $P\{N(t+\Delta t)=j-1|N(t)=j\}=\mu_j\Delta t+o(\Delta t)\quad \mu_j>0,j\geqslant 1$

③ $P\{N(t+\Delta t)=k|N(t)=j\}=o(\Delta t)\quad k\in I-\{j-1,j,j+1\},j\in I$

其中，λ_j 为状态是 j 的增长率，μ_j 为状态是 j 的消亡率。

忽略掉高阶无穷小后，可以近似地认为：若 t 时刻，系统的顾客数为 j，在充分短的时间 Δt 后，也就是 $t+\Delta t$ 时刻，系统的状态要么增一个（概率为 $\lambda_j\Delta t$），要么减一个（概率为 $\mu_j\Delta t$），要么不变（概率为 $1-\lambda_j\Delta t-\mu_j\Delta t$），所以生灭过程的系统变化情况可以用图 9.7 表示。

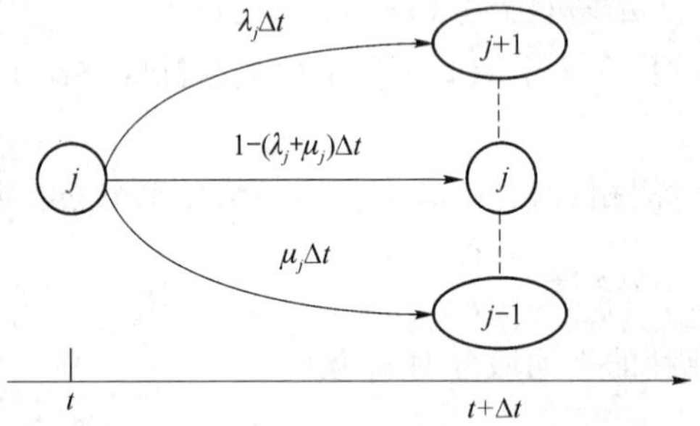

生灭过程状态转移图

图 9.7

一般地，对于生灭过程 $\{N(t), t\geqslant 0\}$，设时刻 t 处于状态 j 的概率为

$$P_j(t)=P\{N(t)=j\},\quad j\in I$$

则当 $j>0$ 时：

$$P_j(t+\Delta t)=P_{j-1}(t)\lambda_{j-1}\Delta t+P_j(t)[1-(\lambda_j+\mu_j)\Delta t]+P_{j+1}(t)\mu_{j+1}\Delta t+o(\Delta t)$$

当 $j=0$ 时：

$$P_0(t+\Delta t)=P_0(t)(1-\lambda_0\Delta t)+P_1(t)\mu_1\Delta t+o(\Delta t)$$

如果 $N(t)$ 的取值集为有限集 $I=\{0,1,2,\cdots,m\}$，还可以得到当 $j=m$ 时：

$$P_m(t+\Delta t)=P_{m-1}(t)\lambda_{m-1}\Delta t+P_m(t)(1-\mu_m\Delta t)+o(\Delta t)$$

进一步得：

$$\frac{P_j(t+\Delta t)-P_j(t)}{\Delta t}=P_{j-1}(t)\lambda_{j-1}-P_j(t)(\lambda_j+\mu_j)+P_{j+1}(t)\mu_{j+1}+\frac{o(\Delta t)}{\Delta t}$$

$$\frac{P_0(t+\Delta t)-P_0(t)}{\Delta t}=-P_0(t)\lambda_0+P_1(t)\mu_1+\frac{o(\Delta t)}{\Delta t}$$

$$\left(I=\{0,1,2,\cdots,m\}\text{时}，\frac{P_m(t+\Delta t)-P_m(t)}{\Delta t}=P_{m-1}(t)\lambda_{m-1}-P_m(t)\mu_m+\frac{o(\Delta t)}{\Delta t}\right)$$

令 $\Delta t\to 0$ 得

$$\begin{cases}\dfrac{\mathrm{d}P_j(t)}{\mathrm{d}t}=\lambda_{j-1}P_{j-1}(t)-(\lambda_j+\mu_j)P_j(t)+\mu_{j+1}P_{j+1}(t), & j>0\\[2ex] \dfrac{\mathrm{d}P_0(t)}{\mathrm{d}t}=-\lambda_0P_0(t)+\mu_1P_1(t) & \\[2ex] \dfrac{\mathrm{d}P_m(t)}{\mathrm{d}t}=\lambda_{m-1}P_{m-1}(t)-\mu_mP_m(t) & (I=\{0,1,\cdots,m\}\text{时})\end{cases}\tag{9.20}$$

式(9.20)的解称为生灭过程的瞬时概率，但这是一个差分微分方程组，一般很难解。假设极限存在：

$$\lim_{t\to\infty}P_j(t)=P_j,\lim_{t\to\infty}\frac{\mathrm{d}P_j(t)}{\mathrm{d}t}=0,\quad j\in I$$

在式(9.20)中令 $t\to 0$ 得线性方程组：

$$\begin{cases}\lambda_{j-1}P_{j-1}-(\lambda_j+\mu_j)P_j+\mu_{j+1}P_{j+1}=0,j>0 & (9.21)\\ \lambda_0P_0-\mu_1P_1=0 & (9.22)\\ \lambda_{m-1}P_{m-1}-\mu_mP_m=0\qquad (I=\{0,1,\cdots,m\}\text{时}) & (9.23)\end{cases}$$

上述方程式(9.21)、式(9.22)、式(9.23)可以用图 9.8(或图 9.9)稳态状态转移图来表示。

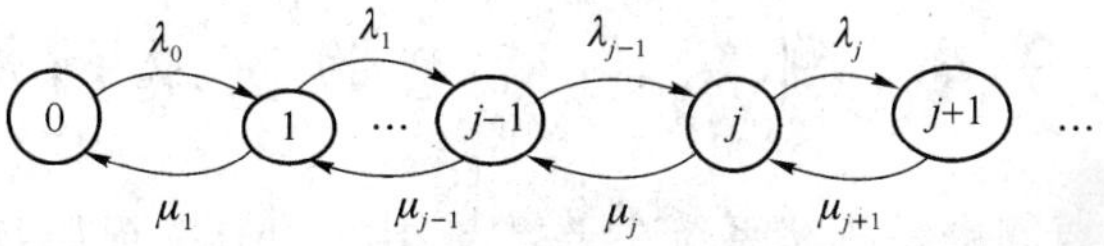

稳态状态转移图

图 9.8

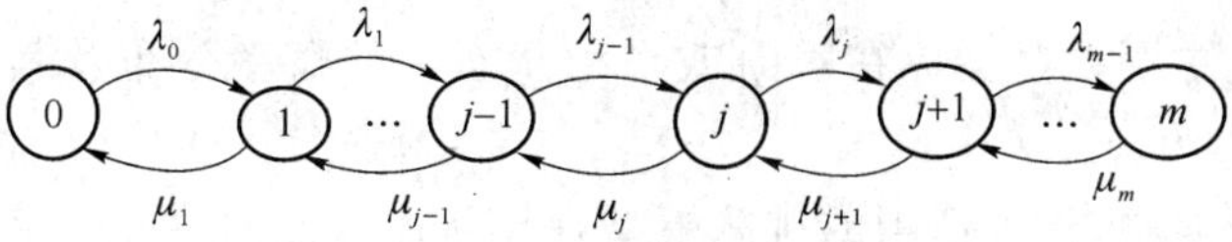

稳态状态转移图

图 9.9

由式(9.21)、式(9.22)、式(9.23)可得：

$$\mu_{j+1}P_{j+1}-\lambda_jP_j=\mu_jP_j-\lambda_{j-1}P_{j-1}=\cdots=\mu_1P_1-\lambda_0P_0=0$$

$$\lambda_{m-1}P_{m-1}-\mu_mP_m=0\quad (I=\{0,1,\cdots,m\}\text{时})$$

这是一个递推公式，从而可得：

$$P_j=\frac{\lambda_{j-1}}{\mu_j}P_{j-1}=\frac{\lambda_{j-1}\cdots\lambda_1\lambda_0}{\mu_j\cdots\mu_2\mu_1}P_0 \tag{9.24}$$

记

$$c_0=1,\quad c_j=\frac{\lambda_{j-1}\cdots\lambda_1\lambda_0}{\mu_j\cdots\mu_2\mu_1},\quad j>0$$

则

$$P_j=c_jP_0$$

对于概率分布，要求 $\sum\limits_{j\in I}P_j=1$，从而得 $P_0=\dfrac{1}{\sum\limits_{j\in I}c_j}$。综合得：

$$P_0=\frac{1}{\sum\limits_{j\in I}c_j},P_j=c_jP_0,(j>1) \tag{9.25}$$

当 I 是无穷集时，要求 $\sum_{j\in I} c_j$ 收敛。

按式(9.24)和式(9.25)计算得的概率称为生灭过程的稳态概率。对大多数实际问题，当 t 较大时，可以认为系统近似于统计平衡状态，即稳态。

生灭过程是一个非常简单实用的随机过程。一个随机服务系统当系统的输入过程是普阿松输入，服务台是独立的、相同的、并联的，且服务时长服从负指数分布时，才可看成是生灭过程。可以看成生灭过程的随机服务系统称为生灭服务系统，又称为标准服务系统，比如 M/M/S。求解标准服务系统的关键是找出 λ_j、μ_j 的不同表达式，将它们代入生灭过程的稳态解公式(9.24)和式(9.25)。

§9.4 排队论研究的基本问题

排队论研究的首要问题是排队系统主要数量指标的概率规律，即研究系统的整体性质，然后进一步研究系统的优化问题，与这两个问题相关的还包括排队系统的统计推断问题，具体如下。

(1) 通过研究主要数量指标在瞬时或平稳状态下的概率分布及其数字特征，了解系统运行的基本特征。

(2) 统计推断问题，建立适当的排队模型是排队论研究的第一步，建立模型过程中经常会碰到如下问题：检验系统是否达到平稳状态；检验顾客相继到达时间间隔的相互独立性；确定服务时间的分布及有关参数等。

(3) 系统优化问题，又称为系统控制问题或系统运营问题，其基本目的是使系统处于最优或最合理的状态。系统优化问题包括最优设计问题和最优运营问题，其内容很多，有最少费用问题、服务率的控制问题、服务台的开关策略、顾客(或服务)根据优先权的最优排序等方面的问题。

对于一般的排队系统运行情况的分析，通常是在给定输入与服务条件下，通过求解系统状态为 n(有 n 个顾客)的概率 P_n，再计算其主要的运行指标：

① 系统中顾客数(队长)的期望值 L_s；

② 排队等待的顾客数(排队长)的期望值 L_q；

③ 顾客在系统中全部时间(逗留时间)的期望值 W_s；

④ 顾客排队等待时间的期望值 W_q。

排队系统中，由于顾客到达分布和服务时间分布是多种多样的，加之服务台数、顾客源有限或无限、排队容量有限或无限等的不同组合，就会有不胜枚举的不同排队模型，若对所有排队模型都进行分析与计算，不但十分繁杂而且也没有必要。下面拟分析几种常见排队系统模型。

9.4.1　M/M/S/∞/∞/FCFS 模型

假定排队系统容量无限，客源也无限，S 个服务台并联排列，各自独立地为每个顾客服务。顾客的到达流为普阿松流，到达率为 λ。若某一顾客到达时有空闲服务台，则该顾客立即接受服务，服务结束后就离开系统，服务时间与到达间隔时间相互独立，服务时间服从参数为 μ 的负指数分布(即每个服务台的服务率均为 μ)；若某一顾客到达时，所有 S 个服务台都在进行服务，则排队等待，排在队伍的最前面的顾客一旦看到有空闲服务台就立刻接受该服务台的服务(先到先服务)，这样一类随机服务系统称为 M/M/S 等待制，无限源随机服务系统，用符号 M/M/S/∞/∞/FCFS (或简单地用 M/M/S)表示，如图 9.2 所示。

假设系统中有 j 个顾客，则称系统的状态为 j。若 $j\leqslant S$ 时，表示有 j 个服务台正在进行服务，而其他 S-j 个服务台空着；若 $j>S$，则表示所有 S 个服务台都正在进行服务，并且有 S-j 个顾客正在排队等待。为了确定系统状态为 j 的概率 P_j，需要先确定系统的增长率 λ_j 和消亡率 μ_j。

由已知条件可知，顾客的到达流为普阿松流，到达率为 λ，即系统的增长率 λ_j 与系统的状态无关，所以有

$$\lambda_j=\lambda,\quad j=0,1,\cdots$$

当 $j\leqslant S$ 时：

$$\mu_j=j\mu,\quad j=0,1,\cdots,\ S-1$$

而当 $j>S$ 时，系统中所有 S 个服务台都正在进行服务，所以系统的消亡率为

$$\mu_j=S\mu,\quad j=S,\ S+1,\cdots$$

将 λ_j，μ_j 代入生灭方程稳态解公式(9.24)和式(9.25)，可得

$$c_j=\begin{cases}\dfrac{S^j}{j\,!}\rho^j,1\leqslant j\leqslant S\\ \dfrac{S^S}{S\,!}\rho^j,j>S\end{cases}\qquad 其中\ \rho=\frac{\lambda}{S\mu} \tag{9.26}$$

$$\sum_{j=0}^{\infty}c_j=\sum_{j=0}^{S}c_j+\frac{S^S}{S\,!}\sum_{j=S+1}^{\infty}\rho^j$$

故当 $\rho<1$ 时，$\sum\limits_{j=0}^{\infty}c_j$ 收敛，从而由式(9.26)有稳态概率：

$$P_0=\left[\sum_{j=0}^{S-1}\frac{(S\rho)^j}{j\,!}+\frac{(S\rho)^S}{S\,!}\,\frac{1}{1-\rho}\right]^{-1} \tag{9.27}$$

$$P_j=\begin{cases}\dfrac{(S\rho)^j}{j\,!}P_0,\quad 1\leqslant j\leqslant S\\ \dfrac{S^S\rho^j}{S\,!}P_0,\quad j>S\end{cases} \tag{9.28}$$

$$P_{S+j}=\rho^j P_S \qquad j=1,2,\cdots$$

系统的各种指标如下。

① 平均队长

$$L_s=\sum_{j=0}^{\infty} jP_j=S\rho+\frac{\rho}{(1-\rho)^2}P_S=S\rho+\frac{\rho}{(1-\rho)^2}\frac{(S\rho)^S}{S!}P_0 \tag{9.29}$$

② 平均等待队长

$$L_q=\sum_{j=0}^{\infty} jP_{S+j}=\frac{\rho}{(1-\rho)^2}P_S=\frac{\rho}{(1-\rho)^2}\frac{(S\rho)^S}{S!}P_0 \tag{9.30}$$

利用 Little 公式得如下指标(此时是等待制 $\lambda_e=\lambda$)：

③ 平均逗留时间

$$W_s=\frac{1}{\mu}+\frac{\rho}{\lambda(1-\rho)^2}P_S \tag{9.31}$$

④ 平均等待时间

$$W_q=\frac{\rho}{\lambda(1-\rho)^2}P_S \tag{9.32}$$

可见满足 Little 公式：

$$L_s=\frac{\lambda}{\mu}+L_q,\quad W_s=\frac{1}{\mu}+W_q \tag{9.33}$$

其中，$\frac{\lambda}{\mu}$为正在接受服务的顾客平均数。

特别当 $S=1$ 时：

$$\rho=\frac{\lambda}{\mu},P_0=1-\rho,P_j=(1-\rho)\rho^j \quad j=1,2,\cdots \tag{9.34}$$

$$L_q=\frac{\lambda^2}{\mu(\mu-\lambda)} \tag{9.35}$$

$$L_s=\frac{\lambda}{\mu-\lambda} \tag{9.36}$$

$$W_q=\frac{\lambda}{\mu(\mu-\lambda)} \tag{9.37}$$

$$W_s=\frac{1}{\mu-\lambda} \tag{9.38}$$

对于无限容量等待制随机服务系统，每个顾客早晚都会得到服务，因此系统完成的业务量也是 ρ。

当系统中的所有服务台均被占用时，新到的顾客就必须排队等待。设顾客等待时间为 W，则顾客进入系统必须排队等待的概率为 D，可得：

$$D = p\{w > 0\} = \sum_{j=n}^{\infty} P_j = \sum_{j=0}^{\infty} \rho^j P_S = \frac{(S\rho)^S}{(1-\rho)S!} P_0 = \frac{\dfrac{(S\rho)^S}{(1-\rho)S!}}{\sum\limits_{j=0}^{S-1} \dfrac{(S\rho)^j}{j!} + \dfrac{(S\rho)^S}{S!}\left(\dfrac{1}{1-\rho}\right)} \tag{9.39}$$

式(9.39)被称为埃尔朗等待公式。排队等待的概率是等待制系统的重要指标之一，如顾客到银行办理业务时需要等待的概率是衡量银行服务质量的重要指标。

例 9.1 某邮局只有一个服务台，通过统计某天到达某邮局的顾客数和对顾客的服务时间，得到：平均到达率为 0.394（人/min），平均服务率为 $\mu=100/52.87=1.89$（人/min），假设此服务系统是一个 M/M/1 排队模型，试求顾客到达邮局后，不需要等待的概率 P_0、需要排队等待服务的概率 $1-P_0$ 以及其他数量指标。

解 利用式(9.34)～式(9.39)可得：

$$\text{服务强度 } \rho=\frac{\lambda}{\mu}=\frac{0.394}{1.89}=0.208\ (\text{Erl})$$

$$P_0=1-\rho=0.792,\quad 1-P_0=\rho=0.208$$

$$L_s=\frac{\lambda}{\mu-\lambda}=0.263\ \text{人}\qquad L_q=\frac{\lambda^2}{\mu(\mu-\lambda)}=0.055\ \text{人}$$

$$W=\frac{1}{\mu-\lambda}=0.668\ \text{min}\qquad W_q=\frac{\lambda}{\mu(\mu-\lambda)}=0.139\ \text{min}$$

由此可见，该邮局不太繁忙，平均每个顾客只需等待 0.139 min，即 8.34 s。

例 9.2 汽车按普阿松流到达某高速公路收费口（仅有一个），平均每小时 90 辆，每辆车通过收费口平均需时 35 s，服从负指数分布。司机抱怨等待时间太长，管理部门拟采用自动收款装置使每辆车的收费时间缩短到 30 s，但条件是原收费口平均等待车辆超过 5 辆，且新装置的利用率不低于 75%时才采用，问在上述条件下新装置能否被采用？若采用新装置，求此时的平均等待队长与平均等待时间。

解 此系统属于 M/M/1 排队模型。车辆平均到达率为

$$\lambda=90/3\,600=1/40\ \text{辆/s}$$

对于原有系统，平均服务率为 $\mu=1/35$ (辆/s)，平均等待队长为

$$L_q=\frac{\lambda^2}{\mu(\mu-\lambda)}=6.125\ \text{辆}>5\ \text{辆}$$

平均等待时间为

$$W_q=\frac{L_q}{\lambda}=\frac{6.125}{1/40}=245\ \text{s}$$

若采用新装置，则平均服务率为 $\mu^*=1/30$ 辆/s，利用率为

$$\rho^*=\frac{\lambda}{\mu^*}=\frac{30}{40}=0.75=75\%$$

符合条件，应该采用新装置，此时的平均等待队长为

$$L_q^* = \frac{\lambda^2}{\mu^*(\mu^* - \lambda)} = \frac{36}{16} = 2.25 \text{ 辆}$$

平均等待时间为

$$W_q^* = \frac{L_q^*}{\lambda} = \frac{2.25}{1/40} = 90 \text{ s}$$

例 9.3 某两个城市之间相互传送电报，每一城市发往对方城市的电报都可看成是普阿松(Poisson)流，强度都是每小时 240 份。每份电报占用电路传送时间服从负指数分布，平均传送时间为 0.5 分钟。

(1) 当来去电报分路传送，各用 3 条电路时，求：

① 电报局内没有电报传送的概率；

② 电报等待传送的概率；

③ 等待传送电报的平均数；

④ 电报平均等待传送时间；

⑤ 电路利用率。

(2) 如果不分来去电报，合组共用 6 条电路，求上述指标，并进行比较。

解 根据已知条件可知，该系统可看成 M/M/S 等待制、无限源随机服务系统。

(1) 当来去电报分路传送时，根据已知条件可知：

$$\lambda = \frac{240}{60} = 4 \text{ 份/分钟}, \mu = \frac{1}{0.5} = 2 \text{ 份/分钟}, S = 3, \rho = \frac{\lambda}{S\mu} = \frac{4}{3 \times 2} = \frac{2}{3}$$

① 没有电报传送的概率(式(9.27))：

$$P_0 = \left[\sum_{j=0}^{S-1} \frac{(S\rho)^j}{j!} + \frac{(S\rho)^S}{S!} \frac{1}{1-\rho}\right]^{-1} = \left[1 + 2 + 2 + \frac{8}{2}\right]^{-1} = \frac{1}{9} = 0.111$$

② 电报等待传送的概率(式(9.39))：

$$D = P\{W > 0\} = \frac{(S\rho)^S}{(1-\rho)S!} P_0 = \frac{4}{9} \approx 0.444$$

③ 等待传送电报的平均数(式(9.30))：

$$L_q = \frac{\rho}{(1-\rho)^2} \frac{(S\rho)^S}{S!} P_0 = 8 \times \frac{1}{9} = 0.889 \text{ 份}$$

④ 电报平均等待传送时间(式(9.2))：

$$W_q = \frac{L_q}{\lambda} = \frac{8}{9} \times \frac{1}{4} = 0.222 \text{ min} \text{ (用式(9.32)计算较为复杂)}$$

⑤ 电路利用率：

$$\eta = \rho = \frac{2}{3} = 0.667$$

(2) 不分来去电报，合组共用 6 条电路时：$\lambda = 4 \times 2 = 8$ 份/分钟，$\mu = \frac{1}{0.5} = 2$ 份/分钟，

$S=6, \rho=\frac{\lambda}{S\mu}=\frac{8}{6\times 2}=\frac{2}{3}$。

① $P_0=\left[\sum_{j=0}^{S-1}\frac{(S\rho)^j}{j!}+\frac{(S\rho)^s}{S!}\frac{1}{1-\rho}\right]^{-1}=[42.866+17.067]^{-1}=0.017$。

② $D=P\{W>0\}=\frac{(S\rho)^S}{(1-\rho)S!}P_0=17.067\times 0.017=0.285$。

③ $L_q=\frac{\rho}{(1-\rho)^2}\frac{(S\rho)^S}{S!}P_0=0.58$ 份。

④ $W_q=\frac{L_q}{\lambda}=0.07\ \text{min}$。

⑤ $\eta=\rho=0.667$。

比较两种传送方式的有关系统指标的计算结果可知，不分来去电报，合组共用 6 条电路时，系统的电报等待传送的概率、等待传送电报的平均数和电报平均等待传送时间都比分开传送时大大缩小。这说明合组使用时，可改进系统的服务质量指标，提高顾客的满意度。但是合组使用时，电路的利用率不变。这是由于系统是等待制，电报没有被拒绝而损失，两种传送方式时，服务台所承担的业务量是相同的，因此电路利用率相同。

9.4.2　M/M/S/K/∞/FCFS 模型

与 M/M/S/∞/∞/FCFS 模型相比，M/M/S/K/∞/FCFS 模型中系统的空间容量为 K。此时排队系统有 S 个服务台，系统容量为 K，顾客到达间隔和接受服务时间都服从负指数分布，客源无限。

显然 $K\geqslant S$，当 $K>S$ 时，系统为混合制，即当顾客到达时，如果系统中的顾客数量小于 K，则顾客被允许进入系统，如有空闲服务台，则直接接受服务，服务结束后就离开系统，如没有空闲服务台，则排队等候；但如果系统中的顾客已有 K 个，则顾客离去，离去的顾客被称为损失的顾客。

$K=S$ 时，当顾客到达时，如有空闲服务台，则直接接受服务，如没有空闲服务台，则顾客离去，不允许排队。所以这种模型也称为损失制。

假设顾客的到达流仍为普阿松流，到达率为 λ。服务时间与到达间隔时间相互独立，服务时间服从参数为 μ 的负指数分布（即每个服务台的服务率均为 μ）；

为了确定系统状态为 j 的概率 P_j，同样需要先确定系统的增长率 λ_j 和消亡率 μ_j，然后用式(9.24)和式(9.25)计算稳态概率 P_j。

$$\lambda_j=\lambda, j=1,\cdots,K-1$$

$$\mu_j=\begin{cases} j\mu & (1\leqslant j\leqslant S) \\ S\mu & (S<j\leqslant K) \end{cases}$$

其中，λ 和 μ 分别是平均到达率与平均服务率。

$$P_0=\left[\sum_{j=0}^{S-1}\frac{(S\rho)^j}{j\,!}+\sum_{i=s}^{K}\frac{S^S\rho^i}{S\,!}\right]^{-1} \tag{9.40}$$

$$P_j=\begin{cases}\dfrac{(S\rho)^j}{j\,!}P_0 & (1\leqslant j\leqslant S)\\ \dfrac{S^S\rho^j}{S\,!}P_0 & (S<j\leqslant K)\end{cases} \tag{9.41}$$

其中，$\rho=\dfrac{\lambda}{S\mu}$，而

$$L_s=\sum_{j=0}^{K}jP_j,L_q=\sum_{j=0}^{K-S}jP_{S+j} \tag{9.42}$$

这里 L_s 与 L_q 只是有限项之和，P_K 表示系统客满的概率，此时到达的顾客都将走掉，故 P_K 称为顾客损失率。

同时，可进一步证明：

$$L=L_q+S\rho(1-P_K)$$

其中，$S\rho(1-P_K)$为正在接受服务的顾客平均数，即

$$\overline{S}=\sum_{j=0}^{S-1}jP_j+S\sum_{j=S}^{K}P_j=S\rho(1-P_K)$$

由于系统容量为 K，故只有系统内的顾客数不到 K 时，刚到达的顾客才能进入，从而系统的有效到达率为 $\lambda_e=\lambda(1-P_K)$，再根据 Little 公式便可求得 W_s 和 W_q。

当 $K=S$ 时，得

$$P_0=\left[\sum_{j=0}^{S}\frac{(S\rho)^j}{j\,!}\right]^{-1},\quad P_j=\frac{(S\rho)^j}{j\,!}P_0,\quad j=1,2,\cdots,S \tag{9.43}$$

$$L_q=0,\quad W_q=0,\quad L_S=S\rho(1-P_S),\quad W=\frac{1}{\mu} \tag{9.44}$$

当 $S=1$ 时，得相应的结果：

$$P_0=\begin{cases}\dfrac{1-\rho}{1-\rho^{K+1}} & (\rho\neq 1)\\ \dfrac{1}{K+1} & (\rho=1)\end{cases} \tag{9.45}$$

$$P_j=\begin{cases}\dfrac{\rho^j(1-\rho)}{1-\rho^{K+1}} & (\rho\neq 1)\\ \dfrac{1}{K+1} & (\rho=1)\end{cases} \tag{9.46}$$

$$L_s=\begin{cases}\dfrac{\rho[1-(K+1)\rho^K+K\rho^{K+1}]}{(1-\rho)(1-\rho^{K+1})} & (\rho\neq 1)\\ \dfrac{K}{2} & (\rho=1)\end{cases} \tag{9.47}$$

$$L_q=\begin{cases}\dfrac{\rho^2}{1-\rho}-\dfrac{(K+\rho)\rho^{K+1}}{(1-\rho^{K+1})} & (\rho\neq1)\\ \dfrac{K(K-1)}{2(K+1)} & (\rho=1)\end{cases} \tag{9.48}$$

例 9.4　某小型加油站只有一个加油机，且最多只能容纳 4 辆汽车。设汽车到达间隔和加油时间都服从负指数分布，平均每 2 min 到达一辆汽车，每辆汽车加油平均需要 2 min。试问：来加油的汽车到达加油站时能立即加油的概率为多少？加油站有空车位的概率为多少？加油的汽车在加油站平均逗留时间为多少？

解　这是一个 M/M/1/4 排队模型，按题意有：

$$S=1,K=4,\lambda=\mu=\frac{1}{2},\rho=\frac{\lambda}{S\mu}=1$$

根据式(9.45)和式(9.46)可知系统的稳态概率为

$$P_0=P_1=P_2=P_3=P_4=\frac{1}{5}=0.2$$

由式(9.47)可得，$L_S=\dfrac{K}{2}=\dfrac{4}{2}=2$。

系统的有效到达率为：$\lambda_e=\lambda(1-p_K)=0.4$ 辆/min。再由 Little 公式(9.1)，$W_s=\dfrac{L_S}{\lambda_e}=\dfrac{2}{0.4}=5$ min。

因此，来加油的汽车到达加油站时可立即加油的概率为 $P_0=0.2$；加油站有空车位的概率为 $1-P_0=0.8$，平均逗留时间为 $W_S=5$ min。

例 9.5　考虑一个 M/M/n 损失制无限源系统，已知 $S=3,\lambda=5$ 人/小时，平均服务时长 30 min/人，试求：(1)系统中没有顾客的概率；(2)只有一个服务台被占用的概率；(3)系统的损失率。

解　由题意可知 $\mu=\dfrac{60}{30}=2$(人/小时)，所以 $\rho=\dfrac{\lambda}{S\mu}=\dfrac{5}{6}$，代入式(9.43)得：

(1) 系统中没有顾客的概率 $P_0=\left[1+\dfrac{\frac{5}{2}}{1}+\dfrac{\left(\frac{5}{2}\right)^2}{2}+\dfrac{\left(\frac{5}{2}\right)^3}{6}\right]^{-1}=0.108$；

(2) 只有一个服务台被占用的概率 $P_1=(S\rho)P_0=2.5\times0.108=0.27$；

(3) 系统的损失率 $P_3=\dfrac{(S\rho)^3}{S!}P_0=\dfrac{2.5^3}{6}\times0.108=0.28$。

例 9.6　设某电话咨询台设有三架电话，可假设为一个 M/M/3/3 系统，平均每隔 2 min有一次咨询电话(包括接通的和未接通的)，每次通话的平均时间为 3 min。试问打到咨询台的电话能接通的概率为多少？平均队长是多少？

解　按题意可知 $S=3,K=3,\lambda=\dfrac{1}{2}=0.5,\mu=\dfrac{1}{3},\rho=\dfrac{\lambda}{S\mu}=0.5$，代入式(9.43)得：

$$P_0=\left[1+\frac{3}{2}+\frac{9}{8}+\frac{9}{16}\right]^{-1}=\frac{16}{67}$$

$$P_3=\frac{3^3}{3!}\left(\frac{1}{2}\right)^3\frac{16}{67}=\frac{9}{67}\approx 0.134$$

因此，能接通(即已接通电话数小于 3)的概率为 $1-P_3=0.866$。

由式(9.44)，平均队长是 $L_S=S\rho(1-P_3)=3\times\frac{1}{2}\times 0.866=1.3$ 人。

9.4.3 M/M/S/K/G/FCFS 模型

与 M/M/S/K/∞/FCFS 模型相比，M/M/S/K/G/FCFS 模型中系统的顾客源为有限数 $G(G\geqslant K)$。此时排队系统有 S 个服务台，系统容量为 $K(K\geqslant S)$，顾客到达间隔和接受服务时间都服从负指数分布，顾客源为 G。这种模型简称为有限源排队论模型。在这种情况下，如果有顾客进入系统，则潜在的顾客数目减少，使系统的顾客到达率受到影响(一般情况下系统的顾客到达率会减小)。

当 $G>K$ 时，系统为混合制。当顾客到达时，如果系统中的顾客数量小于 K，则顾客被允许进入系统，如有空闲服务台，则直接接受服务，服务结束后就离开系统，如没有空闲服务台，则排队等候；但如果系统中的顾客已有 K 个，则顾客离去，离去的顾客被称为损失的顾客。

当 $G=K$ 时，不会出现上面最后一种情况。我们只讨论这种最简单的情况。

描述这种模型的一个典型例子是下面的维修机器的模型：假设有 S 个维修工人(服务台)要共同负责 $G(\geqslant S)$ 台机器(客源)。机器有故障就去修理，修好后继续运转。当出故障的机器数量多于 S 时，这些机器就要等待修理。假设每台机器连续正常运转的时间都服从参数为 λ 的负指数分布，即一台机器单位运转时间内出故障的平均次数是 λ；维修工人修好一台机器的时间服从参数为 μ 的负指数分布，平均时间为 $\frac{1}{\mu}$。各台机器的连续正常运转时间与维修工的修复时间相互独立。

仍然使用 $N(t)$ 表示时刻 t 的有故障的机器数，则 $\{N(t),t\geqslant 0\}$ 仍是一生灭过程，对应的状态集是 $I=\{0,1,2,\cdots,G\}$。当系统有 j 台机器出故障时，能正常运转的机器有 $m-j$ 台，单位时间内出故障的平均次数为 $(m-j)\lambda$。从而此系统的到达率和服务率为

$$\lambda_j=(G-j)\lambda,\quad j=0,1,2,\cdots,G-1$$

$$\mu_j=\begin{cases}j\mu & (1\leqslant j\leqslant S)\\ S\mu & (S+1\leqslant j\leqslant G)\end{cases}\tag{9.49}$$

此时的稳态概率为

$$P_0=\left[\sum_{j=0}^{S-1}C_G^j\left(\frac{\lambda}{\mu}\right)^j+\sum_{j=S}^{G}C_G^j\,\frac{j!}{S!S^{j-S}}\left(\frac{\lambda}{\mu}\right)^j\right]^{-1}\tag{9.50}$$

$$P_j=\begin{cases}C_G^j\left(\frac{\lambda}{\mu}\right)^j P_0 & (1\leqslant j\leqslant S)\\ C_G^j\frac{j\,!}{S!\ S^{j-S}}\left(\frac{\lambda}{\mu}\right)^j P_0 & (S+1\leqslant j\leqslant G)\end{cases} \tag{9.51}$$

计算 L_s 与 L_q 的公式是：

$$L_s=\sum_{j=0}^{G} jP_j,\quad L_q=\sum_{j=0}^{G-S} jP_{S+j} \tag{9.52}$$

平均运行的机器数是：

$$\sum_{j=0}^{G}(G-j)P_j=G\sum_{j=0}^{G}P_j-\sum_{j=0}^{G}jP_j=G-L_s$$

从而单位时间平均出故障次数为

$$\lambda_e=(G-L)\lambda \tag{9.53}$$

由 Little 公式可求出：

$$W_s=\frac{L_s}{\lambda_e},\quad W_q=\frac{L_q}{\lambda_e} \tag{9.54}$$

特别是当 $S=1$ 时：

$$P_0=\left[\sum_{j=0}^{G}\frac{G!}{(G-j)!}\left(\frac{\lambda}{\mu}\right)^j\right]^{-1},\quad P_j=\frac{G!}{(G-j)!}\left(\frac{\lambda}{\mu}\right)^j P_0 \tag{9.55}$$

$$L_s=G-\frac{\mu}{\lambda}(1-P_0),\quad L_q=L_s+P_0-1 \tag{9.56}$$

例 9.7　设某工厂有同型号的自动机床若干台，它们连续正常运转的时间服从参数为 λ 的负指数分布，工人排除故障的时间都服从参数为 μ 的负指数分布。现设 $\frac{\lambda}{\mu}=0.1$，试比较如下两个方案的优劣：

① 方案 1：3 个工人各自独立地看管 6 台机床；

② 方案 2：3 个工人共同看管 20 台机床。

解　方案 1 是 M/M/1/6/6 排队模型，由 $\frac{\lambda}{\mu}=0.1$，$S=1$，$G=6$，由式(9.55)和式(9.56)得：

$$P_0=0.4845,P_1=0.2907,P_2=0.1454,P_3=0.0581$$

$$P_4=0.0174,P_5=0.0035,P_6=0.0003$$

$$L_s=0.8451,L_q=0.3297$$

$$\lambda_e=(G-L)\lambda=(6-0.8451)\lambda=5.1549\lambda$$

$$W_q=\frac{L_q}{\lambda_e}=0.3297/5.1549\lambda=\frac{0.06396}{\lambda}$$

方案 2 是 M/M/3/20/20 排队模型，由 $\frac{\lambda}{\mu}=0.1$，$S=3$，$G=20$，由式(9.50)～式(9.54)得：

$P_0 = 0.1363, P_1 = 0.2725, P_2 = 0.2589, P_3 = 0.1553, P_4 = 0.0880$

$P_5 = 0.0469, P_6 = 0.0235, P_7 = 0.0110, P_8 = 0.0047, P_9 = 0.0019$

$P_{10} = 0.0007, P_{11} = 0.0002, P_{12} = 0.0001$，其余几乎为 0

$L_s = 2.1262, \quad L_q = 0.3389$

$\lambda_e = (m - L)\lambda = (20 - 2.1262)\lambda = 17.8738\lambda$

$$W_q = \frac{L_q}{\lambda_e} = \frac{0.3389}{17.8738\lambda} = \frac{0.0190}{\lambda}$$

可见方案 2 的平均等待时间不及方案 1 的$\frac{1}{3}$，故方案 2 比方案 1 好得多。

练 习 题

第 2 章　线性规划问题的基本概念及单纯形法

1. 写出下列问题的线性规划模型：

(1) 某厂生产 A、B、C 三种产品。每件产品 A 需要 1 小时技术准备(设计、试验等)、10 小时直接劳动和 3 千克材料。每件产品 B 需要 2 小时技术准备、4 小时劳动和 2 千克材料。每件产品 C 需要 1 小时技术准备、5 小时劳动和 1 千克材料。可利用的技术准备时间为 100 小时，劳动时间为 700 小时，材料为 400 千克。假设每件产品利润分别 10 元，6 元和 5 元(即使大量购买也不提供折扣)。请问 A、B、C 三种产品各生产多少件才能使利润最大?

(2) 用长度为 500 厘米的条材，截成长度分别为 98 厘米和 78 厘米的两种毛坯，要求共截出长 98 厘米的毛坯 10 000 根，78 厘米的 20 000 根，问怎样截取，才能使用料最少?

(3) 某一市政建设工程项目在随后的四年中需分别拨款 200 万元、400 万元、800 万和 500 万元，要求拨款在该年年初提供，市政府拟以卖长期公债的方法筹款。长期公债在筹款的四年中市场利息分别预计为 9%、8%、8.5%和 9.5%，并约定公债利息在工程完工后即开始付息，连续付 20 年之后还本。在工程建设的头三年，卖公债的多余部分投入银行作为当年有期储蓄，以便用于随后的几年(显然第四年无有期储蓄)，银行的有期储蓄利息率分别预计为 8%、7.5%和 6.5%。现在的问题是求政府最优的卖公债和有期储蓄方案，使该项市政建设工程得以完成，且付息最低。

(4)某商店制定某商品 7～12 月的进货收货计划，已知商店仓库容量不得超过 500 件，6 月底已存货 200 件，以后每月初进货一次，假设各月份某商品买进、售出单位如下表所示，问各月进货售货各多少，才能使总收入最多?

月	7	8	9	10	11	12
买进/元	28	24	25	27	23	23
售出/元	29	24	26	28	22	25

2. 用图解法解下列线性规划问题：

(1) $\min z=-x_1+2x_2$　　　　(2) $\max z=-x_1+2x_2$

$$\begin{cases} x_1 - x_2 \geqslant -2 \\ x_1 + 2x_2 \leqslant 6 \\ x_1, \quad x_2 \leqslant 0 \end{cases}$$

$$\begin{cases} x_1 - x_2 \geqslant -2 \\ x_1 + 2x_2 \leqslant 6 \\ x_1, \quad x_2 \leqslant 0 \end{cases}$$

(3) $\max z = -x_1 + 2x_2$

$$\begin{cases} x_1 - x_2 \geqslant -2 \\ x_1, \ x_2 \geqslant 0 \end{cases}$$

(4) $\max z = 3x_1 + 6x_2$

$$\begin{cases} x_1 - x_2 \geqslant -2 \\ x_1 + 2x_2 \leqslant 6 \\ x_1, \quad x_2 \geqslant 0 \end{cases}$$

(5) $\max z = 3x_1 + 6x_2$

$$\begin{cases} x_1 - x_2 \leqslant -2 \\ x_1 + x_2 \leqslant -5 \\ x_1, \ x_2 \geqslant 0 \end{cases}$$

3. 有两个变量的线性规划问题：

$\max z = x_1$

$$\begin{cases} x_1 + x_2 \leqslant a \\ -x_1 + x_2 \leqslant -1 \\ x_1 \geqslant 0, x_2 \geqslant 0 \end{cases}$$

(1) 证明本题当且仅当 $a \geqslant 1$ 时为可行；

(2) 应用图解法，对 $a \geqslant 1$ 的一切值，求线性规划以 a 表示的最优值。

4. 将下列线性规划化为极大化的标准形式：

$\min f(x) = 2x_1 + 3x_2 + 5x_3$

$$\begin{cases} x_1 + x_2 - x_3 \geqslant -5 \\ -6x_1 + 7x_2 - 9x_3 = 16 \\ |19x_1 - 7x_2 + 5x_3| \leqslant 13 \\ x_1, x_2 \geqslant 0, \quad x_3 \pm 不限 \end{cases}$$

5. 考虑标准线性规划问题：

$\max z = CX$

$$\begin{cases} AX = b \\ X \geqslant 0 \end{cases}$$

设 $x^{(1)}$ 和 $x^{(2)}$ 是上述问题的两个最优解。求证 $X(\lambda) = \lambda X^{(1)} + (1-\lambda) X^{(2)}$ 是最优解，λ 为 0 与 1 之间的任意值。

6. 用单纯形法考虑以下问题：

(1) 求解下面的线性规划问题

$\min z = 3x_1 + x_2 + x_3 + x_4$

$\min z = -2x_1 - 8x_2 + x_3$

$$\begin{cases}-2x_1+2x_2+x_3=4\\3x_1+x_2+x_4=6\\x_j\geqslant 0,j=1,2,3,4\end{cases}$$

$$\begin{cases}2x_1-9x_2+3x_3\leqslant 30\\x_1+5x_2+x_3\geqslant -20\\4x_1-6x_2-2x_3\leqslant 15\\x_j\geqslant 0,j=1,2,3,4\end{cases}$$

和

$\max f(x)=2x_1+5x_2+3x_3$

$$\begin{cases}3x_1+2x_2-x_3\leqslant 610\\-x_1+6x_2+3x_3\leqslant 125\\-2x_1+x_2+0.5x_3\leqslant 420\\x_1,x_2,x_3\geqslant 0,\end{cases}$$

(2) 下面的线性规划的最优解是否唯一,为什么?

$\max z=x_1+2x_2+x_3+4x_4$

$$\begin{cases}x_1+2x_2+2x_3+2x_4\leqslant 20\\2x_1+x_2+3x_3+2x_4\leqslant 20\\x_j\geqslant 0,j=1,2,3,4\end{cases}$$

(3) 用单纯形法证明下问题无最优解:

$\max z=x_1+2x_2$

$$\begin{cases}-2x_1+x_2+x_3\leqslant 2\\-x_1+x_2-x_3\leqslant 1\\x_1,\ x_2,\ x_3\geqslant 0\end{cases}$$

(4) 用二阶段单纯形法分析并求解下面的问题:

$\min z=2x_1+4x_2$

$$\begin{cases}2x_1-3x_2\geqslant 2\\-x_1+x_2\geqslant 3\\x_1,\ x_2\geqslant 0\end{cases}$$

$\min z=6x_1+3x_2+4x_3$

$$\begin{cases}x_1+x_2+x_3+x_4\leqslant 30\\3x_1+6x_2+x_3-2x_4\leqslant 0\\x_1,\ x_2,\ x_3,\ x_4\geqslant 0\end{cases}$$

$\min f(x)=4x_1+6x_2$

$$\begin{cases}x_1+2x_2\geqslant 80\\3x_1+x_2\geqslant 75\\x_1,x_2\geqslant 0\end{cases}$$

7. 分别用 Matlab 和 Lingo 软件求解上述 1,2,4,6 题中的线性规划问题。

第 3 章　线性规划问题的对偶理论及灵敏度分析

1. 写出下列规划的对偶规划:

(1) $\min z=3x_1+6x_2+3x_3$

$$\text{s.t.}\begin{cases}6x_1+12x_2-18x_3 \\ -x_1+x_2+4x_3 \\ x_1,x_2,x_3\geqslant 0\end{cases}$$

(2) $\max z=-2x_1-3x_2+4x_3+x_4-x_5$

$$\text{s.t.}\begin{cases}5x_1-2x_2+x_3-3x_4\leqslant 6 \\ 3x_1+x_2-2x_3+2x_5=7 \\ -x_1+3x_2-4x_3+2x_4+x_5\geqslant 5 \\ x_1,\ x_2,\ x_4\geqslant 0;x_3,x_5\text{ 无限制}\end{cases}$$

$$\min z=\sum_{i=1}^{m}\sum_{j=1}^{n}c_{ij}x_{ij}$$

(3) $$\text{s.t.}\begin{cases}\sum_{j=1}^{n}x_{ij}=a_i,i=1,2,\cdots,m \\ \sum_{i=1}^{m}x_{ij}=b_j,j=1,2,\cdots,n \\ x_{ij}\geqslant 0\end{cases}$$

$$\min z=\sum_{j=1}^{n}c_jx_j$$

(4) $$\text{s.t.}\begin{cases}\sum_{j=1}^{n}a_{ij}x_j\leqslant b_i,i=1,2,\cdots,r \\ \sum_{j=1}^{n}a_{ij}x_j=b_i,i=r+1,r+2,\cdots,m \\ x_j\geqslant 0,j=1,2,\ldots,s(<n)\end{cases}$$

$\min W=C^{\mathrm{T}}X$

(5) $$\text{s.t.}\begin{cases}AX=b \\ X\geqslant a(\geqslant 0)\end{cases}$$

2. 考虑线性规划：

$\max z=x_1+2x_2+x_3$

$$\text{s.t.}\begin{cases}x_1+x_2-x_3\leqslant 2 \\ x_1-x_2+x_3=1 \\ 2x_1+x_2+x_3\geqslant 2 \\ x_1\geqslant 0,x_3\leqslant 0,x_2\text{ 无限制}\end{cases}$$

(1) 写出本规划的对偶规划。

(2) 应用对偶理论，证明原规划的最大值 Z 不能超过 1。

3. 写出下问题的对偶问题，解对偶问题，并证明原问题无可行解：

$\max f(x)=-4x_1-3x_2$

$$\text{s.t.}\begin{cases}x_1+x_2\leqslant 1 \\ -x_2\leqslant -1 \\ -x_1+2x_2\leqslant 1 \\ x_1,x_2\geqslant 0\end{cases}$$

4. 若对偶问题的最优解为 $Y^*=(4.1)$，试用互补松弛定理求原问题的最优解。

$\max z=2x_1+x_2+5x_3+6x_4$

$$\begin{cases}2x_1+x_3+x_4\leqslant 8 \\ 2x_1+2x_2+x_3+2x_4\leqslant 12 \\ x_1,x_2,x_3,x_4\geqslant 0\end{cases}$$

5. 判断下列说法是否正确：

(1) 任何线性规划问题都存在其对偶问题;

(2) 如果原问题存在可行解,则其对偶问题也一定存在可行解;

(3) 当原问题为无界解时,对偶问题也为无界解;

(4) 当对偶问题无可行解时,原问题一定具有无界解;

(5) 若原问题有无穷多最优解,则对偶问题也一定具有无穷多最优解。

6. 用对偶单纯形法求解下列线性规划:

(1) $\min z=4x_1+3x_2+8x_3$

$$\text{s. t.}\begin{cases}x_1+x_3\geqslant 2\\x_2+2x_3\geqslant 5\\x_1,x_2,x_3\geqslant 0\end{cases}$$

(2) $\max z=-2x_1-3x_2-5x_3-6x_4$

$$\text{s. t.}\begin{cases}x_1+2x_2+3x_3+x_4\geqslant 2\\-2x_1+x_2-x_3+3x_4\leqslant -3\\x_j\geqslant 0,j=1,2,3,4\end{cases}$$

7. 分析如下的问题(或可借助于优化软件):一公司生产 A、B、C 三种产品,消耗劳动力和原材料两种资源。为使利润最大,建立起了如下以各种产品产量为决策变量的数学模型:

$\max z=3x_1+x_2+5x_3$

$$\begin{cases}6x_1+3x_2+5x_3\leqslant 45 & (\text{劳动力})\\3x_1+4x_2+5x_3\leqslant 30 & (\text{原材料})\\x_1,x_2,x_3\geqslant 0\end{cases}$$

分别以 x_4 和 x_5 为两种资源约束的松弛变量,利用单纯形法求解可得其如下表所示的最终单纯形表,试回答下述问题:

c_j		-3	-1	-5	0	0	b
C_B	X_B	x_1	x_2	x_3	x_4	x_5	
-3	x_1	1	$-1/3$	0	$1/3$	$-1/3$	5
-5	x_3	0	1	1	$-1/5$	$2/5$	3
σ_j		0	3	0	0	1	$w=-30$

(1) 产品 A 的价值系数 c_1 在什么范围内变化,才能确保原最优解不变?

(2) 若 c_1 由 3 变为 2,最优解将发生怎样的变化?

(3) 如果原材料的市场价格为每单位 0.8,问是否买进原材料扩大生产?如果买进原材料,买进多少最合适?

(4) 由于技术上的突破,生产单位 B 种产品对原材料的消耗由 4 个单位降低为 2 个单位,最优解将发生怎样的变化?

(5) 若在原问题的基础上增加一个约束条件 $x_1+x_2+3x_3\leqslant 20$,最优解将发生怎样的变化?

(6) 若在原问题的基础上增加一个约束条件 $3x_1+x_2+2x_3\leqslant 20$,最优解将发生怎样的变化？

第 4 章　运输问题

1. 分别用西北角法、最低费用法和运费差额法，求下面运输问题的初始可行解，并计算其目标函数。

产地＼销地	B_1	B_2	B_3	B_4	B_5	产量
A_1	6	9	4	8	5	20
A_2	10	6	12	8	7	30
A_3	6	5	9	20	9	40
A_4	2	13	6	14	3	60
销量	25	15	35	45	30	

2. 以上题中最低费用法所得的解为初始基可行解，用表上作业法求出最优解。（要求列出每一步的运费矩阵和基可行解矩阵）

3. 某器材调运的产销不平衡表及运价表如下表所示，求运费最小的调运方案。

不平衡表及运价

发点＼收点	B_1	B_2	B_3	B_4	发量/件
A_1	2	11	3	4	7
A_2	10	3	5	9	5
A_3	7	8	1	2	7
收量/件	2	3	4	6	19＼15

4. 若从发点 A_1, A_2，到收点 B_1, B_2, B_3 调运某种物质，假定在 B_1, B_2, B_3 处允许物资缺货，A_1, A_2 处允许对物资存储，运输的单位运费、存储费及缺货费等关数据如下表所示，问怎样调配，以使总的支付费用最少？

运费	B_1	B_2	B_3	供应量	存储费
A_1	4	6	8	200	5
A_2	6	2	4	200	4
需求量	50	100	100		
缺货费	3	8	5		

第 5 章　整数规划

1. 用分枝界定界法求解下列整数规划：

(1) $\max f=21x_1+11x_2$

$$\text{s.t.}\begin{cases}7x_1+4x_2\leqslant 13\\ x_1\geqslant 0,x_2\geqslant 0,\text{整数}\end{cases}$$

(2) $\min f=7x_1+3x_2+4x_3$

$$\text{s.t.}\begin{cases}x_1+2x_2+x_3\geqslant 8\\ 3x_1+x_2+x_3\geqslant 5\\ x_j\geqslant 0,\text{整数},j=1,2,3\end{cases}$$

(3) $\max z=4x_1+5x_2+x_3$

$$\text{s.t.}\begin{cases}3x_1+2x_2\leqslant 10\\ x_1+4x_2\leqslant 11\\ 3x_1+3x_2+x_3\leqslant 1\\ x_1,x_2,x_3\geqslant 0,\text{整数}\end{cases}$$

(4) $\max z=40x_1+90x_2$

$$\text{s.t.}\begin{cases}9x_1+7x_2\leqslant 56\\ 7x_1+20x_2\leqslant 70\\ x_1,x_2\geqslant 0,\text{整数}\end{cases}$$

2. 解下列指派问题：

(1) 5 个电工组成一个维修组，规定每人负责厂区的 1/5，每个电工上班到工厂区的 5 个分区时间如下表所示，问怎样分派任务，才能使他们的上班需要的时间最少？

电工 / 上班用时间 / 厂分区	a	b	c	d	e
A	21	24	30	20	29
B	24	29	27	38	22
C	32	25	17	26	29
D	31	39	38	25	38
E	31	35	21	29	27

(2) 有 4 个工人去完成 4 项任务，每人完成各项任务所消耗的时间如下表所示，问指派哪个人去完成哪项任务可使总消耗时间最少？

任务 / 工人	A	B	C	D
甲	15	18	21	24
乙	19	23	22	18
丙	26	17	16	19
丁	19	21	23	17

(3) 某公司希望建造 5 个小型工厂，现在有 6 个地方的地皮可以购置，供建厂用，已知不同地点的建厂费用(单位:万元)由下表给出，问应当怎样选厂才能使费用最小？

工厂 地点	a	b	c	d	e
A	18	15	22	25	21
B	9	11	10	15	8
C	12	10	14	16	17
D	9	10	10	21	20
E	14	18	26	26	24
F	14	19	23	20	25

(4) 分配甲、乙、丙、丁 4 个人去完成 5 项任务。每人完成任务的时间如下表所示。由于任务数多于人数，故规定其中有一人可兼完成两项任务，其余 3 人每人完成一项。试确定总花费时间为最少的指派方案。

任 务 人	A	B	C	D	E
甲	25	29	31	42	37
乙	39	38	26	20	33
丙	34	27	28	40	32
丁	24	42	36	23	45

第 6 章　动态规划

1. 设某工厂有 1 000 台机器，生产两种产品 A、B，若投入 y 台机器生产 A 产品，则纯收入为 $5y$，若投入 y 台机器生产 B 种产品，则纯收入为 $4y$，又知：生产 A 种产品机器的年折损率为 20%，生产 B 产品机器的年折损率为 10%，问在 5 年内如何安排各年度的生产计划，才能使总收入最高？

2. 为保证某一设备的正常运转，需备有 3 种不同的零件 E_1，E_2，E_3。若增加备用零件的数量，可提高设备正常运转的可靠性，但增加了费用，而投资额仅为 8 000 元。已知备用零件数与它的可靠性和费用的关系如下表所示。现要求在既不超出投资额的限制，又能尽量提高设备运转的可靠性的条件下，问各种零件的备件数量应是多少为好？

备件数	增加的可靠性			设备的费用/千元		
	E_1	E_2	E_3	E_1	E_2	E_3
$z=1$	0.3	0.2	0.1	1	3	2
$z=2$	0.4	0.5	0.2	2	5	3
$z=3$	0.5	0.9	0.7	3	6	4

3. 现有一批资金，总额为5万元拟投资于改造3个工厂。先对3个工厂拟订了几个不同的技术改造方案，其所需资金和投产后新增收益如下表所示。问总投资额5万元应如何分配使用，才能使3个工厂改造后的新增收益最大？

各工厂改造所需资金和投产后新增收益

投资/万元	各工厂改造投产后新增年收益值/万元		
	工厂1	工厂2	工厂3
0	0	0	0
1	1.5	—	1.3
2	2.6	2.8	—
3	—	3.9	—
4	—	4.2	—

4. 今设计一种有4个主要元件的部件，这4个元件是串联的。为提高部件的可靠性，考虑在每个元件上装上并联的同类元件。每一个元件可以由1、2或3个并联的单位元件组成。关于元件$n(n=1,2,3,4)$配备j个单位元件$(j=1,2,3)$后的可靠性R_{nj}和成本C_{nj}由下式给出。假设该部件的总成本允许15个单位，试用动态规划的方法确定各元件的配备数目使系统的可靠性最大。

$$\boldsymbol{R}=\begin{pmatrix} 0.70 & 0.60 & 0.90 & 0.80 \\ 0.75 & 0.80 & 0.92 & 0.85 \\ 0.95 & 0.87 & 0.98 & 0.90 \end{pmatrix}, \quad \boldsymbol{C}=\begin{pmatrix} 4 & 2 & 3 & 3 \\ 5 & 4 & 6 & 5 \\ 7 & 6 & 8 & 7 \end{pmatrix}$$

5. 有一城市的街道如下图所示，有人要从A点行驶到B点，每条街道旁边的数字表示经过这条街道所需的时间（单位：分）。另外，每次右转弯需要1分钟，左转弯需要2分钟，请用动态规划的方法找出最省时间的路线。

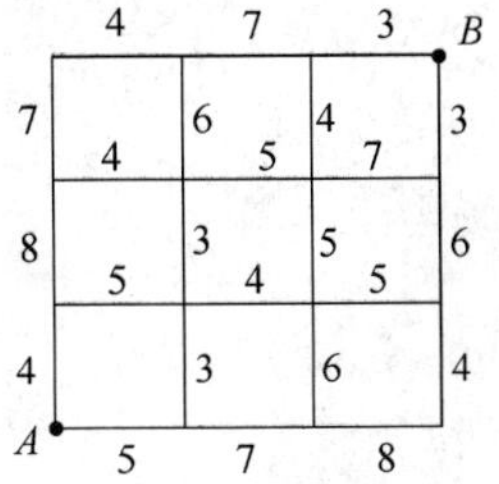

第 7 章 非线性规划的概念和原理

1. 试用梯度法求函数：

$$f(x)=x_1^2+x_2^2+2x_3^2$$

的极小点，取初值 $X^{(0)}=(2,-2,1)^{\mathrm{T}}$，进行 3 次迭代，验证相邻两步搜索方向的正交性。

2. 试判断下述非线性规划是否为凸规划：

(1) $\max f(X)=x_1+2x_2$

$$\text{s.t.}\begin{cases}x_1^2+x_2^2\leqslant 9\\ x_2\geqslant 0\end{cases}$$

(2) $\min f(X)=2x_1^2+x_2^2+x_3^2$

$$\text{s.t.}\begin{cases}x_1^2+x_2^2\leqslant 4\\ 5x_1+x_3=10\\ x_j\geqslant 0, j=1,2,3\end{cases}$$

3. 已知非线性规划：

$\max f(X)=x_1$

$$\text{s.t.}\begin{cases}(1-x_1)^3-x_2\geqslant 0\\ x_1,x_2\geqslant 0\end{cases}$$

的极大点是(1,0)，试检验它是否满足 K-T 条件。

4. 用 K-T 条件求解问题：

$\min f(X)=(x-4)^2$

s.t. $1\leqslant x\leqslant 5$

5. 用 Lingo 和 Matlab 求解上面的 1～4 题中的非线性规划问题。

第 8 章 图与网络优化

1. 证明图的奇度点必是偶数个。

2. 用 Dijkstra 算法求题下图从 v_1 到 v_{10} 的最短路。

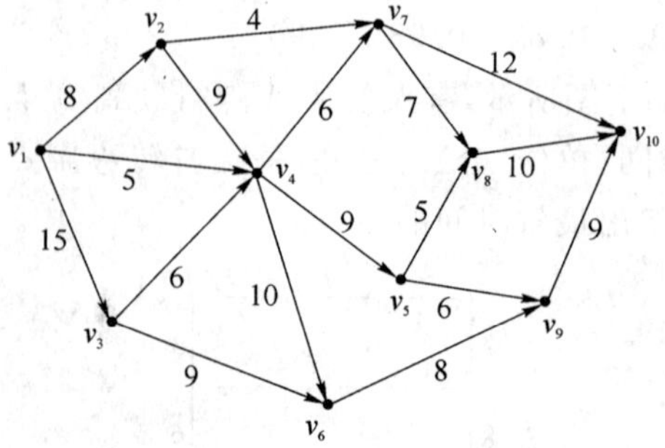

3. 求下图的最小生成树。

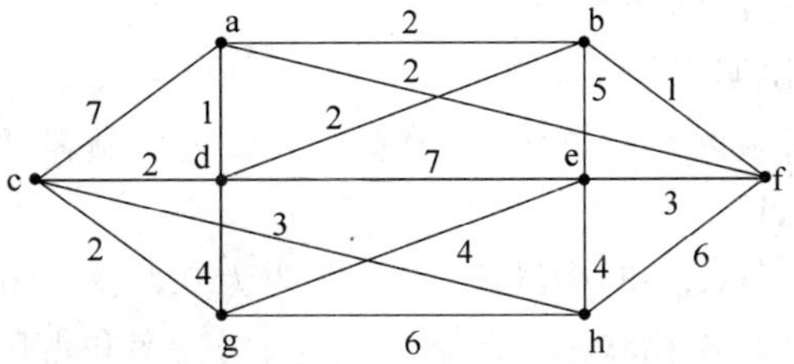

4. 写出上图的邻接矩阵和关联矩阵。

5. 求下图的网络最大流，其中弧旁数字为容量。

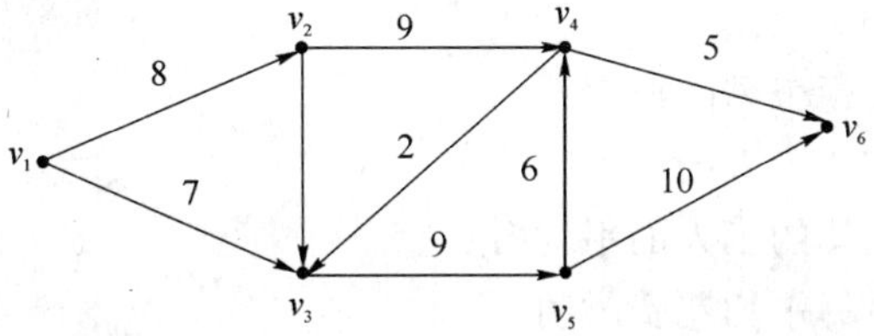

6. 求下图所示的最小费用最大流。图中，边旁的两个数字分别为容量和单位流量的费用。

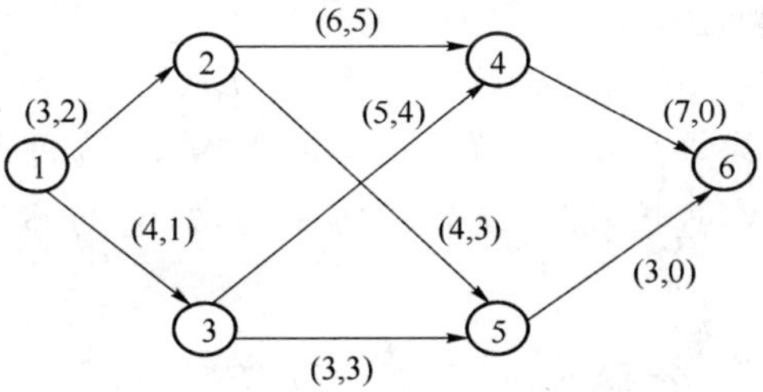

第 9 章　排队论

1. 某修理店只有一个修理工人，来修理的顾客到达次数服从普阿松分布，平均每小时 3 人，修理时间服从负指数分布，平均需 10 分钟，求：

(1) 修理店空闲时间概率；

(2) 店内有 4 个顾客的概率；

(3) 店内至少有一个顾客的概率；

(4) 在店内顾客的平均数；

(5) 等待服务的顾客平均数；

(6) 在店内平均逗留时间；

(7) 平均等待修理(服务)时间；

(8) 必须在店内消耗 15 分钟以上的概率。

如果顾客平均到达率增加到每小时 6 人，仍为普阿松流，服务时间不变，这时增加了一个工人。

(9) 根据 λ/μ 的值说明增加工人的原因；

(10) 增加工人后求店内空闲概率，店内有 2 人或更多顾客(即工人繁忙)的概率。

(11) 求 L_s,L_q,W_q,W_s。

2. 某电话总机有三条($S=3$)中继线，平均呼叫为 0.8 次/min，如果每次通话平均时间为 1.5 min，试求该系统平稳状态时的概率分布、损失率和占用通道的平均数。

3. 某车间的工具仓库只有一个管理员，平均有 4 人/h 来领工具，到达过程为普阿松流；领工具的时间服从负指数分布，平均为 6 min。由于场地限制，仓库内领工具的人最多不能超过 3 人，求：

(1) 仓库内没有人领工具的概率；

(2) 仓库内领工具的工人的平均数；

(3) 排队等待领工具的工人的平均数；

(4) 工人在系统中的平均花费时间；

(5) 工人平均排队时间。

4. 在 M/M/S 排队系统中，若单位时间全部费用(服务成本与等待费用之和)的平均值：

$$C(S)=C_1S+C_2L_S$$

其中，S 为服务台数，C_1 为每个服务台单位时间的成本，C_2 为每个顾客在系统内逗留单位时间的成本，L_S 表示平均队长，即系统内顾客平均数，它与 S 有关。试证明当 $S=S^*$ 满足：

$$L(S^*)-L(S^*+1)\leqslant\frac{C_1}{C_2}\leqslant L(S^*-1)-L(S^*)$$

时，$C(S^*)$的值最小。

5. 一个大型露天矿山，考虑修建一个或两个矿山卸位比较经济合理。已知运砂石的车按普阿松流到达，平均 15 辆/h，卸矿石时间服从负指数分布，又知每辆运矿石卡车的售价为 8 万元，修建一个卸位的投资是 14 万元。

6. 设有两个修理工人，其责任是保证 5 台灵敏的机器能正常运行。每台机器平均损坏率为每小时一次，这两位工人能以相同的平均修复率 4 小时修理机器，求：

(1) 等待修理的机器平均数；

(2) 机器在系统中的平均逗留时间。

7. 一名修理工负责 5 台机器维修，每台平均 2 小时损坏一次，又修理工修复一台机器平均用时 18.75 min，以上时间服从负指数分布。问：

(1) 所有机器正常运转的概率；

(2) 等待维修机器的期望；

(3) 假如希望做到一半时间所有机器都在正常运转，则该修理工最多看管多少台？

(4) 假设维修工工资为 8 元/小时，机器不能正常运转时的损失为 40 元/小时，则该维修工看管多少台机器较为经济合理？

7. 机器送到某修理厂是一个泊松过程，到达率为每小时 6 台，每台机器的平均修理时间需要 7 min，可认为修理时间服从负指数分布。该厂经理打听到，有一种新的检验设备可使每台机器的修理时间减到 5 min，但每分钟这台设备需要费用 10 个单位。如果机器坏了，估计每台机器在 1 min 里造成的损失费为 10 个单位，是否应购置新设备？

8. 某电信局准备在新建成的国际机场装设电话亭，而电信局的目标是每一个等候电话的概率不超过 0.10；使用电话的平均需求率为每小时 30 人，且为普阿松流，使用电话的平均时间为 5 分钟，且为负指数分布。应该置多少个电话亭？

9. 有一个加油站的场地可供 4 辆汽车同时加油，顾客将不排队等候，如场地没有空，他们就去别处加油。一个顾客平均要用 4 min 可将汽车的油箱加满。在一天不同的时间里，汽车的到达率是相当不同的：在高峰时间里，每分钟来到两辆，中午前后的时间内，则是 2 min 来到一辆。在这两种时间内，被拒绝服务的车辆百分比各是多少？（服务时间服从负指数分布，输入流为普阿松流）

参考文献

[1] 运筹学教材编写组.运筹学(修订版).北京:清华大学出版社,1990.

[2] 胡运权.运筹学基础及应用(第三版).哈尔滨:哈尔滨工业大学出版社,1998.

[3] 刁在筠,等.运筹学(第二版).北京:高等教育出版社,2001.

[4] 韩伯棠.管理运筹学(第二版).北京:高等教育出版社,2005.

[5] Wayne L. Winston.运筹学数学规划(第三版)(Operations Research Mathematical Programming).北京:清华大学出版社,2005.

[6] 张莹.运筹学基础.北京:清华大学出版社,1994.

[7] 林齐宁.运筹学.北京邮电大学出版社,2002.

[8] 何坚勇.运筹学基础(第二版).北京:清华大学出版社,2008.

[9] 运筹学教程编写组.运筹学教程.北京:国防工业出版社,2011.

[10] 孙慧泉.图论及其应用.北京:科学出版社,2004.

[11] 徐光辉,等.运筹学基础手册.北京:科学出版社,1999.